全国高等院校土建类应用型规划教材
住房和城乡建设领域关键岗位技术人员培训教材

建筑设备安装工程施工技术

《建筑设备安装工程施工技术》编委会 编

主　　编：梅剑平　李青霞
副 主 编：孟远远　王天琪
组编单位：住房和城乡建设部干部学院
　　　　　北京土木建筑学会

中国林业出版社

图书在版编目（CIP）数据

建筑设备安装工程施工技术/《建筑设备安装工程施工技术》编委会编．— 北京：中国林业出版社，2019.5

住房和城乡建设领域关键岗位技术人员培训教材

ISBN 978-7-5219-0020-0

Ⅰ．①建… Ⅱ．①建… Ⅲ．①房屋建筑设备－建筑安装－工程施工－技术培训－教材 Ⅳ．①TU8

中国版本图书馆 CIP 数据核字（2019）第 065539 号

本书编写委员会
主　编：梅剑平　李青霞
副主编：孟远远　王天琪
组编单位：住房和城乡建设部干部学院　北京土木建筑学会

国家林业和草原局生态文明教材及林业高校教材建设项目
策　划：杨长峰　纪　亮
责任编辑：陈　惠　王思源　吴　卉　樊　菲

出版：中国林业出版社
　　　（100009 北京西城区德内大街刘海胡同 7 号）
网站：http://lycb.forestry.gov.cn/
印刷：固安县京平诚乾印刷有限公司
发行：中国林业出版社
电话：(010)83143610
版次：2019 年 5 月第 1 版
印次：2019 年 5 月第 1 次
开本：1/16
印张：17.5
字数：280 千字
定价：105.00 元

编写指导委员会

组编单位：住房和城乡建设部干部学院　北京土木建筑学会
名誉主任：单德启　骆中钊
主　　任：刘文君
副 主 任：刘增强
委　　员：许　科　陈英杰　项国平　吴　静　李双喜　谢　兵
　　　　　李建华　解振坤　张媛媛　阿布都热依木江·库尔班
　　　　　陈斯亮　梅剑平　朱　琳　陈英杰　王天琪　刘启泓
　　　　　柳献忠　饶　鑫　董　君　杨江妮　陈　哲　林　丽
　　　　　周振辉　孟远远　胡英盛　缪同强　张丹莉　陈　年
参编院校：清华大学建筑学院
　　　　　大连理工大学建筑学院
　　　　　山东工艺美术学院建筑与景观设计学院
　　　　　大连艺术学院
　　　　　南京林业大学
　　　　　西南林业大学
　　　　　新疆农业大学
　　　　　合肥工业大学
　　　　　长安大学建筑学院
　　　　　北京农学院
　　　　　西安思源学院建筑工程设计研究院
　　　　　江苏农林职业技术学院
　　　　　江西环境工程职业学院
　　　　　九州职业技术学院
　　　　　上海市城市科技学校
　　　　　南京高等职业技术学校
　　　　　四川建筑职业技术学院
　　　　　内蒙古职业技术学院
　　　　　山西建筑职业技术学院
　　　　　重庆建筑职业技术学院
策　　划：北京和易空间文化有限公司

前　言

"全国高等院校土建类应用型规划教材"是依据我国现行的规程规范，结合院校学生实际能力和就业特点，根据教学大纲及培养技术应用型人才的总目标来编写。本教材充分总结教学与实践经验，对基本理论的讲授以应用为目的，教学内容以必需、够用为度，突出实训、实例教学，紧跟时代和行业发展步伐，力求体现高职高专、应用型本科教育注重职业能力培养的特点。同时，本套书是结合最新颁布实施的《建筑工程施工质量验收统一标准》（GB50300—2013）对于建筑工程分部分项划分要求，以及国家、行业现行有效的专业技术标准规定，针对各专业应知识、应会和必须掌握的技术知识内容，按照"技术先进、经济适用、结合实际、系统全面、内容简洁、易学易懂"的原则，组织编制而成。

考虑到工程建设技术人员的分散性、流动性以及施工任务繁忙、学习时间少等实际情况，为适应新形势下工程建设领域的技术发展和教育培训的工作特点，一批长期从事建筑专业教育培训的教授、学者和有着丰富的一线施工经验的专业技术人员、专家，根据建筑施工企业最新的技术发展，结合国家及地方对于建筑施工企业和教学需要编制了这套可读性强，技术内容最新，知识系统、全面，适合不同层次、不同岗位技术人员学习，并与其工作需要相结合的教材。

本教材根据国家、行业及地方最新的标准、规范要求，结合了建筑工程技术人员和高校教学的实际，紧扣建筑施工新技术、新材料、新工艺、新产品、新标准的发展步伐，对涉及建筑施工的专业知识，进行了科学、合理的划分，由浅入深，重点突出。

本教材图文并茂，深入浅出，简繁得当，可作为应用型本科院校、高职高专院校土建类建筑工程、工程造价、建设监理、建筑设计技术等专业教材；也可作为面向建筑与市政工程施工现场关键岗位专业技术人员职业技能培训的教材。

目 录

第一章 建筑设备安装工程基本知识 …………………………………… 1
 第一节 管道元件的通用标准 ………………………………………… 1
 第二节 常用管材及管件 ……………………………………………… 4
 第三节 管道配件 ……………………………………………………… 14
 第四节 基本管道安装技术 …………………………………………… 22

第二章 给水排水系统安装 ……………………………………………… 43
 第一节 室内给水系统安装 …………………………………………… 43
 第二节 室内排水系统安装 …………………………………………… 57
 第三节 室内热水供应系统安装 ……………………………………… 65
 第四节 卫生器具安装 ………………………………………………… 76
 第五节 室外给水系统安装 …………………………………………… 88
 第六节 室外排水系统安装 …………………………………………… 96

第三章 供暖系统安装 …………………………………………………… 102
 第一节 室内供暖系统安装 …………………………………………… 102
 第二节 室外供热管网敷设 …………………………………………… 125

第四章 通风空调系统安装 ……………………………………………… 132
 第一节 风管与配件制作 ……………………………………………… 132
 第二节 风管部件与消声器制作 ……………………………………… 146
 第三节 风管系统安装 ………………………………………………… 148
 第四节 通风与空调设备安装 ………………………………………… 158
 第五节 空调制冷系统安装 …………………………………………… 166

第五章 燃气系统安装 …………………………………………………… 173
 第一节 室内燃气系统安装 …………………………………………… 173
 第二节 室外燃气系统安装 …………………………………………… 179

第六章 供热锅炉及辅助设备安装 ·················· 184
第一节 整装锅炉安装 ·················· 184
第二节 散装锅炉安装 ·················· 195

第七章 建筑电气系统安装 ·················· 216
第一节 建筑电气照明系统安装 ·················· 216
第二节 变配电设备安装 ·················· 239
第三节 自备电源安装 ·················· 250
第四节 母线及电缆铺设 ·················· 260
第五节 防雷接地 ·················· 263

第一章　建筑设备安装工程基本知识

第一节　管道元件的通用标准

1. 公称直径

公称直径又称公称通径、公称口径,用符号 DN 表示,它是钢管和钢管附件的直径标准。其意义是指同一规格的管子、管件、管路附件具有通用性、互换性,且可相互连接。它不是钢管的实际内、外直径,对有缝钢管,它近似于内径。因为同一型号规格的管子外径都相等,但针对各种不同的工作压力要选用不同壁厚的管子,压力大则应选用管壁较厚的管子,内径也就由于壁厚增大而减小。公称通径是有缝钢管、铸铁管及其制品的标称,无缝钢管不用该方法表示,而用外径乘壁厚表示。

公称直径优先选用的系列数值见表 1-1。

表 1-1　公称直径优先选用系列(单位:mm)

6	8	10	15	20	25	32	40	50
65	80	100	125	150	200	250	300	350
400	450	500	600	700	800	900	1000	1100
1200	1400	1500	1600	1800	2000	2200	2400	2600
2800	3000	3200	3400	3600	3800	4000	—	—

采用公称直径 DN 标志管道元件的尺寸(或规格)仅适用于部分焊接钢管、铸铁管等。公称直径既不是管子内径,也不是管子外径;既不代表测量值,也不能用于计算目的。公称直径 DN 国际单位数值(mm)与英制螺纹单位数值(in)的对应关系见表 1-2。

表 1-2　公称直径 DN 国际单位数值(mm)与英制螺纹单位数值(in)的对应关系

公称直径/mm	6	8	10	15	20	25	32	40	50	65	80	100	125	150
公称直径/in	1/8	1/4	3/8	1/2	3/4	1	1 1/4	1 1/2	2	2 1/2	3	4	5	6

2. 公称压力、试验压力和工作压力

公称压力、试验压力和工作压力均与介质的温度密切相关,都是指在一定温

度下制品(或管道系统)的耐压强度,三者的区别在于介质的温度不同。

(1)公称压力

公称压力一般是指管道元件在基准温度下允许承受的耐压强度,以 PN 与数字(单位:0.1MPa)表示。如 $PN10$ 表示管道元件在基准温度下允许承受的耐压强度为 1.0MPa。

《管道元件 PN(公称压力)的定义和选用》(GB/T1048—2005)把 PN 定义为:与管道系统元件的力学性能的尺寸特性相关,用于参考的字母和数字组合标志。它由字母 PN 和后跟无因次的整数数字组成。PN 的数值一般应从表 1-3 系列中选择。

表 1-3 公称压力 PN 的数值

系列	系列值							
DIN 系列	PN2.5	PN6	PN10	PN16	PN25	PN40	PN63	PN100
ANSI 系列	PN20	PN50	PN110	PN150	PN260	PN420	—	—

注:DIN-德国工业标准,ANSI-美国国家标准。

(2)试验压力

试验压力一般是指管道元件在进行机械强度或严密性试验时承受的压力,以 P_s 与数字(单位:MPa)表示。例如:$P_s1.4$ 表示试验压力为 1.4MPa。

管道元件出厂前的试验压力通常以 PN 为基准,如机械强度试验压力为 $1.2\sim2.0PN$,严密性试验压力为 $1.0\sim1.1PN$。管路系统的试验压力通常以工作压力为基准。

(3)工作压力

工作压力一般是指给定温度下的操作(工作)压力。

工程上,通常是按照制品的最高耐温界限,把工作温度划分成若干等级,并计算出每工作温度等级下的最大允许工作压力。例如,碳素钢制品,通常划分为 7 个工作温度等级,见表 1-4。

表 1-4 碳素钢制品工作温度等级

温度等级	温度范围/℃	温度等级	温度范围/℃
1	0~200	5	351~500
2	201~250	6	401~425
3	251~300	7	426~450
4	301~350		

工作压力以符号 Pt 表示,t 为缩小 10 倍之后的介质最高温度,工作压力数值写于其后,单位是 MPa(单位不写)。

例如,$P_{25}2.3$,表示在介质最高温度为 250℃ 下的工作压力是 2.3MPa。

(4)公称压力、试验压力与工作压力的关系

公称压力、试验压力与工作压力的关系为 $P_s > PN > P_t$。

碳素钢制品公称压力与最大工作压力之间的关系见表1-5,公称压力、试验压力与最大工作压力之间的关系见表1-6。

表1-5 碳素钢制品公称压力与最大工作压力之间的关系

温度等级	P_{max}/PN	温度等级	P_{max}/PN
1	1.00	5	0.64
2	0.92	6	0.58
3	0.82	7	0.45
4	0.73		

表1-6 碳素钢制品公称压力、试验压力与最大工作压力之间的关系

PN/MPa	P_s/MPa	介质工作温度 t/℃						
		200	250	300	350	400	425	450
		P_{max}/MPa						
		P_{20}	P_{25}	P_{30}	P_{35}	P_{40}	P_{41}	P_{45}
0.10	0.2	0.10	0.10	0.10	0.07	0.06	0.06	0.05
0.25	0.4	0.25	0.23	0.20	0.18	0.16	0.14	0.11
0.40	0.6	0.40	0.37	0.33	0.29	0.26	0.23	0.18
0.60	0.9	0.60	0.55	0.50	0.44	0.38	0.35	0.27
1.00	1.5	1.00	0.92	0.82	0.73	0.64	0.58	0.45
1.60	2.4	1.60	1.50	1.30	1.20	1.00	0.90	0.70
2.50	3.8	2.50	2.30	2.00	1.80	1.60	1.40	1.10
4.00	6.0	4.00	3.70	3.30	3.00	2.80	2.30	1.80
6.40	9.6	6.40	5.90	5.20	4.30	4.10	3.70	2.90
10.00	15.0	10.00	9.20	8.20	7.30	6.40	5.80	4.50

注:表中的试验压力不适用于管道系统。

3. 管螺纹

管螺纹锯齿形规定如图1-1所示。用于管道元件螺纹连接的管螺纹通常为圆柱内螺纹和圆锥外螺纹。圆锥外螺纹见图1-2,基本尺寸见表1-7。管螺纹的牙型、尺寸、公差、标记等详见《55°密封管螺纹第1部分:圆柱内螺纹与圆锥外螺纹》(GB/T 7306.1—2000)。

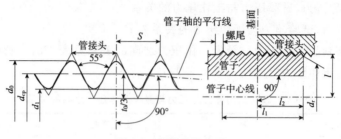

图 1-1 管螺纹锯齿形

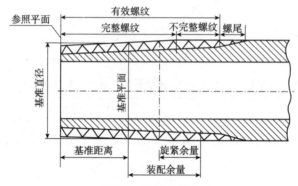

图 1-2 圆锥外螺纹

表 1-7 管螺纹基本尺寸

尺寸代号/in	1/4	3/8	1/2	3/4	1	1 1/4	1 1/2	2	2 1/2	3	4	5	6
每25.4mm牙数 n	19		14					11					
螺距 P(mm)	1.337		1.814					2.309					
牙高 h(mm)	0.856		1.162					1.479					

第二节 常用管材及管件

一、金属管材及管件

安装工程常用管材有金属管、非金属管和复合管 3 类。金属管材分为黑色金属管和有色金属管。前者包括钢管、铸铁管等,后者包括铜管、铝管等。

(一)钢管

钢管按其制造方法分为无缝钢管和焊接钢管两种。无缝钢管用优质碳素钢或合金钢制成,有热轧、冷轧(拔)之分。焊接钢管是由卷成管形的钢板以对缝或螺旋缝焊接而成,在制造方法上,又分为低压流体输送用焊接钢管、螺旋缝电焊钢管、直接卷焊钢管、电焊管等。无缝钢管可用于各种液体、气体管道等。焊接管道可用于输水管道、煤气管道、暖气管道等。

1. 焊接钢管及管件

(1) 焊接钢管

焊接钢管一般分为普通焊接钢管、精密焊接钢管和不锈钢焊接钢管,包括直缝和螺旋缝焊接钢管。螺旋缝焊接钢管分为自动埋弧焊接钢管和高频焊接钢管。按表面镀层分,可分为镀锌管(白铁管)和非镀锌管(黑铁管)。按壁厚分,可分为普通管和加厚管。

《焊接钢管尺寸及单位长度重量》(GB/T 21835—2008)规定的分类及外径系列见表1-8。

表1-8 焊接钢管的分类及外径系列

类型	普通焊接钢管			精密焊接钢管			不锈钢焊接钢管		
外径系列	系列1	系列2	系列3	系列1	系列2	系列1	系列2	系列3
附注	系列1为通用系列,推荐选用;系列2为非通用系列;系列3为少数、专用系列								

焊接钢管适用于冷热水、蒸汽、空气、燃气和油品等的输送,因其容易锈蚀,影响供水水质,目前多用于消防给水系统和工业给水系统。焊接钢管的规格见表1-9。焊接钢管可采用螺纹连接、焊接、法兰连接、卡箍连接等。镀锌钢管一般不能焊接,否则需进行二次镀锌处理。

表1-9 低压流体输送用焊接钢管规格

公称直径(DN)		外径		普压钢管			加厚钢管		
(mm)	(in)	外径(mm)	允许偏差	壁厚公称尺寸(mm)	允许偏差	理论质量(kg·m^{-1})	壁厚公称尺寸(mm)	允许偏差	理论质量(kg·m^{-1})
8	1/4	13.5		2.25		0.62	2.75		0.73
10	3/8	17.0		2.25		0.82	2.75		0.97
15	1/2	21.3		2.75		1.26	3.25		1.45
20	3/4	26.8	±5%	2.75		1.63	3.50		2.01
25	1	33.5		3.25		2.42	4.00		2.91
32	5/4	42.3		3.25	+12% −15%	3.13	4.00	+12% −15%	3.78
40	3/2	48.0		3.50		3.84	4.25		4.58
50	2	60.0		3.50		4.88	4.50		6.16
65	5/2	75.5		3.75		6.64	4.50		7.88
80	3	88.5	±1%	4.00		8.34	4.75		9.81
100	4	114.0		4.00		10.85	5.00		13.44
125	5	140.0		4.50		15.04	5.50		18.24
150	6	165.0		4.50		17.81	5.50		21.63

1)低压流体输送用焊接钢管与镀锌焊接钢管

低压流体输送用焊接钢管,是由碳素软钢制造,是管道工程中最常用的一种小直径的管材,适用于输送水、煤气、蒸汽等介质,按其表面质量的不同,分为镀锌管(俗称白铁管)和非镀锌管(俗称黑铁管)。内外壁镀上一层锌保护层的约较非镀锌的重3‰~6‰。按其管材壁厚不同分为:薄壁管、普通管和加厚管三种。薄壁管不宜用于输送介质,可作为套管用。

2)直缝卷制电焊钢管,可分为电焊钢管和现场用钢板分块卷制焊成的直缝卷焊钢管,能制成几种管壁厚度。

3)螺旋缝焊接钢管

螺旋缝焊接钢管分为自动埋弧焊接钢管和高频焊接钢管两种。

①螺旋缝自动埋弧焊接钢管按输送介质的压力高低分为甲类管和乙类管两类。甲类管一般用普通碳素钢 Q235、Q235F 及普通低合金结构钢 16Mn 焊制,乙类管采用 Q235、Q235F、Q195 等钢材焊制,用作低压力的流体输送管材。

②螺旋缝高频焊接钢管螺旋缝高频焊接钢管,尚没统一的产品标准,一般采用普通碳素钢 Q235、Q235F 等钢材制造。

(2)焊接管件

焊接钢管管件分为成品螺纹管件、冲压管件和焊接管件。

①螺纹管件。螺纹管件是焊接钢管螺纹连接(丝接)时使用的成品管件。其材质为 K133-8 可锻铸铁或软钢,可分为镀锌和非镀锌管件2类。按用途分有以下类型(图 1-3):

  a. 管路延长连接用配件:管箍、对丝(外丝)、大小头;

  b. 管路分支连接用配件:三通、四通、异径三通、异径四通;

  c. 管路改变方向用配件:45°弯头、90°弯头、180°弯头等;

  d. 节点碰头连接用配件:活接头(由任)、螺纹法兰盘、根母(六角内丝);

  e. 管道变径用配件:补心(内外丝)、大小头、异径弯头;

  f. 管子堵口用配件:丝堵(堵头)、管堵头(管帽)。

等径管件的规格与所连接钢管公称直径一致,如 DN32 三通、DN25 弯头等。异径管件规格以 $DN \times d_n$ 表示,如 DN25×15 三通等。

②冲压焊接管件。这类管件采用钢板或钢带经过冷、热冲压成型,根据公称通径和制造工艺不同,允许在壳体上有一条或两条纵向焊缝,如图 1-4 所示。

③焊制管件。这类管件主要有焊接弯头、三通及焊接异径管等,一般在现场用钢管制作。

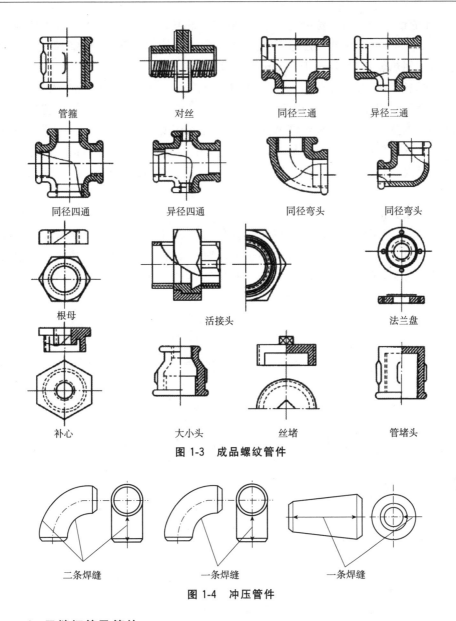

图 1-3 成品螺纹管件

图 1-4 冲压管件

2. 无缝钢管及管件

（1）无缝钢管

无缝钢管是用普通碳素钢、优质碳素钢或低合金钢通过热轧或冷轧制造而成的，其特征是纵、横向均无焊缝，所以能承受较高压力。无缝钢管在同一外径下有几种壁厚，其规格表示用外径×壁厚（$D×δ$）表示，如 20×2.5，表示外径是 20mm，壁厚为 2.5mm。无缝钢管一般采用焊接连接。

无缝钢管按制造方法分为热轧管和冷拔(轧)管。冷拔(轧)管的最大公称直径为200mm,热轧管最大公称直径为600mm。在管道工程中,管径超过57mm时,常选用热轧管,管径小于57mm时常用冷拔(轧)管。

无缝钢管具有中空截面,大量用作输送流体的管道,如输送石油、天然气、煤气、水及某些固体物料的管道等。钢管与圆钢等实心钢材相比,在抗弯抗扭强度相同时,重量较轻,是一种经济截面钢材,广泛用于制造结构件和机械零件,如石油钻杆、汽车传动轴、自行车架以及建筑施工中用的钢脚手架等用钢管制造环形零件,可提高材料利用率,简化制造工序,节约材料和加工工时,已广泛用钢管来制造。

(2)无缝钢管管件

无缝钢管管件一般用钢管在现场制作,也可采用对焊管件,其材质应与无缝钢管材质相同。无缝钢管管件与管子采用对焊连接,故称为对焊管件。常用的有:冲压弯头,挤压三通,预拉焊接三通,铸造、锻制三通,管帽,模锻同心异径管和偏心异径管等,如图1-5所示。

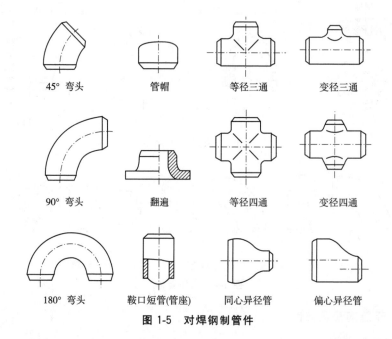

图1-5 对焊钢制管件

3. 不锈钢管

不锈钢管按材质分为普通碳素钢管、优质碳素结构钢管、合金结构管、合金钢管、轴承钢管、不锈钢管以及为节省贵重金属和满足特殊要求的双金属复合管、镀层和涂层管等。不锈钢管的种类繁多,用途不同,其技术要求各异,生产方法亦有所不同。当前生产的钢管外径范围 0.1～4500mm、壁厚范围0.01～250mm。为区分其特点,通常按如下的方法对钢管进行分类。

(1)不锈钢管按生产方式分为无缝管和焊管两大类,无缝钢管又可分为热轧管、冷轧管、冷拔管和挤压管等,冷拔、冷轧是钢管的二次加工;焊管分为直缝焊管和螺旋焊管等。

(2)不锈钢管按横断面形状可分为圆管和异形管。异形管有矩形管、菱形管、椭圆管、六方管、八方管以及各种断面不对称管等。异形管广泛地用于各种结构件、工具和机械零部件。与圆管相比,异形管一般都有较大的惯性矩和截面模数,有较大的抗弯、抗扭能力,可以大大减轻结构重量,节约钢材。

不锈钢管按纵断面形状可分为等断面管和变断面管。变断面管有锥形管、阶梯形管和周期断面管等。

(3)不锈钢管根据管端状态可分为光管和车丝管(带螺纹钢管)。车丝管又可分为普通车丝管(输送水、煤气等低压用管,采用普通圆柱或圆锥管螺纹连接)和特殊螺纹管(石油、地质钻探用管,对于重要的车丝管,采用特殊螺纹连接),对一些特殊用管,为弥补螺纹对管端强度的影响,通常在车丝前先进行管端加厚(内加厚、外加厚或内外加厚)。

(4)按用途可分为油井管(套管、油管及钻杆等)、管线管、锅炉管、机械结构管、液压支柱管、气瓶管、地质管、化工用管(高压化肥管、石油裂化管)和船舶用管等。

不锈钢管用于输送一般流体和含有腐蚀性的介质。薄壁不锈钢管由于价格较高,一般用于直饮水管或高标准建筑室内给水管。

薄壁不锈钢管耐腐蚀、卫生、环保,韧性好,比一般金属易弯曲、易扭转,不易裂缝、折断,而且连接技术成熟、可靠。

不锈钢管的连接方式有压缩式、压紧式、推进式、焊接式等。管件材质应与管子相同,不得与碳钢材料混用。

(二)铸铁管

铸铁管是由生铁制成。按其制造方法不同可分为:砂型离心承插直管、连续铸铁直管及砂型铁管。按其所用的材质不同可分为:灰口铁管、球墨铸铁管及高硅铁管。铸铁管多用于给水、排水和煤气等管道工程。

1. 给水铸铁管

给水铸铁管与钢管相比有不易锈蚀、造价低、耐久性好等优点,适合于埋地敷设,但质脆、重量大、接口施工麻烦。可用于消防系统、生产给水系统的埋地管材。

给水铸铁管有低压管、普压管和高压管三种,工作压力分别不大于0.45MPa、

0.75MPa 和 1.0MPa，实际选用时应根据管道的工作压力来选择。铸铁管的规格用公称直径 DN 表示，常用规格有 DN75、DN100、DN125、DN150、DN200。给水铸铁管可采用承插连接和法兰连接，承插连接比较常用。承插接口有刚性接口和柔性接口两种。刚性接口有石棉水泥接口、铅接口、沥青水泥砂浆接口、膨胀性填料接口和水泥砂浆接口等。常用给水铸铁管管件如图 1-6 所示。

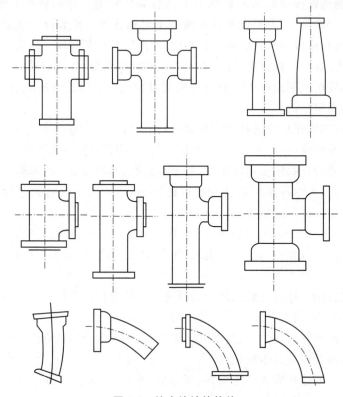

图 1-6 给水铸铁管管件

2．排水铸铁管

（1）灰口铸铁排水管及管件

灰口铸铁排水管属淘汰产品，将被 PVC 排水管和柔性铸铁排水管替代。连接方式为承插式，按承口形状分为 A 型和 B 型，如图 1-7 所示。

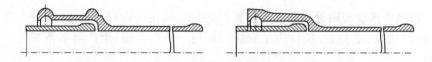

图 1-7 A 型、B 型排水管

(2)柔性铸铁排水管及管件

柔性铸铁排水管按接口形式分为机械式 A、B 型接口和卡箍式 W 型接口。管件分为承插口 A 型管件、全承口 B 型管件和无承口 W 型管件。配套的管子附件包括法兰压盖、卡箍、橡胶密封件、螺栓、螺母等。外形图及结构尺寸等详见《排水用柔性接口铸铁管、管件及附件》建筑设备安装技术(GB/T 12772—2008)。

(三)有色金属管

1. 铜管

铜管按材质分,有紫铜管、青铜管和黄铜管,用于输送水和民用天然气、煤气、氧气及对铜无腐蚀的介质。无缝铜管按壁厚分为 A,B,C 三种型号:A 型为厚壁管,用于较高压力场合;B 型管用于一般场合;C 型管为薄壁管。铜管按制作工艺分,有拉制成型的薄壁硬态铜管和半硬态铜管。

铜管化学性能稳定、耐腐蚀、耐热、使用寿命长,机械性能好、耐压强度高,韧性、延展性好,具有优良的抗振、抗冲击性能。铜管对某些细菌的生长有抑制作用。

建筑给水用铜管公称压力 PN 一般为 1.0MPa 和 1.6MPa。小口径铜管的连接方式有喇叭口螺纹连接、钎焊承插连接和卡箍式机械连接,也可采用法兰、沟槽、承插、插接、压接等连接。

2. 铝及铝合金管

铝管为一种高强度硬铝,可进行热处理强化,在退火、刚淬火和热状态下可塑性中等,点焊焊接性良好,用气焊和氩弧焊时铝管有形成晶间裂纹的倾向;铝管在淬火和冷作硬化后可切削性能尚好,在退火状态时不良。抗蚀性不高,常采用阳极氧化处理与涂漆方法或表面加包铝层以提高抗腐蚀能力。也可以作为模具材料使用。

铝管按外形分为方管、圆管、花纹管、异型管;按挤压方式分为无缝铝管和普通挤压管;按精度分为普通铝管和精密铝管,其中精密铝管一般需要在挤压后进行再加工,如冷拉精抽,轧制;按厚度分为普通铝管和薄壁铝管。

3. 铅管

铅管一般是由压机挤压成型的无缝管。

铅管耐腐蚀性良好,能耐硫酸和 10% 以下的盐酸腐蚀。最高容许温度是 140℃。不耐浓盐酸、硝酸和醋酸等腐蚀。也可以用于医疗设备上射线的屏蔽和核材料中射线的屏蔽。易于辗压、锻制或焊接。但性软,机械强度差,密度大,导热率低,必要时应用钢管铠装,以增加其受压能力。安装时宜装在木槽内,或放在对剖的钢管或角钢做的槽内,以防止其变形下垂。

铅管广泛应用于硫酸工业和处理酸性物料的有机工业中。

二、塑料管材

塑料管是目前应用广泛的管材,其优点是化学性能稳定、耐腐蚀、重量轻、管内壁光滑、安装方便,可防止水在输送过程中的二次污染。缺点是线性变形大,不耐高温等。在选用塑料管时,应有质量检验部门的产品合格证书,有卫生部门的认证文件。

1. 聚丙烯(PP)管

(1)管材

常用聚丙烯管有无规共聚聚丙烯管(PP-R)、嵌段共聚聚丙烯管(PP-B)两种,规格用公称外径(或 De)表示,常用规格为20~110,适用于输送介质温度不大于70℃的生活给水、热水、饮用冷水系统,管内工作压力不大于1.0MPa。管材规格可用公称外径×壁厚($D×δ$)表示,其公称外径、壁厚及其偏差见表1-10。

表1-10 聚丙烯管规格尺寸及偏差

公称外径(dn)	平均允许偏差	壁厚(mm) 公称压力 PN(MPa)								
		1.0		1.25		1.6		2.0		2.5	
		基本尺寸	允许偏差	基本尺寸	允许偏差	基本尺寸	允许偏差	基本尺寸	允许偏差	基本尺寸	允许偏差
20	+0.3 0			2.3	+0.5 0	2.8	+0.5 0	3.4	+0.6 0	4.1	+0.7 0
25	+0.3 0	2.3	+0.5 0	2.8	+0.5 0	3.5	+0.6 0	4.2	+0.7 0	5.1	+0.8 0
32	+0.3 0	2.9	+0.5 0	3.6	+0.6 0	4.4	+0.7 0	5.4	+0.8 0	6.5	+0.9 0
40	+0.4 0	3.7	+0.6 0	4.5	+0.7 0	5.5	+0.8 0	6.7	+0.9 0	8.1	+1.1 0
50	+0.5 0	4.6	+0.7 0	5.6	+0.8 0	6.9	+0.9 0	8.4	+1.1 0	10.1	+1.3 0
63	+0.6 0	5.8	+0.8 0	7.1	+1.0 0	8.7	+1.1 0	10.5	+1.3 0	12.7	+1.5 0

(续)

公称外径 (dn)	平均允许偏差	壁厚(mm) 公称压力 PN(MPa)								
		1.0		1.25		1.6		2.0		2.5
		基本尺寸	允许偏差	基本尺寸	允许偏差	基本尺寸	允许偏差	基本尺寸	允许偏差	基本尺寸	允许偏差
75	+0.7 0	6.9	+0.9 0	8.4	+1.1 0	10.3	+1.3 0	12.5	+1.5 0	15.1	+1.7 0
90	+0.9 0	8.2	+1.1 0	10.1	+1.3 0	12.3	+1.5 0	15.0	+1.7 0	18.1	+2.1 0
110	+1.0 0	10.0	+1.2 0	12.3	+1.5 0	15.1	+1.8 0	18.3	+2.1 0	22.1	+2.5 0

(2)管件

PP 管管件分为 PP-H、PP-B 和 PP-R 管件，与管材配套使用。管件标示应注明原料名称、公称外径和 S 系列。例如：等径管件标记为 d_n20 S3.2；异径管件标记为 d_n40×20 S3.2；带螺纹管件标记为 d_n20×1/2 S3.2。

2. 交联聚乙烯(PE-X)管

交联聚乙烯管的主体原料为高密度聚乙烯，在管材成型过程中或成型后进行交联，使聚乙烯的分子链之间形成化学键，获得三维网状结构。PE-X 管具有无毒、寿命长、质地坚实、耐压强度高、导热系数小等特点，但线膨胀系数大。使用温度为−75~95X。交联工艺有过氧化物交联、硅烷交联、电子束交联和偶氮交联等。

PE-X 管适用于建筑物内冷热水管道系统，包括工业及民用冷热水、饮用水和采暖系统等。

此外还有耐热聚乙烯(PE-RT)管，适用于介质温度较高的场合。

PE-X 管按使用条件分，有 1,2,4,5 四个级别，按设计压力分，有 0.4,0.6,0.8 和 1.0MPa 四种。管子公称外径 d_n16~160mm，壁厚 1.8~21.9mm。

3. 硬聚氯乙烯(PVC-U)管

常用规格为 dn(或 De)20~dn200，最大规格可达 De700。可用胶黏剂承插连接，密封橡胶圈承插连接，或管螺纹连接、法兰连接。常用于室内排水系统，如用于生活给水系统，则胶黏剂应采用给水专用胶黏剂，不得影响供水水质。

4. 聚乙烯(PE)管

以聚乙烯树脂为主要原料经挤出成型,具有质量轻、柔韧性好、接口少、无毒、无垢、无菌、耐腐蚀和使用寿命长等特点,可分为给水 PE 管和燃气用埋地 PE 管。

给水 PE 管用 PE63、80 和 100 等级的材料制造。按标准尺寸比 $SDR=d_n/e_n$(公称外径/公称壁厚)各分为 5 种 PN 等级,壁厚因而不同。公称外径 d_n16~1000mm,PN0.32~1.6MPa,工作温度≤40℃。管材、管件的颜色为蓝色或黑色加蓝条。

燃气用埋地 PE 管用 PE80 和 PE100 等级材料制造,按标准尺寸比分为 SDR17.6 和 SDR11 两种,公称外径 d_n16~630mm。d_n<40mm,SDR17.6 和 d_n<32mm,SDR11 的管材以壁厚表征,d_n≥40mm,SDR17.6 和 d_n≥32mm,SDR11 的管材以 SDR 表征。管材颜色为黄色或黑色加黄条。

PE 管的连接方式主要有电熔、热熔连接,也可采用机械或法兰连接。

三、复合管材

1. 铝塑复合管

铝塑复合管以焊接铝管为中间层,内外层均为聚乙烯(或交联聚乙烯)管,通过黏合剂复合而成。规格用公称外径表示,常用规格为 dn(或 De)16~dn63。适用于输送介质温度不大于 40℃、管内压力不大于 1.0MPa 的生活给水系统和直饮水供应系统。可采用卡压式连接、卡套式连接或螺纹挤压式连接。

目前工程中还有不锈钢—塑料复合管、铜塑复合管、钢骨架塑料复合管等。

2. 钢塑复合管

钢塑复合管是由普通镀锌钢管或管件与 PE、PEX、PP-R、ABS 等塑料管或管件复合而成的,兼具镀锌钢管变形量小和塑料管耐腐蚀的特点,可用于生活给水系统或消防给水系统。钢塑复合管一般采用丝扣连接,常用管件与前面的钢管管件相同。根据生产工艺的不同,钢塑复合管有衬塑管和喷塑管之分,建议采用衬塑管。规格用公称直径 DN 表示。

第三节　管道配件

一、阀门

1. 闸阀

闸阀用来开启和关闭管道中的水流、调节流量。闸阀的优点是对水流的阻力小,阀全开时水流呈直线通过;缺点是不易关严,水中有杂质落入阀座后,使阀不能关闭到底,因而产生磨损和漏水。闸阀多用于允许水双向流动的管道。室内给水系统常用的闸阀如图 1-8 所示。

2. 截止阀

通过启闭件沿阀座中心线升降以开启或关闭介质通道,主要起切断作用,也可在一定范围调整流量和压力。截止阀适用于热水、蒸汽等严密性要求较高场合。

截止阀按结构形式分,有直通式、直流式和角式,如图 1-9～图 1-11 所示。按阀杆螺纹是否可见分,阀杆分为明杆和暗杆。其传动方式有手动或电动等。

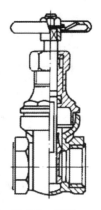

图 1-8　闸阀

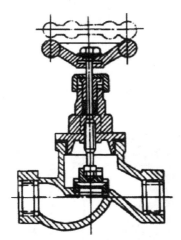

图 1-9　流线型阀体截止阀

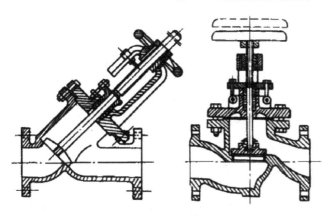

图 1-10　直流式截止阀

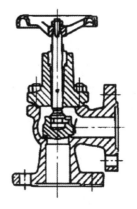

图 1-11　直角式截止阀

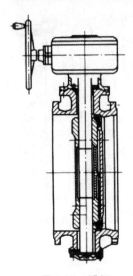

3. 蝶阀

启闭件(蝶板)绕固定轴旋转,通常用作启闭,随着密封性能的改进,有的也可用作流量调节。受密封性能限制,蝶阀一般用于中低压系统,如图1-12所示。

蝶阀具有结构简单、质量轻、流动阻力和操作力矩小、长度短等特点,但密封性稍差。

4. 球阀

球阀启闭件为球体,球体绕阀体中心线作旋转来实现快速启闭,主要用于切断、分配等。因受密封结构和材料限制,不宜用于高温介质。

球阀有浮动球和固定球2大类。浮动球式分为直通式和三通式。固定球式分为直通式、三通式和四通式。浮动式球阀见图1-13。球阀具有结构简单、启闭迅速,操作方便,流体阻力小,质量轻等特点,但密封面维修较困难。当介质参数较高时,其密封性和启闭的灵活性较差。

图 1-12 蝶阀

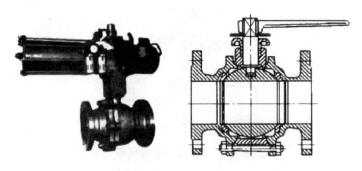

图 1-13 浮动式球阀

5. 止回阀

启闭件依靠介质作用力自动防止管道中介质倒流,用于防止介质倒流的场合。按结构分,止回阀分为升降式、旋启式和蝶形止回式等。底阀也是一种止回阀,用于水泵吸入管端,以保证水泵正常启动抽水。如图1-14所示。

6. 浮球阀

浮球阀是一种可以自动进水自动关闭的阀门,安装在水箱或水池内,用来控制水位。当水箱充水到设计最高水位时,浮球随水位浮起,关闭进水口;当水位下降时,浮球下落,进水口开启,于是自动向水箱充水。与浮球阀功能相同的还有液压水位控制阀。

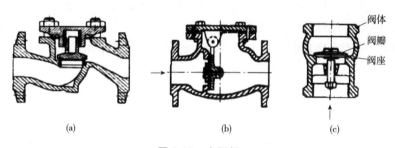

图 1-14　止回阀
(a)重力式升降式；(b)旋启式；(c)垂直升降式

图 1-15 所示为浮球阀。小型浮球阀为螺纹接口,中型浮球阀为法兰接口。

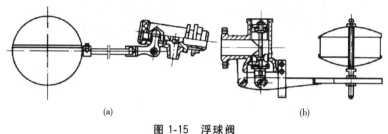

图 1-15　浮球阀
(a)小型浮球阀；(b)中型浮球阀

7. 减压阀

减压阀的作用是降低水流压力。在高层建筑中,它可以简化给水系统,减少或替代减压水箱,增加建筑的使用面积,同时可防止水质的二次污染。在消火栓给水系统中,可防止消火栓栓口处的超压现象。

常用的减压阀有两种,一种是可调式减压阀(弹簧式减压阀),如图 1-16 所示;另一种是比例式减压阀(活塞式减压阀),如图 1-17 所示。可调式减压阀宜水平安装,比例式减压阀宜垂直安装。

8. 安全阀

安全阀是指当管道或设备内介质的压力超过规定值时,启闭件(阀瓣)自动开启泄压;当压力恢复正常后,启闭件自动关闭并阻止介质继续流出,对管道或设备起保护作用的阀门。按构造分,安全阀可分为杠杆式、弹簧式和脉冲式安全阀等,如图 1-18 所示。

9. 蒸汽疏水阀

蒸汽疏水阀是一种自动阀门,能自动排除蒸汽系统的凝结水,阻止蒸汽通过,同时可排除系统中的不凝性气体。按启闭件的驱动方式分,分为机械型、热静力型和热动力型。机械型由凝结水液位变化驱动,热静力型是由凝结水温度变化驱动、热动力型是由凝结水动态特性驱动。蒸汽疏水阀如图1-19所示。

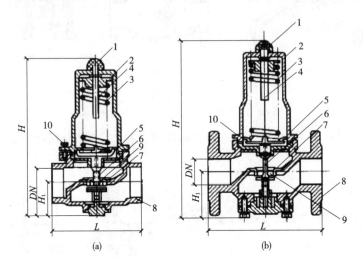

图1-16 可调式减压阀
(a)DN15~DN50;(b)DN65~DN150
1-盖形螺母;2-弹簧罩;3-弹簧;4-调节螺杆;5-膜片;6-阀杆;7-阀瓣;8-阀体;9-节流口;10-O形密封圈

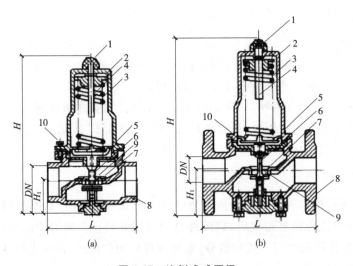

图1-17 比例式减压阀
(a)DN15~DN50;(b)DN65~DN150
1-环套;2-形密封圈;3-阀体;4-活塞套;5-进口端丝扣;6-进口端法兰

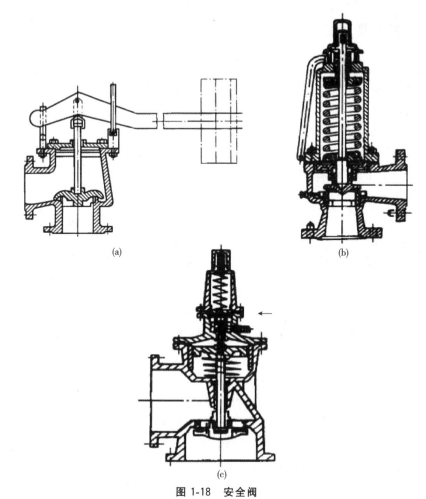

图 1-18 安全阀
(a)杠杆式安全阀;(b)弹簧式安全阀;(c)脉冲式安全阀

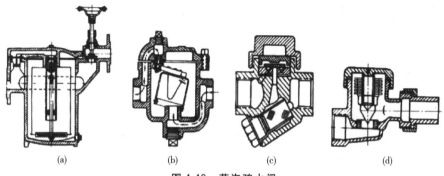

图 1-19 蒸汽疏水阀
(a)浮桶式;(b)倒吊桶式;(c)热动力式;(d)恒温式

二、其他管道配件

1. 法兰

法兰在管道系统中主要用于连接部件、设备等,具有强度高、严密性好、拆卸方便等特点。

法兰由法兰片、垫片和螺栓、螺母等组成。

法兰按材质分,可分为金属和非金属2类,如钢、铸铁、塑料法兰等。按密封面形式分,有平面、凸面、榫槽面等;按连接工艺分,有松套式、整体式、螺纹式等,见图1-20。

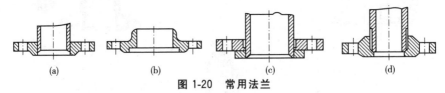

图 1-20　常用法兰

(a)平焊法兰;(b)对焊法兰;(c)松套法兰;(d)螺纹法兰

平焊法兰一般采用钢板制作,成本低,应用较广,但刚度差,温度、压力较高时易泄露,主要用于 $P_t \leqslant 2.5 \mathrm{MPa}, t \leqslant 300 ℃$ 的场合。

对焊法兰多采用铸钢或锻钢制造,刚度大,在较高压力、温度下密封性好,主要用于 $P_t \leqslant 20 \mathrm{MPa}, t \leqslant 350 \sim 450 ℃$ 的场合。

翻边松套法兰依靠法兰挤压管子的翻边部分,使其紧密结合的,多用于铜、铝等有色金属;焊环松套法兰用于不锈钢等管道连接。

螺纹法兰有钢制和铸铁2种,多用于高压管道或镀锌管连接。

2. 配水龙头

配水龙头是安装在各种卫生器具上的配水设施,又称水嘴,用来开启或关闭水流。常用的有以下三种。

(1)普通龙头

普通龙头装设在厨房洗涤盆、污水池及盥洗槽上,由可锻铸铁或铜制成,直径有15mm、20mm、25mm三种。

(2)感应水龙头

感应水龙头是利用光电元件控制启闭的龙头。使用时手放在水龙头下,挡住光电元件即可开启,使用完毕后手离开即可关闭。感应水龙头节水且无接触操作,清洁卫生,多设于公共场合。

(3)混合水龙头

混合水龙头通常装设在浴盆、洗脸盆等处,用来分配调节冷热水用。

此外，还有许多根据特殊用途制成的水龙头。如用于化验室的鹅颈龙头，集中热水供应点的热水龙头及皮带龙头等。

3. 水表

水表是一种计量建筑物用水量的仪表。需要单独计量用水量的建筑物，应在给水引入管上装设水表。为了节约用水，规定住宅建筑每户安装分水表，以计量用水量。

建筑给水系统常用的是流速式水表。流速式水表是根据管径一定时，通过水表的水流速度与流量成正比的原理来测量的。水流通过水表时推动翼轮旋转，翼轮轴传动一系列联动齿轮（减速装置），再传递到记录装置，在度盘指针指示下便可读到流量的累积值。

流速式水表按功能的不同可分为普通水表、IC卡水表、远传水表等；按叶轮构造不同分为旋翼式水表和螺翼式水表。旋翼式水表的翼轮转轴与水流方向垂直，水流阻力较大，多为小口径水表，宜用于测量小的流量。螺翼式水表的翼轮转轴与水流方向平行，阻力较小，适用于大流量的大口径水表。如图 1-21 所示。

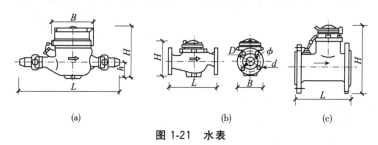

图 1-21 水表

(a)旋翼式水表（螺纹连接）；(b)旋翼式水表（法兰连接）；(c)螺翼式水表

流速式水表按其计数机件所处状态又分干式和湿式两种。干式水表的计数机件用金属圆盘与水隔开；湿式水表的计数机件浸在水中。湿式水表机件简单，计量准确，但只能用在水中不含杂质的管道上。住宅分户水表一般采用湿式旋翼水表。

4. 地漏

地漏的作用是排除地面的积水，设在卫生间、盥洗室、浴室及其他需要排除地面污水的房间内。地漏可用可锻铸铁或塑料制成，在排水口处盖有箅子，用以阻止较大杂物落入地漏。地漏安装在地面最低处，地面应有不小于 0.01 的坡度坡向地漏，箅子顶面应比地面低 5~10mm。带有水封的地漏，其水封深度不得小于 50mm。图 1-22 为钟罩式地漏。

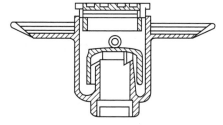

图 1-22 钟罩式地漏

第四节 基本管道安装技术

一、预留孔洞、预埋铁件、套管安装

1. 预留孔洞、预埋铁件及套管的选型、预制和安装

(1)预留孔洞、预埋铁件的选型和预制:楼板预留孔洞,圆形洞可用钢管或圆木柱作为模具,方形孔洞可用铁板或木板加工方形盒子;混凝土梁、柱、墙内预埋铁件,在土建采用钢模板施工时,尽量采用预埋钢板的形式。其预埋件可用一定厚度和大小的钢板,背后焊接一定数量的钢筋锚钩,使其钢板与混凝土表面平,拆模后,可以在钢板上焊接支托架等。钢板埋设和支架焊接参见图1-23。

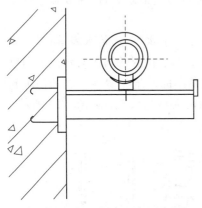

图1-23 钢板埋设和支架焊接图

(2)钢套管的选型和预制:穿过楼板、梁、墙体和基础处的管道,均可设置普通钢管套管;穿过墙的支管套管,也可以用镀锌铁皮卷制;穿过卫生间、厨房、浴池等房间楼板处的套管,可用普通钢管套管;根据设计要求,可在普通钢套外焊接一道防水翼环,做成防水套管。

根据设计和有关规定,需预埋防水套管的部位,应按要求选用防水套管。一般,管道穿过地下室或地下构筑物均应设防水套管,出屋面的立管在结构层内应设置防水套管。防水套管分为刚性防水套管和柔性防水套管,在受振动比较大的部位和有沉降伸缩处,应选用柔性防水套管,刚性防水套管和柔性防水套管,分别见图1-24和图1-25。

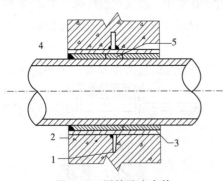

图1-24 刚性防水套管
1-翼环;2-钢套管;3-石棉水泥;
4-无毒密封圈;5-油麻

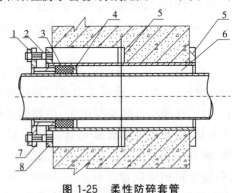

图1-25 柔性防碎套管
1-螺母;2-双头螺栓;3-橡皮圈;4-挡圈;
5-翼环;6-套管;7-法兰盘;8-翼盘

2. 预留孔洞、预埋铁件和套管安装

(1)在混凝土楼板上预留孔、洞,预埋铁件和套管时,首先,应按设计图纸将管道、设备的坐标位置测定好,在底模板上做好孔洞的中心标记;在土建绑扎钢筋时,将留洞的模具、铁件或者套管就位,固定牢,盒子或套管内用填充物塞满;在浇筑混凝土过程中,应有专人配合校对,看管模具、埋件或套管,以免位移。预留孔洞应配合土建进行,其尺寸如设计无要求时,可参照表1-11执行。

表1-11 预留孔洞尺寸表(mm)

管道布置形式	管道规格	明管 留孔尺寸长×宽		暗管 暗槽尺寸宽度×深度	
		金属管	塑料管(给排水)	金属管	塑料管(给水)
供暖或给水立管	$DN \leqslant 25$	100×100	80×80	130×130	90×90
	$32 \leqslant DN \leqslant 50$	150×150	150×150	150×130	110×110
	$70 \leqslant DN \leqslant 100$	200×200	200×200	200×200	160×160
一根排水立管	$DN \leqslant 50$	150×150	130×130	200×130	
	$70 \leqslant DN \leqslant 100$	200×200	180×180	250×200	
二根供暖或给水立管	$DN \leqslant 32$	150×100	100×100	200×130	150×80
单根给水、排水立管并行	$DN \leqslant 50$	200×150	130×130	200×130	200×100
	$70 \leqslant DN \leqslant 100$	250×200	250×200	250×200	250×150
二根给水立管和一根排水立管并行	$DN \leqslant 50$	200×150	200×150	250×130	220×100
	$70 \leqslant DN \leqslant 100$	350×20	350×200	380×200	350×150
给水支管或散热器支管	$DN \leqslant 25$	100×100	80×80	60×60	60×60
	$32 \leqslant DN \leqslant 40$	150×130	140×140	150×100	150×100
排水支管	$DN \leqslant 80$	250×200	230×180	—	—
	$DN = 100$	300×250	300×200		
供暖或排水主干管	$DN \leqslant 80$	300×250	250×200		
	$DN \leqslant DN125$	350×300	300×250		
给水引入管	$DN \leqslant 100$	—	—	300×200	300×200
排水排出管穿基础	$DN \leqslant 80$	—	—	300×300	300×300
	$100 \leqslant DN \leqslant 150$			(管径+200)×(管径+200)	
	$DN = 200$			(管径+300)×(管径+200)	

(2)在混凝土墙板、梁、柱上预埋铁件或套管,在土建绑扎钢筋时,按图纸设计的标高和坐标,测出准确的位置,将预埋件或套管固定好。固定的方法可用铁

丝将预埋件或套管绑扎在钢筋上,也可用手工电焊将短钢筋焊在预埋件和套管上,再绑扎在结构钢筋上。要求预埋的钢板与模板平,套管两端头均应与模板平齐。

(3)在混凝土捣制构件预埋管道支架时,应按图纸要求找准标高、坐标位置。土建支模时,在模板处按支架型钢大小开孔,将支架插进模板内,长度不宜小于120mm,并固定牢固;在混凝土浇灌时应认真看护。

(4)支架插进模板内,长度不宜小于120mm,并固定牢固;在混凝土浇灌时,应认真看护,防止铁件被碰撞位移。此种做法,只适用于支木模板的部位使用。

(5)在楼板下和梁下预埋吊杆,按图纸要求在模板上找好位置,根据吊杆的直径大小,在模板上钻眼,将吊杆穿进模板,长度不宜小于120mm,在吊杆尾部焊接一段与其垂直的钢筋,再与结构钢筋绑扎牢固;拆模板时,注意不要碰坏吊杆。此种做法,适用支木模板的部位使用。

(6)在砖石基础中预埋套管时,按管道标高、位置,在瓦工砌砖和砌石时镶入,找平、找正,用砂浆稳固。

(7)管道安装完毕后,应及时用不低于结构标号的混凝土或水泥砂浆把孔洞堵严、抹平。为了不致因堵洞而将管道移位,造成立管不垂直,应派专人配合土建堵孔洞。

(8)堵楼板孔、洞,宜用定型模具或用木板支承牢固后,先往洞内浇点水润湿,再用C20以上的细石混凝土或M7.5水泥砂浆填平捣实,不应向洞内填塞砖头、杂物。

二、管道支架制作与安装

1. 管道支架制作

(1)管道支架、支座的结构多为标准设计,可按国标图集《室内管道支吊架》、《室内热力管道支吊架》等要求集中预制;同类型支架的形式应一致。在满足间距的前提下,能够采用共用支架的,宜使用共用支架,既节约材料、又美观。

(2)型钢架下料:先量出尺寸,画上标线,便可进行切断,切断可用电动切割机或手锯。在型钢面上画上螺栓孔眼的十字线,用眼冲、手锤打好冲眼,用台钻进行钻眼,不宜用气割成孔;型钢三脚架,水平单臂型钢支架栽入部分,可用气割形成劈叉,栽入的尾部应不小于120mm,型钢下料、切断,煨成设计角度后,应进行电焊焊接切断缝。

管道支吊架、支座及零件的焊接,应遵守结构件焊接工艺。焊缝高度不应小于焊件最小厚度,并不应有漏焊、结渣或焊缝裂纹等缺陷;制作好的支吊架,应进行防腐处理和妥善保管;明装管道支架应进行镀锌处理。

(3)U型卡用圆钢制作:先根据管道公称直径选用相应的圆钢,见表1-12;再根据管外径、型钢厚度及留出螺纹长度计算出所需圆钢的料长;在调直的圆钢上量尺、下料,切断后,用圆板牙扳手将圆钢的两端套出螺纹,活动支架上的U型卡可一头套丝,螺纹的长度应套上固定螺母后,留出2~3扣为宜;制作时,先试套后,再大批量加工。

表1-12 U型卡圆钢直径(mm)

管道公称直径	25	32	40	50	65	80
U型卡圆钢直径	8	8	8	8	10	10
管道公称直径	100	125	150	200	250	300
U型卡圆钢直径	10	12	12	12	16	16

2. 管道支架安装

(1)支架的安装,应符合下列规定:

1)铜管、薄壁不锈钢管等采用金属管卡和支吊架时,金属管卡或支吊架与管道之间,应采用塑料带、塑料管片或橡胶等软物隔垫。

2)管道支架的吊杆应垂直安装,吊杆的长度应能调节。

3)作用相同的管卡,外观形式应一致。

(2)管道支架上管道离墙、柱及管子与管子中间的距离,应按设计图纸要求;当设计无要求时,管道中心线与梁、柱、楼板等的最小距离,应符合表1-13的规定。

表1-13 管道的中心线与梁、柱、楼板的最小距离(mm)

公称直径	25	32	40	50	70	80	100	125	150	200
距离	40	40	50	60	70	80	100	125	150	200

(3)立管管卡布置,应符合下列规定:

1)楼层高度小于或等于5.0m,每层设置1个。

2)楼层高度大于5.0m,每层设置2个。

3)管卡安装高度,距地为1.5~1.8m。

4)两个以上管卡应均匀安装,同一房间的管卡应安装在同一高度。

(4)现场安装中,支架安装工序较为复杂。结合实际情况,可采用栽埋法、膨胀螺栓法、预埋焊接法、抱柱法等安装方式。栽埋法适用于砖墙上支架的安装;膨胀螺栓法适用于混凝土构件上的安装;预埋焊接法适用于有预埋件的支架安装;管道沿柱子安装时,可采用抱柱法安装支架。

1)栽埋法

埋进墙内的型钢支托架,应事先劈叉或焊接横向角钢,埋进墙内部分不应小于120mm;墙上无预留孔洞时,按拉线定位画出的支架位置标记,用电锤或手锤、錾子凿孔洞,洞口不宜过大。

埋入前,先将孔洞内的碎砖、杂物及灰土清除干净,用水将洞内冲洗浇湿;然后,用1∶2水泥砂浆或细石混凝土填入,再将已防腐完毕的支架插入洞内;用碎石卡紧支架后,再填实水泥砂浆。但注意洞口处略低于墙面,以便于修饰面层时找平;用碎石挤住型钢时,根据挂线看平、对齐、找正,让型钢靠紧拉线。

型钢横梁应水平,顶面应与管子下边缘平行,应保证安装后的管子与支架接触良好,没有间隙。

2)膨胀螺栓法

在没有预埋铁件的混凝土构件上,可用膨胀螺栓安装支架,但不宜安装推力较大的固定支架。膨胀螺栓法适用于C15级以上的混凝土构件上;不应在容易出现裂纹或已出现裂纹部位安装膨胀螺栓。对于空心砖墙和加气块砖墙,可在安装支架处预留混凝土砖,然后在混凝土砖上打膨胀螺栓的方法安装支架。

用膨胀螺栓安装支架时,先在支架位置处钻孔,孔径与膨胀螺栓套管外径相同,深度与膨胀螺栓有效安装长度相等;再装入套管和膨胀螺栓;拧紧螺母时,螺栓的锥形尾部便将开口套管尾部胀开,使螺栓和套管一起紧固于孔内,就可以在螺栓上安装型钢横梁。但需注意,不宜钻断钢筋,不宜与暗敷电线相碰。常用的有外膨胀螺栓和内膨胀螺栓两种。

3)预埋焊接法

此种方法的使用应以设计而定。具体实施时,应配合土建主体施工预埋钢板。预埋件型式依设计而定;预埋时,应控制好位置、标高及钢板面与模板面的平行度,同时,要求固定牢靠。

当支架在预埋铁件上焊接时,应先将铁件上污物清除干净;焊接应牢固,不应出现漏焊、气孔、结瘤等各种焊接缺陷。

不应随意在承重结构及屋架的钢筋上焊接支架。如特殊需要,应经建筑结构设计人员同意,方准施工。

4)抱柱法

把柱子上的安装坡度线,用水平尺引至柱子侧面,弹出水平线,作为抱柱支架端面的安装标高线。用两根双头螺栓把支架紧固于柱子上,支架安装应保持水平,螺母应紧固。

3. 各种管材支架安装间距

(1)钢管、非卡箍连接的钢塑管水平安装的支架间距,不应大于表1-14的规定。

表 1-14　钢管及非卡箍连接的钢塑管支架安装最大间距

公称直径(mm)		15	20	25	32	40	50	70
支架最大间距	保温管(m)	2	2.5	2.5	2.5	3	3	4
	不保温管(m)	2.5	3	3.5	4	4.5	5	6
公称直径(mm)		80	100	125	150	200	250	300
支架最大间距	保温管(m)	4	4.5	6	7	7	8	8.5
	不保温管(m)	6	6.5	7	8	9.5	11	12

（2）钢塑复合管当采用卡箍连接时，管道支架的最大间距不应大于表1-15的规定。

表 1-15　塑钢复合管采用卡箍式连接管道支架最大间距

公称直径(mm)	70～100	125～200	250～300
最大支架间距(m)	3.5	4.2	5.0

注：1. 横管的任何两个接头之间应有支架；
    2. 支架不应设置在接头上，距接头距离大于或等于100mm，且不小于管径；
    3. 卡箍式连接管道，无需考虑管道因热胀冷缩的补偿；
    4. 其他连接的钢塑复合管的支吊架间距可参考表1-13的规定。

（3）铜管支架最大间距，应符合表1-16的规定。

表 1-16　铜管管道支架的最大间距

公称直径DN	竖直钢管	水平钢管
15	1800	1200
20	2400	1800
25	2400	1800
32	3000	2400
40	3000	2400
50	3000	2400
65	3500	3000
80	3500	3000
100	3500	3000
125	3500	3000
150	4000	3500
200	4000	3500
250	4500	4000
300	4500	4000

（4）PP-R管道支架的最大间距，应符合表1-17的规定。

表 1-17　PP-R 管道支架最大间距

公称外径(mm)		20	25	32	40	50	63	75	90
立管(m)	冷水	1.00	1.20	1.50	1.70	1.80	2.00	2.00	2.10
	热水	0.90	1.00	1.20	1.40	1.60	1.70	1.70	1.80
横管(m)	冷水	0.65	0.80	0.95	1.10	1.25	1.40	1.50	1.60
	热水	0.50	0.60	0.70	0.80	0.90	1.00	1.10	1.20

注：1. 冷、热水管公用支、吊架时，按热水管的间距确定；
　　2. 直埋式管道弟弟管卡，冷、热水管支架间距为 1.0m～1.5m。

(5)排水塑料管道支吊架间距，应符合表 1-18 的规定。

表 1-18　排水塑料管道支吊架间距

管径(mm)	50	75	110	125	160
立管(m)	1.2	1.5	2.0	2.0	2.0
横管(m)	0.5	0.75	1.10	1.3	1.6

(6)衬塑薄壁不锈钢复合管管道支架最大间距，不应大于表 1-19 的规定。

表 1-19　衬塑薄壁不锈钢复合管道支架最大间距

公称外径(mm)	20	25	32	40	50	63	75	90	110
立管(m)	2.0	2.3	2.6	3.0	3.5	4.2	4.8	4.8	5.0
不保温横管(m)	1.5	1.8	2.0	2.2	2.5	2.8	3.2	3.8	4.0
保温横管(m)	1.2	1.6	1.8	2.0	2.3	2.5	2.8	3.2	3.5

注：1. 在配水点处应采取金属管卡或吊架固定；
　　2. 管卡或吊架固定，宜设置在配件 40mm～80mm 处。

(7)塑料管及铝塑复合管最大支架间距，应符合表 1-20 的规定。

表 1-20　塑料管及铝塑复合管最大支架间距

公称直径(mm)		12	14	16	18	20	25	32
立管(m)		0.50	0.60	0.70	0.80	0.90	1.00	1.10
水平管(m)	冷水	0.40	0.40	0.50	0.50	0.60	0.70	0.80
	热水	0.20	0.20	0.25	0.30	0.30	0.35	0.40
公称外径(mm)		40	50	63	75	90	110	—
立管(m)		1.30	1.60	1.80	2.00	2.20	2.40	—
水平管(m)	冷水	0.90	1.00	1.10	1.20	1.35	1.55	—
	热水	0.50	0.60	0.70	0.80	—	—	—

三、管道预制加工

现场施工中,应按设计图纸画出管道分路、管径、变径、预留管口、阀门位置等施工草图;在实际位置做上标记,按标记分段量出实际安装的准确尺寸,记录在施工草图上;然后,按草图测得的尺寸预制加工,在管道表面画出切割线,并按管段及分组编号。

1. 钢管预制加工

(1)钢管切割:用电动切割机断管,应将管材放在电动切割机卡钳上,对准画线卡牢,进行断管。断管时,压手柄用力要均匀,不要用力过猛,断管后,要将管口断面的铁膜、毛刺清除干净;用手锯断管,应将管材固定在压力案的压力钳内,将锯条对准画线,双手推锯,锯条要保持与管的轴线垂直,推拉锯用力要均匀,锯口要锯到底,不应扭断或折断,以防管口断面变形。

(2)钢管调直:将已装好管件的管段,在安装前进行调直。管段调直要放在调管架上或调管平台上,一般,两人操作为宜,一人在管段端头目测,一人在弯曲处用手锤敲打,边敲打、边观测,直至调直管段无弯曲为止,并在两管段连接点处标明印记,卸下一段或数段,再接上另一段或数段直至调完为止;对于管件连接点处的弯曲过死或直径较大的管道,可采用烘炉或气焊加热(至 750℃ 左右)的方法进行调直;镀锌碳素钢管不应采用加热法调直;管段调直时,不应损坏管材。

(3)钢管煨弯:在进行煨弯之前,应先计算好管子的弯曲长度,在弯曲部位起弯点和终止点外有一段直管段。

热弯:弯曲半径,应不小于管道半径的 3.5 倍。

冷弯:弯曲半径,应不小于管道半径的 4 倍。

用焊接钢管煨弯时,焊缝应避开受拉(压)区,其纵向焊缝应放在距中心线 45°的地方,如图 1-26。

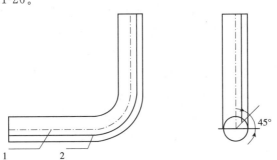

图 1-26　焊接钢管煨弯时自身焊缝所处位置示意图
1-管道中心线;2-焊接

热煨时，应在烘炉中加热，不宜用氧炔焰加热。加热温度不应过高，一般加热至暗红色（约750℃），若加热过程中出现黄光、白光或火焰时，管道已被烧穿，管道报废，不应使用。

2. 铜管预制加工

（1）铜管切断：可采用手动或机械切割，不应采用氧炔火焰切割；对于直径Φ6~Φ10的管子，应用铜管切割器切割；对于管径较大的管子，切割可用旋转式切管器或每厘米不少于13齿的钢锯或电锯垂直切割；使用切管机时，不能施加太大的力作用在管端口上，以免使管端口变形。切割铜管时，将铜管夹持在台虎钳上，钳口两侧应垫木板衬垫，应防止操作不当引起管子变形，要保证管子切口的端面与管子纵向中心线垂直；切割后，应去除管口内毛刺并整圆。

（2）铜管调直：应先将铜管内充细砂，两头封堵后，将其放在工作台上，并在其上放上木板，用木锤或橡皮锤轻轻敲打，进行调直。也可用调直器进行调直。

（3）铜管弯曲：铜及铜合金管煨弯时，尽量不用热煨。一般，外径小于等于108mm时，采用冷弯；外径大于108mm时，采用压制弯头或焊接弯头。铜弯管的直边长度应大于管径，且不小于30mm。

3. 衬塑薄壁不锈钢复合管预制加工

衬塑薄壁不锈钢复合管切断：管道的切割应根据承口深度进行切割。管外径小于等于50mm的管材，宜使用专用切刀手工断料或专用机械切割断料；管外径大于50mm的管材，宜使用专用机械切割机断料；手工切割刀应有良好的同圆性；切割后，管材端口应平整、光滑、无毛刺，不锈钢面层应向管材圆心方向收口。

4. 铝塑复合管预制加工

（1）铝塑复合管切断：管道截断时，应使用专用管剪子或管子割刀，不应使用其他切割工具进行切割，如锯条等。切割时，管子断面应与管中心线相垂直。

（2）铝塑复合管调直：盘卷包装的管子调直一般可在较平整的地面上进行，对管径 $DN \leqslant 20mm$ 管子的局部弯曲可用手工调直，对管径 $DN \geqslant 25mm$ 的弯曲，应在平台上用木锤或橡皮锤轻轻敲打，进行调直。

（3）铝塑复合管弯曲：铝塑复合管弯曲时，弯曲半径不能小于管子外径的5倍。弯曲方法为：管径不大于25mm的管道可用弯管弹簧塞入管子内，送至需弯处（若长度不够，可采用铁丝加长），在该处用手缓慢加力进行，成型后，取出弹簧；管径大于32mm的管道采用专用弯管器弯曲；弯曲半径要求较小，应采用专用弯头配件。

5. PP-R 管预制加工

（1）PP-R 管切断：管道的切割要使用专用管剪。切割时，管剪应垂直于管道轴线进行切割,并对切割后的管口端面进行除毛边和毛刺处理。

(2)PP-R 管弯曲:埋设在地面垫层内的管道在弯曲时,不应使用弯头,而应进行煨弯,且不应用明火进行煨弯,弯曲半径不应小于管外径的 8 倍;明装管道一般使用弯头热熔或电熔连接而成。

6. PVC-U 塑料管预制加工

PVC-U 塑料管切断:根据管线尺寸,除去配件长度,进行断管配制。断管可使用手锯和专用断管器,断口要平齐且垂直于管轴线,用铣刀或刮刀除掉断口内外飞刺,并在端口外棱铣出 15°角。

四、管道连接

1. 管道螺纹连接

主要适用于钢管(焊接钢管 $DN \leqslant 32mm$、镀锌钢管 $DN \leqslant 100mm$)、钢塑复合管、铜管等。

(1)套丝:将断好的管材,按管径尺寸分次套制丝扣,一般以公称直径为 15~32mm 者,套二次;公称直径为 40~50mm 者,套三次;公称直径为 70mm 以上者,套 3~4 次为宜。加工后的管螺纹都应端正、完整,断丝和缺丝总长不应超过全螺纹长度的 10%。用套丝机套丝,将管材夹在套丝机卡盘上,留出适当长度将卡盘夹紧,对准板套号码,上好板牙,按管径对好刻度的适当位置,紧住固定板机,将润滑剂管对准丝头,开机推板,待丝扣套到适当长度,轻轻松开扳机;用手工套丝板套丝,先松开固定板机,把套丝板板盘退到零度,按顺序号上好板牙,把板盘对准所需刻度,拧紧固定板机,将管材放在压力案压力钳内,留出适当长度卡紧,将套丝板轻轻套入管材,使其松紧适度;然后两手推套丝板,带上 2~3 扣,再站到侧面扳转套丝板,用力要均匀;丝扣即将套成时,轻轻松开板机,开机退板,保持丝扣应有锥度。管子螺纹长度尺寸,详见表 1-21。

表 1-21 管道螺纹长度尺寸

公称直径		普通丝头		长丝(连设备用)		短丝(连接阀类用)	
DN(mm)	英寸	长度(mm)	螺纹数	长度(m)	螺纹数	长度(mm)	螺纹数
15	1/2	14	8	50	28	12.0	6.5
20	3/4	16	9	55	30	13.5	7.5
25	1	18	8	60	26	15.0	6.5
32	1 1/4	20	9	—	—	17.0	7.5
40	1 1/2	22	10	—	—	19.0	8.0

(续)

公称直径		普通丝头		长丝(连设备用)		短丝(连接阀类用)	
DN(mm)	英寸	长度(mm)	螺纹数	长度(m)	螺纹数	长度(mm)	螺纹数
50	2	24	11	—	—	21.0	9.0
70	2 1/2	27	12	—	—	—	—
80	3	30	13	—	—	—	—
100	4	33	14	—	—	—	—

(2)配管安装:螺纹连接时,应在管端螺纹外面敷上填料,用手拧入2～3扣,再用管钳一次装紧,不应倒回,装紧后,应留有2～3扣螺尾;管螺纹上均需加填料,填料的种类有铅油麻丝、聚四氟乙烯生料带和一氧化铅甘油调合剂等几种,可根据介质的种类进行选择;管道连接后,应把挤到螺纹外面的填料清除掉,填料不应挤入管道,以免阻塞管路;各种填料在螺纹里只能使用一次,若螺纹拆卸,重新装紧时,应更换新填料。螺纹连接,应根据配装管件的管径选用适当的管钳,不应在管子钳的手柄上加套管增长手柄来拧紧管子,管钳的选用见表1-22。安装完后,应清理麻头,做好外露丝扣处的防腐。

表1-22 管钳适用范围表

名称	规格	适用范围	
		公称直径(mm)	英制对照
管钳	12″	15～20	1/2″～3/4″
	14″	20～25	3/4″～1″
	18″	32～50	1 1/4″～2″
	24″	50～80	2″～3″
	36″	80～100	3″～4″

(3)铜管的螺纹连接:铜管螺纹应与焊接钢管的标准螺纹外径相当。连接时,螺纹上应涂石墨、甘油作为密封填料。除此之外,还应遵循钢管螺纹连接的有关规定。安装完成后的所有管口,应做好临时封闭。

2. 焊接连接

主要适用于钢管(焊接钢管$DN>32mm$、镀锌钢管$DN>100mm$)、铜管等。

(1)管道焊接的对口型式,设计无要求时,应符合表1-23的规定。

表 1-23 管道焊接坡口形式和尺寸

项次	厚度 T (mm)	坡口名称	坡口形式	坡口尺寸		
				间隙 C (mm)	钝边 P (mm)	坡口角 α (°)
1	1~3	I 形坡口		0~1.5	—	—
2	3~9	V 形坡口		0~2.0	0~2.0	65~75
	9~26			0~3.0	0~3.0	55~65
3	2~30	T 形坡口		0~2.0	—	—

(2) 管道焊接前,应清除接口处的浮锈、污垢及油脂;焊接前,要将两管轴线对中,先将两管端部点焊牢,管径在 100mm 以下,可点焊 3 个点;管径在 150mm 以上点焊 4 个点为宜;管道点焊后,应先检查预留口位置、方向、变径等无误后,找直、找正,再焊接。

(3) 管材壁厚在 3mm 以上者,应对管端部位加工坡口,如用气割加工管道坡口,应除去坡口表面的氧化皮,并将影响焊接质量的凹凸不平处打磨平整。

(4) 不同管径的管道焊接连接时,如两管管径相差不超过小管径的 15%,可将大管端部缩口与小管对焊;如果两管相差超过小管径的 15%,应采用成品异径短管焊接。

(5) 焊缝不应出现未焊透、未熔合、气孔、夹渣、裂纹等缺陷。

(6) 不应在焊缝处焊接支管,安装支架、吊架,且不应将焊缝留在墙内。

(7) 碳素钢管开口焊接时,要错开焊缝,并应保持焊缝朝向易观察和维修的方向。

(8) 铜管钎焊连接:应掌握好管子预热温度,尽可能快速将母材加热,送入焊丝,焊丝应被接头处的热量熔化,而不应用焊炬火焰来熔化焊丝,以确保焊接质量。焊接过程中,连接处的承口及焊条应加热均匀,尽可能不要加热焊环。当钎料全部软化后,立即停止加热,焊料渗满焊缝后,保持静止,自然冷却;由于钎料流动性好,若继续加热,钎料会不断往里渗透,不容易形成饱满的焊角。应特别注意避免超过必要的温度,且加热时间不宜过长,以免使管件强度降低;钎焊后的管件,应在 8h 内进行清洗,除去残留的溶剂和熔渣。

3. 法兰连接

主要适用于钢管、钢塑复合管、

铜管、PP-R 管、PVC-U 塑料管、铸铁管、柔性铸铁管等。

(1)法兰分类:阀门、减压器、除污器等管路附属设备与管道连接多采用法兰连接。法兰盘可分为:平焊法兰、对焊法兰、平焊松套法兰、对焊松套法兰、螺纹法兰、翻边松套法兰、光滑面铸铜法兰等。

(2)法兰选用:法兰可选用成品,也可按国标 GB 2555—1981 要求加工制作。法兰螺栓孔光滑、等距,法兰接触面平整,保证密闭性,止水沟线几何尺寸准确。

(3)法兰与管道组装前,应对管道端面进行检查,管口端面倾斜尺寸不应大于 1.5mm;插入法兰盘的管道端部距法兰盘内端面,应为管壁厚度的 1.3～1.5 倍。

(4)管道轴线应与法兰盘端面相互垂直。

(5)法兰与管道的焊接时,应先用法兰靠尺或角尺分两个方向进行检查后点焊;点焊后,还需用靠尺或角尺,再次检查法兰盘的垂直度,用手锤敲打找正后,再进行焊接;如管径较大,应对称和对应地分段施焊,防止热应力集中变形。

(6)法兰连接的密封面平行度偏差尺寸,当设计无明确规定时不应大于法兰外径的 1.5%,且不应大于 2mm;法兰与法兰对接时,密封面应与法兰密封面相符,应保持平行。法兰密封面的平行度及允许偏差值见表 1-24。

表 1-24　法兰密封面的平行度及允许偏差值(mm)

法兰公称直径 DN	在下列标称压力的允许偏差(最大间隙−最小间隙)		
	$PN<1.6MPa$	$1.6 \leqslant PN \leqslant 6.0MPa$	$PN>6.0MPa$
≤100	0.2	0.10	0.05
>100	0.3	0.15	0.06

(7)法兰垫片的材料应与介质相符。一般,给水管(冷水)采用厚度为 3mm 的橡胶垫;供热、蒸汽、生活热水管道应采用厚度为 3mm 的石棉橡胶垫。自制加工的法兰垫片应有手柄,以便于操作;垫片大小应与法兰凸面相符,内孔过小,影响介质流动阻力,外径过大,则影响螺栓穿过螺栓孔,以其外边缘接近螺栓孔为宜。不应安装双垫片或偏垫片。

(8)法兰连接时,应将两片法兰对平找正,先在法兰螺孔中穿几个螺栓,将法兰垫子插入两法兰之间,垫片应装在两法兰密封面的中间,并与他们同心、不应偏移；然后，再穿剩下的螺栓，即可用扳手拧紧螺栓。每对法兰紧固应采用统一规格的螺栓，且安装方向一致。用手上螺帽至拧不动为止，按对称"十字"交叉的位置用合适的扳手分 2～3 次拧紧，如图 1-27 所示，以确保法兰垫片各处受力均匀，密封可靠。

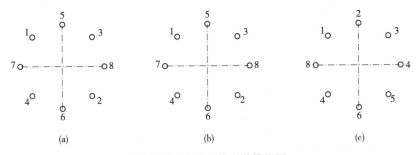

图 1-27　法兰螺栓安装操作图

(a)第一次称交叉拧紧，拧紧程度为 60%；(b)第二次称交叉拧紧，拧紧程度为 80%；
(c)第三次按顺序依次拧紧，拧紧程度为 100%。

(9)连接法兰的螺栓，直径和长度应符合表 1-25 的要求，拧紧后螺栓露出丝扣的长度不应大于螺栓直径的 1/2。

表 1-25　常用规格平焊钢法兰连接螺栓直径、数量表

公称直径 (mm)	管子外径 (mm)	$PN0.6MPa$		$PN1.0MPa$		$PN1.6MPa$	
		螺栓直径	螺栓数量	螺栓直径	螺栓数量	螺栓直径	螺栓数量
15	18	M10	4	M12	4	M12	4
20	25	M10	4	M12	4	M12	4
25	32	M10	4	M12	4	M12	4
32	38	M12	4	M16	4	M16	4
40	45	M12	4	M16	4	M16	4
50	57	M12	4	M16	4	M16	4
70	76	M12	4	M16	4	M16	4
80	89	M16	4	M16	4	M16	8
100	108	M16	4	M16	8	M16	8
125	133	M16	8	M16	8	M16	8
150	159	M16	8	M20	8	M20	8
200	219	M16	8	M20	8	M20	12

(续)

公称直径 (mm)	管子外径 (mm)	PN0.6MPa		PN1.0MPa		PN1.6MPa	
		螺栓 直径	螺栓 数量	螺栓 直径	螺栓 数量	螺栓 直径	螺栓 数量
250	273	M16	12	M20	12	M22	12
300	325	M20	12	M20	12	M22	12
350	377	M20	12	M20	16	M22	16
400	426	M20	16	M22	16	M27	16
450	480	M20	16	M22	20	M27	20
500	530	M20	16	M22	20	M30	20

(10)铜管法兰连接时，垫片应采用橡胶制品等软垫片，采用翻边松套法兰时，应保持同心；管道公称直径小于50mm时，偏差小于或等于1mm；管道公称直径大于或等于50mm时，偏差小于或等于2mm；除此之外，还应遵循钢管法兰安装的有关规定。为便于装拆法兰紧固螺栓，管道法兰平面距支架和墙面的距离不应小于200mm。

4. 卡箍式连接

主要适用于公称直径 $DN \geqslant 80mm$ 的镀锌钢管、钢塑复合管等。DN65的镀锌钢管、钢塑复合管也可采用卡箍式连接，但较为少用。

(1)卡箍式管件接头和配件应与管道工作压力相匹配，用于饮用水的橡胶圈的材质，应符合GB/T 179219—1998的要求。

(2)压槽方法：采用电动机械切割机裁管，截面应垂直管轴线，当管径小于或等于100mm时，允许偏差不超过1mm；管径大于100mm时，允许偏差不大于1.5mm。管外端应平整、光滑，不应有划伤橡胶圈或影响密封的毛刺，切口处毛刺用砂轮机打磨平整。

进行加工时，将需加工沟槽的钢管架设在专用压槽机及尾架上，用水平仪测量钢管水平度，调整钢管使之保持水平；将钢管端面与滚槽机正面贴紧，使钢管中轴线与滚槽机正面呈90°；启动滚槽机电机，持续渐进地压下千斤顶，使上压轮均匀滚压钢管，至预定沟槽深度即停机；将千斤顶卸荷，从滚槽机上取下钢管；用游标卡尺检查沟槽的深度，槽深应符合表1-26规定。若沟槽过深，连接后，将会出现渗漏现象，应作废品处理。预制好管段进行编号，码放在平坦的场地，管段下面用方木垫实。涂塑管的管断面和涂塑被破坏的地方，还应用由厂家提供的专用涂塑剂进行修复。

表 1-26　沟槽标准深度及公差

管径(mm)	沟槽深(mm)	公差(mm)
≤80	2.20	+0.30
100～150	2.20	+0.30
200～250	2.50	+0.30
300	3.00	+0.50

(3)卡箍连接:检查橡胶密封圈是否匹配,涂上润滑剂,按正确的方向套在管端,将对接的另一根管子对口,将胶圈移至连接处,每个接口之间应留 3mm～4mm 的间隙;选择适当的卡箍套在胶圈外,将边沿卡嵌入沟槽中,将带变形块的螺栓插入螺栓孔,上紧螺母。

5. 卡套式连接

主要适用于铝塑复合管(公称直径 $DN \leqslant 32mm$)、衬塑薄壁不锈钢复合管、薄壁铜管等。

(1)用整圆器将管口整圆,并扩口加工出倒角。对于铝塑复合管,在整圆之前,还要用专用刮刀将管口处的聚乙烯内层加工坡口,深度为 1.0～1.5mm,坡角为 20°～30°,并用碎布或棉纱擦拭干净。

(2)将锁紧螺母、C 型紧箍环套在管道上,用力将管芯插入管内,至管口达到管芯根部。

(3)将 C 型紧箍环移至锯管口 0.5～1.5mm 处,再将锁紧螺母与管件本体拧紧。

6. 热熔连接

适用于 PP-R 管(公称外径小于或等于 110mm)。

(1)用尺子和铅笔在管端测量并标绘出热熔深度线,热熔深度,应符合表 1-27 的要求。

表 1-27　PP-R 管热熔连接技术要求

公称直径(mm)	热熔深度(mm)	加热时间(s)	加工时间(s)	冷却时间(min)
20	11.0～14.5	5	4	3
25	12.5～16.0	7	4	3
32	14.6～18.1	8	4	4
40	17.0～20.5	12	6	4
50	20.0～23.5	18	6	5

(续)

公称直径(mm)	热熔深度(mm)	加热时间(s)	加工时间(s)	冷却时间(min)
63	23.9~27.4	24	6	6
75	27.5~31.0	30	10	8
90	32.0~35.5	40	10	8
110	38.0~41.5	50	15	10

注：1. 若环境温度小于5℃，加热时间应延长50%；

2. 公称外径小于63mm时，可人工操作；公称外径大于或等于63mm时，应采用专用进管机具。

(2)接通热熔工具电源，待达到工作温度(250~270℃)指示灯亮后，方可开始操作。

(3)熔接弯头或三通时，按设计图纸要求，应注意其方向，在管件和管材的直线方向上，用辅助标志标出位置。

(4)连接时，应旋转地把管端导入加热套内，插入到所标志的深度；同时，无旋转地把管件推到加热头上，达到规定标志处。加热时间，应满足表1-27的规定(也可按热熔工具生产厂家的规定)。

(5)到达加热时间后，立即把管材与管件从加热套的加热头上同时取下，迅速地、无旋转地、直线均匀地插入到所标深度，使接头处形成均匀凸缘。

(6)在冷却时间内，刚熔接好的接头，还可以校正，但不应旋转。

7. 电熔连接

适用于PP-R管(公称外径大于110mm)。

(1)电熔连接机具与电熔管件的导线连通应正确。连接前，应检查电加热的电压，加热时间应符合电熔连接机具与电熔生产厂家的有关规定。

(2)电熔连接的标准加热时间，应由生产厂家提供，并随环境温度的不同，按表1-28加以调整。若电熔机具有温度自动补偿功能，则不需调整加热时间。

表1-28 电熔连接的加热时间修正系数表

焊接温度(℃)	-10	0	10	20	30	40	50
加热时间修正系数	1.12	1.08	1.04	1.00	0.96	0.92	0.88

(3)在熔合及冷却过程中，不应移动、转动电熔管件和熔合的管材、不应在连接件上施加任何外力。

(4)电熔过程中，当信号眼内熔体有突出沿口现象，加热完成。

8. 粘接连接

主要适用于PVC-U塑料管。

(1)管件和管材的插口在粘接前用棉砂或干布将承口内侧和插口外侧擦拭干净,无尘砂和水迹,并用棉纱蘸丙酮等清洁剂擦净表面油污。

(2)粘接前,应将管子和管件的承口、插口试插一次,一般插入承口的3/4深度,如果插入深度及配合情况符合要求,可在插入端表面划出插入承口深度的标线。

(3)用毛刷将专用粘接剂迅速均匀地涂抹在承口的内侧及插口的外侧,宜先涂承口,后涂插口,涂刷均匀适量;及时找正留口方向,用力将管端垂直插入承口,插入粘接时,将插口稍作转动,以利粘接剂分布均匀,约30~60s可粘接牢固;粘牢后,立即将溢出的粘接剂擦拭干净。

9. A型柔性抗震接口

主要适用于机制排水铸铁管等。

(1)预制连接操作时,首先,在插口处管外壁上画好安装线,保持插口与承口内端部间隙5~10mm,其安装定位线所在的平面应与管道的轴线垂直。

(2)插口端先套入法兰压盖,再依次套入密封橡胶圈,使橡胶圈边缘与安装定位线对齐,要求定位准确。

(3)将插口端推入承口内,并要求插入管的轴线与被插入管的轴线在同一直线上。

(4)用活动扳手拧紧法兰螺栓。紧固螺栓时,要使橡胶密封圈均匀受力,两个对角螺栓同时拧紧,一次不要拧得过多,而应分次逐个拧紧。柔性抗震接头连接形式参见图1-28。

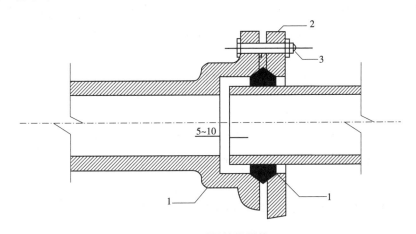

图1-28 A型柔性抗震接口

1-承插口部;2-法兰压盖;3-螺栓;4-橡胶密封圈

10. 石棉水泥接口

主要适用于室外工程的铸铁管、钢筋混凝土管等。

(1)首先,将承口内、插口外的毛刺、杂物及沥青清理干净,将插口插入承口找正、调直;之后,将油麻强拧成麻花状,用麻钎或薄捻凿将承插口环形缝隙填实均匀,把麻打实,一般捻两圈以上,约为承口深度的1/3,使承口周围间隙保持均匀,将油麻捻实后再进行捻灰;再将管道进行一次调直、校正;管道两侧用土填实,以防捻灰口时管道移位。

(2)将石棉水泥捻口灰拌好,石棉水泥接口材料采用强度等级不低于425#的水泥及4级石棉绒。配合比(重量比)一般可参照水:石棉:水泥=1:3:7,其中,水的比例是指占石棉绒和水泥总重而言。在配料时,用水量可根据当时施工季节、空气的温度、湿度适当调整,注意一次配制不宜过多。

(3)将装在灰盘内的石棉水泥灰放在承插口下部,人跨在管道上,一手填灰,一手用捻凿捣实,先填下部,由下而上,边填边捣实;填满后,用手锤、捻凿打实,再填再打,直至将承口打满,灰口表面有光泽;承口捻完后,应进行养护,一般用湿麻绳缠好,外盖草袋,浇水养护2~5天。

11. 橡胶圈接口

主要适用于室外工程的铸铁管、钢筋混凝土管、室内、外给水 PVC-U 塑料管等。

(1)接口作业时,应先将承口内和插口外端清理干净,去掉毛刺,擦掉泥土等脏物。根据承口深度,在插口管端划出插入承口深度的印记。

(2)将胶圈塞入承口胶圈槽内,胶圈内侧及插口抹上肥皂水等润滑剂,然后,将插口端的中心对准承口的中心轴线,将管子找平找正,用倒链等工具拉动铸铁管,将插口插入承口内标记处即可。接口的最大偏转角,不应超过表1-29的规定。

表1-29 橡胶圈接口最大允许偏转角

公称直径(mm)	100	125	150	200	250	300	350	400
允许偏转角度(°)	5	5	5	5	4	4	4	3

12. 薄壁不锈钢管卡压式、环压式、双卡压式、内插卡压式连接

(1)连接应采用专用挤压工具,并应符合下列规定:

1)当管道公称直径大于或等于100mm时,应采用电动工具或液压挤压工具;

2)专用挤压工具应具备限位装置和紧急泄压阀,在发生误操作时应能随时采取紧急措施松开挤压钳口泄压;

3)专用挤压工具的钳口应采用优质合金钢材质,并应经特殊热处理;

4)专用挤压工具应操作便捷,增压和泄压过程应自动控制,不得出现压接不稳定、不到位或过压现象；

5)专用工具应采用全密封设计，在使用过程中不得出现漏油、失压等故障；

6)专用挤压工具集压接钳口应轻便，宜采用一体化设计，宜一次成型；

7)专用挤压工具应按薄壁不锈钢管材－管件－挤压钳三者同步配套开发。

(2)薄壁不锈钢管卡压式、环压式、双卡压式、内插卡压式连接应符合下列规定：

1)应将密封圈套在管材上，插入承口的底端，然后将密封圈推入连接处的间隙内；插入时不得歪斜，不得割伤、扭曲密封圈或使密封圈脱离；

2)插口应插到承口的底端，且插入深度应符合要求；

3)应采用专用工具进行基于连接，挤压位置应在专用工具的钳口之下，挤压时专用工具的钳口应与管件或管材靠紧并垂直；

4)管道公称直径大于或等于 80mm 的管材与管件的环压连接，还应挤压第二道锁紧槽；挤压第二道锁紧槽时，应将环压工具向管件中心方向移动一个密封带长度，再进行挤压连接；

5)挤压时严禁使用润滑油；

6)挤压专用工具的模块必须成组使用。

(3)连接后应对连接处进行检查，并符合下列规定：

1)连接周圈的压痕应凹凸均匀，且应紧密，不得有间隙。

2)挤压部位的形状和尺寸应采用专用量规进行检查，并应符合下列规定：

①卡压式连接、双卡压式连接和内插卡压式连接形状应为六边形，并应采用六角量规进行尺寸确认；

②环压式连接形状应为圆形，并可采用普通量规进行尺寸确认。

③当发现连接处插入不到位时，应将接头部位切除后或重新连接。

④当发现连接处挤压不到位时，应先检查专用工具是否完好，如工具有损，则应进行修复，然后对挤压不到位的连接再进行一次挤压，挤压完成后应再次用量规进行检查确认。

⑤当与转换螺纹接头连接时，应在旋紧螺纹到位后再进行挤压连接。

五、阀门安装

(1)阀门安装前，应进行强度及严密性试验。

(2)阀门连接时，应在关闭状态下安装。若阀门在开启状态下安装，杂物将进入阀门，损伤阀门或阻塞阀门。

(3)安装阀门须使阀杆向上或水平，不可向下。

(4)安装闸阀或蝶阀用以关闭和隔离系统，使能隔离设备、系统一部分或垂直立管等。

(5)安装球阀或控制阀作为节流或调控之用或作为水表旁通等。

(6)安装排放阀于主要阀门及设备和管道等的低位。

(7)排放阀须配备丝扣接口及接驳软管接口。

(8)装配自动排气阀于各系统的高位及需要排气的位置,足使排除管道系统内的气体。于高位接驳6mm铜管并伸延到可触位置(约高于地板1500mm处)装配球阀,再用6mm铜管排放至就近的排水系统。

第二章　给水排水系统安装

第一节　室内给水系统安装

一、室内给水系统的分类及组成

1. 室内给水系统的分类

根据用水对象的不同,室内给水系统可分为生活给水系统、生产给水系统和消防给水系统。在同一幢建筑物内,可以单独设置以上三种给水系统,也可以根据水质、水压、水量和安全方面的需要,结合室外给水系统的情况,组成不同的共用给水系统。如生活、生产共用给水系统;生产、消防共用给水系统等。

2. 室内给水系统的组成

室内给水系统主要由引入管、计量仪表、室内给水管网、给水附件、给水设备、配水设施等组成。

引入管将水由室外引到建筑物内部,通过室内给水管网将水送至各个用水点,经配水设施将水放出,满足用水要求。计量仪表包括水表、水位计、温度计、压力表等,用以计量用水量、显示水位、显示温度、显示压力等。给水附件包括控制附件、调节附件和安全附件,如截止阀、闸阀、蝶阀、安全阀、减压阀、水泵多功能控制阀等,其主要用于调节系统内水的流向、压力、流量,保证系统安全,减少因管网维修造成的停水范围,方便系统的维护管理等。给水设备是指用于升压、稳压、贮水和调节的设备,如水池、水泵、水箱等。

二、室内给水管道的布置与敷设

1. 室内给水管道的布置

给水管道的布置一般分为下分式、上分式、中分式和环状式等。

2. 室内给水管道的敷设方式

根据建筑物性质和卫生标准的不同,室内给水管道敷设分为明装和暗装。

明装敷设是指管道沿墙、梁、柱、天花板等暴露敷设。暗装敷设是指管道沿管沟、管道井、管廊、墙内管槽和地下室等隐蔽敷设。

三、室内给水管道及配件安装

(一)室内给水管道安装施工准备

1. 常用管材及连接方法

常用管材及连接方法见表2-1。

表2-1 室内给水管道常用管材及连接方法

管 材	用 途	连接方法
给水铸铁管	建筑给水引入管 $DN>150mm$	承插连接
镀锌焊接钢管	$DN\leqslant100mm$ 的冷热给水、消防管道	螺纹连接
	$DN\geqslant100mm$ 的冷热给水、消防管道	法兰、卡套、卡箍连接
非镀锌焊接钢管	生产、消防给水管	$DN\leqslant32mm$ 螺纹连接、$DN>32mm$ 焊接
无缝钢管	生活、生产给水管	焊接或法兰连接
不锈钢管	生活、生产给水管	焊接、卡压连接
铜管	生活热水给水管	专用接头连接、焊接
PVC给水管	生活、生产给水管	承插连接(橡胶圈接口)、焊接、粘接
PE-X管	生活冷热水给水管	电熔接、粘接
PP-R管	生活给水管	热熔接、电熔接
铝塑复合管	生活冷热水给水管	卡套连接
钢塑复合管	生活、消防给水管	螺纹连接、卡箍连接

2. 室内给水系统安装的一般要求

(1)材料要求

1)建筑给水金属管道的管材、管件和附件的材质、规格、尺寸、技术要求等均应符合国家现行标准的规定,且应有符合国家现行标准的检测报告。

2)建筑给水金属管道的管材、管件应有符合产品标准规定的明显标志。

3)建筑给水金属管道工程所采用的管材、管件和附件应配套供应。

4)用于生活饮用水的建筑给水金属管道的管材、管件和附件的卫生要求,应符合现行国家标准《生活饮用水输配水设备及防护材料的安全性评价标准》GB/T 17219的规定。

5)建筑给水金属管道的管材、管件的储存应符合下列规定:

①管材、管件应存放在通风良好的库房,室温不宜高于40℃;

②堆放场地应平整,底部应有支垫,管材外悬臂长度不宜大于0.5m;

③管材堆放高度不宜大于1.5m,管件堆放高度不宜大于2.0m。

6)直管材应成捆包装,端口宜设有护套,每捆重量应适于现场搬运。

7)管材、管件在运输、装卸和搬运时应小心轻放、防止重压,不得抛、摔、滚、拖。应防止雨淋、污染、长期露天堆放和阳光曝晒。

(2)作业条件

1)土建主体工程基本完成;配合土建施工进度所做的各项预留孔洞、预埋铁件、预埋套管、预留管槽的复核、修整工作已经完成。

2)室内模板及杂物已清除干净;砖砌管沟已砌筑或现浇的管沟已完毕,并达到强度要求;管道穿楼板处的管洞已修好,其洞口尺寸符合要求。

3)暗装管道应在地沟或吊顶未封闭前进行安装。

4)明装干管安装应在结构验收后进行;安装位置的模板及杂物已清理干净;通过管道的室内位置线及地面基准线已复核完毕;室内墙体厚度已定或墙面粉刷层已结束。

5)嵌入墙内管道应在墙体砌筑完毕、墙面未装修前进行。管道在楼(地)坪面层内暗埋时应与土建专业配合。

6)管道安装用竖井内的模板及杂物已清理干净,并有防坠落措施。

7)施工用机具准备齐全;施工临时用电设施满足施工需求,并能保证连续施工。

(3)敷设要求

1)管道穿越建筑物的基础、墙、楼板时的孔洞和暗装时在墙体上的管槽,应配合土建施工预留。

2)穿过地下室或地下构筑物外墙的管道,应采取防水措施。防水套管分为刚性防水套管和柔性防水套管两种,应按设计要求选用。防水套管与被套管道规格相同。

3)管道穿过结构伸缩缝、抗震缝及沉降缝敷设时,应采取保护措施。

4)明装管道成排安装的直线部分应互相平行。曲线部分无论管道是水平还是垂直并行,都应与直线部分保持等距;管道水平上下并行时,弯管部分的曲率半径应保持一致。

5)给水立管和装有3个或3个以上配水点的支管始端,均应安装可拆卸的连接件。

6)冷、热水管道同时安装时应符合下列规定:

①上、下平行安装时,热水管应在冷水管上方;

②垂直平行安装时,热水管应在冷水管左侧。

(二)室内给水管道安装

1. 引入管安装

一幢单独建筑物的给水引入管,宜从建筑物用水量最大处引入。当建筑物不允许停水时,应从室外环状管网的不同管段设两条或两条以上引入管,在建筑物内部连成环状双向供水或贯通枝状双向供水;必须由室外同一管段引入时,两根引入管间距不得小于10m,并应在接入点间设置阀门,如图 2-1 所示。如室外没有环状管网,应采取设贮水池或增设第二水源等措施。

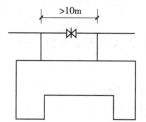

图 2-1 同侧引入管示意图

引入管的埋设深度主要根据城市给水管网的埋深及当地的气候、水文地质和地面荷载而定。管顶应敷设在土壤冰冻线以下 0.15m,按照荷载要求,车行道下的管道其管顶覆土深度不宜小于 0.7m。引入管的位置应考虑到便于水表的安装和维护管理,同时要注意和其他地下管线的协调。

引入管穿越承重墙或基础时,应配合土建预留孔洞或预埋套管,以保护引入管。若基础埋深较浅,则管道可从基础底部穿过。管道穿越承重墙或基础时应预留孔洞,敷设引入管时应保证引入管管顶上部净空不得小于建筑物的最大沉降量,一般不宜小于 0.1m。对于有不均匀沉降、胀缩或受震动的构筑物且防水要求严格时(如管道穿越水池等),应采用柔性防水套管。遇到湿陷性黄土,引入管可从防水地沟内引入。

2. 水表安装

水表安装。室内用户需单独计量用水量时,应在每户给水分支横管上设置水表,如图 2-2 所示。

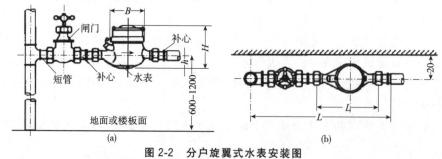

图 2-2 分户旋翼式水表安装图
(a)立面;(b)平面

建筑物需单独计量用水量时,通常在引入管上设置水表节点,多采用螺翼式水表,并要求表前与阀门之间应有不小于 8 倍水表接口直径的直线管段。引入管上水表节点的安装形式分为不设旁通管和设旁通管2种。对于用水量不大，供水又可以间断的建筑物，一般可以不设旁通管。引入管上水表节点的水表前后应安装阀门及泄水阀。

水表安装需注意方向性，即沿表壳上的箭头方向安装。

3. 干管安装

管段预制好后，先将管段慢慢放进沟内或支架上，管道和阀件就位后，检查管道、管件、阀门的位置、朝向，然后，从引入管开始接口，安装至立管穿出地平面上第一个阀门为止；管道穿楼板和穿墙处，应留套管，套管用比管径大两号的钢管或镀锌铁皮卷制而成，套管的长度、环逢的间隙和密封质量，应符合规范规定；在地下埋设或地沟内敷设的给水管道应有2‰～5‰的坡度，坡向引入管处，引入管应装泄水阀，泄水阀一般设在阀门井或水表井内；给水引入管直接埋入地下时，应保证埋深深度；与其他管道交叉或平行敷设时，间距应符合规范规定；在管沟敷设时，管道与沟壁的间距，不应小于150mm。

4. 立管安装

立管安装前，应修整楼板孔洞，先在顶层楼板找出立管中心线位置，再在预留孔位用线坠向下吊线，用手锤、錾子修整楼板孔洞，使各层楼板孔洞的中心位置在一条直线上；而当上层墙体减薄时，可调整孔洞位置；管道安装时，采用乙字弯或用弯头调整，使立管中心距墙的尺寸一致；修整好孔洞后，应根据立管位置及支架结构形式，栽好立管管卡；管卡固定牢固后，即可进行立管安装。

明装立管：每层从上至下统一吊线安装支架，将预制好的立管编号分层排开，按顺序安装，对好调直时的印记，校核预留甩口的高度、方向是否正确；丝扣连接的管道，其外露丝扣和管道外保护层破损处，应补刷防锈漆；支管甩口处，均应加好临时封堵；立管阀门安装朝向，应便于操作和维修；安装完后，用线坠吊直找正，配合土建堵好楼板洞。

暗装立管：安装在竖井内的立管支架，宜采用预埋焊接法。立管安装前，应先上下统一吊线安装支架，再安装立管；安装在墙内的立管应在结构施工中预留管槽，立管安装后，吊直、找正，用卡件固定，支管的甩口应露明，并加好临时丝堵；其他，同明装立管。

明装立管管外皮距建筑装饰面的间距，可参照表2-2。

表2-2 立管管外皮距建筑装饰面的间距(mm)

管径	<32	32～50	65～100	125～150
间距	20～25	25～30	30～50	60

立管穿楼板处应设套管。

5. 支管安装

(1)明装支管

将预制好的支管从立管甩口依次逐段进行安装。有阀门处,若阀杆碍事,应将阀门压盖卸下,将阀体安装好后,再安装阀盖;根据管道长度,适当加好临时固定卡,核定不同卫生器具、用水点的预留口高度和方向,找平、找正后,栽好支架,去掉临时固定管卡,上好临时丝堵;支管管外皮距墙装饰面应留有一定的距离;支管如装有水表,一般在水表位置先装上连接管,试压后、在交工前,拆下连接管,换装水表。

给水支管穿墙处,应按规范要求做好套管。冷水支管应做在热水支管的下方,支管预留口位置应为左热右冷。

(2)暗装支管

管道嵌墙、直埋敷设,宜提前在砌墙时预留管槽,管槽的尺寸为:深度等于管外径+20mm;宽度等于管外径+40~+60mm;管槽表面应平整、不应有尖角等突出物;将预制好的支管敷在管槽内,找平、找正定位后,用勾钉固定;卫生器具的给水预留口要做在明处,加好丝堵;试压合格后,用 M7.5 级水泥砂浆填补密实;若在墙上凿槽,应先确定墙体强度和厚度,当墙体强度不足或墙体不允许时,不宜凿槽。

管道在楼地面层内直埋,宜提前预留管槽,管槽的尺寸为:深度等于管外径+20mm;宽度等于管外径+40mm;管道安装、固定、试压合格后,用与地坪相同等级的水泥砂浆填补密实。

四、室内给水设备安装

1. 水箱的制作与安装

(1)水箱制作

1)非饮用水的水箱多用钢板焊制而成。根据具体施工情况而定,水箱可以先在下面预制后,利用起重机具,将其吊装就位;也可将钢板、加固用的型钢,事先放样、下料后,运至安装现场,就地焊制组装形成。

2)水箱在预制或现场组装过程中,板料应经过平整。若为方形水箱,下料时,需进行规方;组装时,应用水平仪器找平、找正;水箱安装或组装后,应端正、平稳。

3)钢板在拼接过程中,应避免出现"十"字焊缝。

4)水箱在焊接过程中,应采取必要措施,防止焊接变形。

5)膨胀水箱上各接管的开孔一般都在安装现场进行,其开孔接管的方法,如图 2-3 所示:

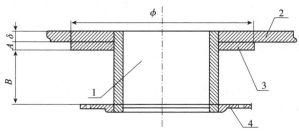

图 2-3 水箱开孔接管的做法
1-短管;2-箱壁;3-加强版;4-法兰

6)水箱的加固,按设计要求定位,且不应妨碍水管开孔和接管。当法兰连接时,可先焊好一段法兰短管,以便和管道法兰相连接;水箱开孔接管处加强板,应符合表 2-3 中的规定。

表 2-3 水箱开孔接管处加强版规格(mm)

管道公称直径	20	25	32	40	50	65	80	100	150
加强板直径 ϕ	40	50	64	80	100	140	140	160	240
加强板厚度 A	5	5	5	5	5	5	5	10	10
短管长度 B	150	150	150	150	150	200	200	200	250

(2)水箱安装

1)整体水箱应在结构封顶及塔吊拆除前安装就位,并应做满水试验。所有水箱管口,均应预制加工,如果现场开口,应在水箱上焊加强板。

2)整体水箱有厂家现场组装和成品整体安装两种形式。厂家现场组装,应提前报安装方案,经监理批准后实施。钢制水箱的加工,应按设计要求或参照国标图集 S151。

3)水箱整体安装方法及水箱配管要求:将水箱稳放在基础上,找平、找正,水箱与建筑结构之间的最小净距见表 2-4;水箱进水口,应高于水箱溢流口,溢流口不应小于进水管径的 2.5 倍;寒冷地区水箱间的温度低于 5℃时,应进行保温或采取措施,防止水箱内存水、结冰。

表 2-4 水箱之间及水箱与建筑结构之间的最小净距(m)

水箱形式	箱外壁与墙面的净距		水箱间的距离	水箱顶至结构最低点的距离	人孔至房间顶板的距离
	有阀一侧	无阀一侧			
圆形	0.8	0.7	0.7	0.8	1.5
方形	100	0.7	0.7	0.8	1.5

4)水箱溢流管、泄水管不应与排水系统直接连接,溢流管出水口应设网罩,网罩为长度 200mm 的短管,管壁开设孔径为 10mm 的,孔距为 20mm,且一端管口封堵,外用 18 目铜或不锈钢丝网包扎牢固,防止小动物爬入箱内;溢流管上不应安装阀门。

5)水箱进水管出流口淹没时,应装设真空破坏装置。

6)水箱的安装示意见图 2-4。

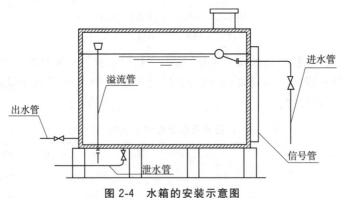

图 2-4　水箱的安装示意图

2. 水泵安装

水泵是输送液体或使液体增压的机械。它将原动机的机械能或其他外部能量传送给液体,使液体能量增加,主要用来输送液体包括水、油、酸碱液、乳化液、悬乳液和液态金属等,也可输送液体、气体混合物以及含悬浮固体物的液体。衡量水泵性能的技术参数有流量、吸程、扬程、轴功率、水功率、效率等;根据不同的工作原理可分为容积水泵、叶片泵等类型。容积泵是利用其工作室容积的变化来传递能量;叶片泵是利用回转叶片与水的相互作用来传递能量,有离心泵、轴流泵和混流泵等类型。

这里主要介绍离心泵的安装方法。

(1)基础检查

基础坐标、标高、尺寸、预留孔洞应符合设计要求。基础表面平整、混凝土强度达到设备安装要求。

1)水泵基础的平面尺寸,无隔振安装时应较水泵机组底座四周各宽出 100~150mm;有隔振安装时应较水泵隔振基座四周各宽出 150mm。基础顶部标高,无隔振安装时应高出泵房地面完成面 100mm 以上,有隔振安装时高出泵房地面完成面 50mm 以上,且不得形成积水。基础外围周边设有排水设施,便于维修时泄水或排除事故漏水。

2)水泵基础表面和地脚螺栓预留孔中的油污、碎石、泥土、积水等应清除干净;预埋地脚螺栓的螺纹和螺母应保护完好;放置垫铁部位表面应凿平。

(2)卧式离心泵的安装要求

1)水泵安装牢固,不能有明显的偏斜。安装前应基础平面上弹线定位,泵体的横向水平度为<0.2/1000;纵向水平度<0.1/1000。解体安装的水泵纵、横向水平度<0.05/1000。

2)水泵找平应以水平中分面、轴的外伸部分、底座的水平加工面为基准进行测量。

3)水泵的联轴器应保持同轴度,轴向倾斜<0.2/1000,径向位移<0.05/1000。

4)主动轴与从动轴找正,连接后,应盘车检查是否灵活。

5)水泵与管道连接后,应复核找正,如由于管道连接而不正常时,应调整管道。

(3)立式离心泵的安装

立式离心泵的安装方法与卧式离心泵基本相同。小型整体安装的管道水泵不应有明显的偏斜。立式离心泵安装有硬性联接和柔性联接。

1)水泵的硬性联接

水泵的硬性联接有直接安装和配联接板安装,联接方式如图2-5所示。硬性联接要求混凝土基础应预留地脚螺栓孔洞,并保持基础平面平整。

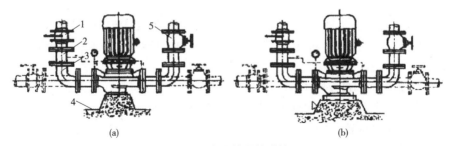

图2-5 水泵的硬性联接

(a)直接联接;(b)配联接板安装

1-吸入端阀门;2-直管;3-弯管;4-混凝土基础;5-压出端阀门

2)水泵的柔件联接

水泵的柔性联接是在联接板下设有橡胶隔振器或垫上橡胶隔振垫,其联接如图2-6所示。水泵柔性联接的特点,混凝土基础仅要求平面平整,不预留地脚螺栓的孔洞,其联接采用膨胀螺栓,施工更为简便。

(4)泵配管安装要求

1)吸水管的水平段,应向泵的吸入口抬高,坡度为2‰~5‰。

2)当采用变径管时,变径管的长度不应小于大小管径差的2~5倍;水泵出水口处的变径应采用同心变径,吸水口处,应采用上平偏心变径。

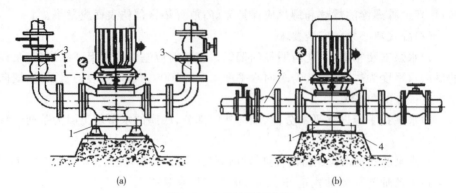

图 2-6 水泵的柔性联接
(a)配联接板和减振的安装;(b)配联接板和隔振垫的安装
1—联接板;2—减振器;3—挠性接头;4—隔振垫

3)水泵出口应安装压力表、止回阀、阀门。其安装位置应合理,便于操作和观察,压力表应设表弯、且应安装在出口控制阀门之前。

4)吸水端的底阀,应设置滤水器或以钢丝网包缠,防止杂物吸入泵内。

5)设备减震应满足设计要求,立式泵不宜采用弹簧减震器。

6)水泵吸入和输出管道的支架应单独设置,并埋设牢固,不应将重量承担在泵体上。

7)管道与泵连接后,不应在其上进行电气焊作业,必要时,应采取保护措施。

8)管道与泵连接后,应复查泵的原始精度,如因连接管道而引起偏差,应调整管道。

9)管道穿墙和楼板处,洞口与管外壁之间应填充弹性材料,如橡胶圈、纤维棉等。

10)水泵吸水管和出水管上,应装设可曲挠橡胶接头。

(5)水泵试运转

泵试运转应符合下列要求:

1)试运转的介质宜采用清水;当泵输送介质不是清水时,应按介质的密度、比重折算为清水进行试运转,流量不应小于额定值的20%;电流不得超过电动机的额定电流;

2)润滑油不得有渗漏和雾状喷油;轴承、轴承箱和油池润滑油的温升不应超过环境温度40℃,滑动轴承的温度不应大于70℃;滚动轴承的温度不应大于80℃;

3)泵试运转时,各固定连接部位不应有松动;各运动部件运转应正常,无异常声响和摩擦;附属系统的运转应正常;管道连接应牢固、无渗漏;

4)轴承的振动速度有效值应在额定转速、最高排出压力和无气蚀条件下检测,检测及其限值应符合随机技术文件的规定;无规定时,应符合《风机、压缩机、泵安装工程施工及验收规范》GB 50275—2010附录A的规定;

5)泵的静密封应无泄漏;填料函和轴密封的泄漏量不应超过随机技术文件的规定;

6)润滑、液压、加热和冷却系统的工作应无异常现象;

7)泵的安全保护和电控装置及各部分仪表应灵敏、正确、可靠;

8)泵在额定工况下连续试运转时间不应少于表2-5规定的时间;高速泵及特殊要求的泵试运转时间应符合随机技术文件的规定。

表2-5 泵在额定工况下连续试运转时间

泵的轴功率(kW)	连续试运时间(min)
<50	30
50~100	60
100~400	90
>400	120

3. 稳压罐安装要求

(1)稳压罐的罐顶至建筑结构最低点的距离,不应小于1.0m;罐与罐之间及罐壁与墙面的净距,不宜小于0.7m。

(2)稳压罐应安放在平整的地面上,安装应平稳、牢固。

(3)稳压罐应按图纸及设备说明书的要求安装设备附件。

(4)罐体应置于混凝土底座上,底座应高出地面0.1m以上。

五、室内消火栓系统安装

室内消火栓系统由水枪、水龙带、消火栓、管网、水源或消防水泵等组成。室内消火栓装置见图2-7a。安装形式分为明装(外凸式)、半明装(半凸式)、暗装(凹式)3种,如图2-7b所示。

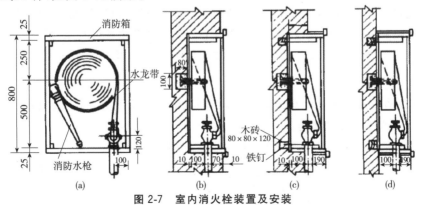

图2-7 室内消火栓装置及安装
(a)立面图;(b)暗装侧面图;(c)半明装侧面图;(d)明装侧面图

1. 干管、立管安装

室内消火栓给水管道安装与室内给水管道基本相同。采用普通钢管时,管道连接方式为焊接连接;采用镀锌钢管时,若管径 $DN \leqslant 100mm$,采用螺纹连接;若管径 $DN \geqslant 80mm$,采用卡箍式连接或法兰连接,压槽或焊接部位应做防腐处理或二次镀锌处理。

2. 消火栓箱及支管安装

暗装的消火栓箱应解体进行安装,当土建进行墙体施工时,可随之同步进行箱体的安装,并应做好产品保护,防止污染和碰撞变形。箱体安装的位置和标高应正确,应充分考虑安装后栓口的位置,将栓口的中心标高控制在1.1m,正负偏差在20mm以内;单栓消火栓箱内的消防栓阀距箱体侧面和后面的距离及箱体的垂直度,应符合规范要求;柜式消火栓箱及双栓箱,应符合国家标准图要求;安装箱体时,应考虑箱门的安装方法和厚度,使安装好的消防门与装饰面吻合较好;安装好的箱体应固定牢固。

消火栓支管要以消火栓阀的坐标、标高定位甩口,核定后,再稳固消火栓箱;箱体应找正、稳固后,再安装消火栓阀,消火栓阀应安装在箱门开启的一侧,箱门开启应灵活。

明装的消火栓箱,可在消防系统分区、分系统强度试验前安装好。消火栓箱的玻璃可在竣工时安装好;箱体内的配件可在交工验收前安装好。

消火栓的支管,应从箱的端部经箱底由下而上引入,栓口朝外。

暗装消火栓箱体时,应与电气、装修专业密切配合,保持整体美观;明装消火栓箱体安装时,要按标准图集要求固定箱体,如果墙体为轻质隔墙,应做固定支架。

3. 消火栓配件安装

消火栓配件的安装,应在交工前进行。消防水龙带每根长度不大于25.0m,消防水龙带应折放在挂架上或卷实、盘紧放在箱内;消防水枪要竖放在箱体内侧;自救式水枪和软管,应放在挂卡上或自救式卷盘上。消防水龙带与水枪快速接头的连接,应使用配套卡箍锁紧。设有电控按钮时,应注意与电气专业配合施工。

4. 通水试验

(1)消防系统的通水调试,应使最不利点的消火栓的静水压力、出水压力和水枪充实水柱长度能满足设计要求。

(2)核实消防水箱、水池、水泵接合器等的供水能力。

(3)消防水泵、稳压泵单机调试。消防水泵以手动方式启动时,观察水泵运转是否平稳,电机及轴承有无发热,压力表指示是否平稳。检查各连接点有无漏水,支、吊架是否牢固。主备泵做互投试验。消防水泵应在60s内投入正常运行,且以备用电源切换时,消防水泵应在60s内投入正常运行。稳压泵在模拟启动条件下,应立即启动,达到系统设计压力时,应自动停止运行。

(4)用水泵及水泵接合器分别加压,对屋顶层(或水箱间内)试验消火栓栓口静水压力、出水压力及首层消火栓栓口静水压力、出水压力、水枪充实水柱长度等进行测试,达到设计要求为合格。

六、自动喷水灭火系统安装

自动喷水灭火系统由喷头、管网、信号阀和火警讯号器等组成,简图见图2-8。

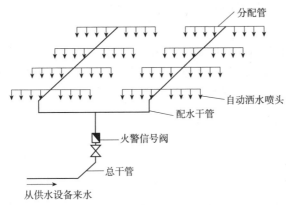

图2-8　自动喷水灭火系统

自动喷水灭火系统的管材可采用热镀锌焊接钢管或无缝钢管。安装前应校直管道,并清除管道内部的杂物。在腐蚀性的场所,安装前应按设计要求对管道、管件等进行防腐处理。热镀锌钢管安装应采用螺纹、沟槽式管件或法兰连接。

配水干管(立管)与配水管(水平管)连接,应采用沟槽式管件,不应采用机械三通;当管道变径时,宜采用异径接头,在管道弯头处不应采用补心,当需要采用补心时,三通上可用1个,四通上不应超过2个,公称直径大于50mm的管道不应采用活接头。法兰连接可采用焊接法兰或螺纹法兰,焊接法兰焊接处应做防腐处理,并宜重新镀锌后再连接。

管道应固定牢固,管道支架或吊架之间的距离不应大于表2-6的规定。

表2-6　管道支架或吊架之间的距离

公称直径(mm)	25	32	40	50	70	80	100	125	150	200	250	300
距离(m)	3.5	4.0	4.5	5.0	6.0	6.0	6.5	7.0	8.0	9.5	11.0	12.0

管道支架、吊架的安装位置不应妨碍喷头的喷水效果;管道支架、吊架与喷头之间的距离不宜小于300mm,与末端喷头之间的距离不宜大于750mm。配水

支管上每一直管段、相邻两喷头之间的管段设置的吊架均不宜少于1个,吊架的间距不宜大于3.6m。

当管道的公称直径大于或等于50mm时,每段配水干管或配水管设置防晃支架不应少于1个,且防晃支架的间距不宜大于15m;当管道改变方向时,应增设防晃支架。竖直安装的配水干管除中间用管卡固定外,还应在其始端和终端设防晃支架或采用管卡固定,其安装位置距地面或楼面的距离宜为1.5~1.8m。

自喷系统的喷头分为闭式和开式2类。闭式喷头安装前应进行密封性试验,以无渗漏、无损伤为合格。试验数量宜从每批中抽查1%,但不得少于5只,Ps应为3.0MPa,保压时间不小于3min。当2只及2只以上不合格时,不得使用该批喷头。当仅有1只不合格时,应再抽查2%,但不少于10只,重新做密封性能试验,仍有不合格时,该批喷头也不得使用。

喷头安装应在系统试压、冲洗合格后进行。当喷头的公称直径小于10mm时,应在配水干管或配水管上安装过滤器。

七、管道试压、冲洗和消毒

1. 管道试压

管道安装完毕后,应按设计要求对管道系统进行压力试验。按试验的目的可分为检查管道力学性能的强度试验、检查管道连接质量的严密性试验、检查管道系统真空保持性能的真空试验和基于防火安全考虑而进行的渗漏试验等。除真空管道系统和有防火要求的管道系统外,多数管道只做强度试验和严密性试验。管道系统的强度试验与严密性试验,一般采用水压试验,如因设计结构或其他原因,不能采用水压试验时,可采用气压试验。

水压试验的程序、步骤方法如下:

(1)连接。将试压设备与试压的管道系统相连,试压用的各类阀门、压力表安装在试压系统中,在系统的最高点安装放气阀、在系统的最低点安装泄水阀。

(2)灌水。打开系统最高点的放气阀,关闭系统最低点的泄水阀,向系统灌水。试压用水应使用纯净水,当对奥氏体不锈钢管道或对连有奥氏体不锈钢管道或设备的管道进行试验时,水中氯离子含量不得超过25×10^{-6}(ppm)。待排气阀连续不断地向外排水时,关闭放气阀。

(3)检查。系统充水完毕后,不要急于升压,而应先检查一下系统有无渗水漏水现象。

(4)升压。充水检查无异常,可升压,升压用手动试压泵(或电动试压泵),升压过程应缓慢、平稳,先把压力升到试验压力的一半,对管道系统进行一次全面的检查,若有问题,应泄压修理,严禁带压修复。若无异常,则继续升压,待升压至试验压力的 3/4 时,再作一次全面检查,无异常时再继续升压到试验压力,一般分 2~3 次升到试验压力。

(5)持压。当压力达到试验压力后,稳压 10min,再将压力降至设计压力,停压 30min,以压力不降、无渗漏为合格。

(6)试压结束后,应及时拆除盲板、膨胀节限位设施,排尽系统中的积水。

2. 管道冲洗、通水试验及消毒

(1)管道试压完后,即可冲洗。冲洗应用生活饮用水连续进行,冲洗水的排放应接入可靠的排水井或排水沟中,并保持通畅和安全;排放管的截面积,不应小于被冲洗管截面积的 60%。冲洗水的流速不应小于 1.5m/s;当设计无要求时,以出口的水色和透明度与入口处目测一致为合格。

(2)系统冲洗完毕后,应进行通水试验,按给水系统的 1/3 配水点同时开放,各排水点通畅,接口无渗漏,为合格。

(3)管道消毒

1)管道冲洗、通水后,将管道内的水放空,连接各配水点,进行管道消毒,通常用 20~30mg/L 浓度游离氯的清水灌满进行消毒。常用的消毒剂为漂白粉,漂白粉加水搅拌均匀,随同管道注水一起加入被消毒管段;消毒水应在管内滞留 24h 以上,再用饮用水冲洗。

2)管道消毒完后,打开进水阀向管道供水,打开配水点龙头适当放水,在管网最远点取水样,经卫生监督部门检验合格后,方可交付使用。

第二节 室内排水系统安装

一、室内排水系统的分类及组成

1. 室内排水系统的分类与排水体制

按照所排除污(废)水的性质不同,室内排水系统可分为三类:

(1)生活排水系统。生活排水系统排出人们日常生活中的盥洗、洗涤和粪便冲洗水。其中大便器(槽)、小便器(槽)产生的水称为生活污水,洗涤盆、沐浴设备、洗脸盆、污水池等产生的水称为生活废水。

(2)工业排水系统。工业排水系统排出工矿企业生产过程中所排出的生产污水和生产废水,生产污水污染严重,需要经过处理,达到排放标准后排放;生产废水污染较轻,如机械设备冷却水,生产废水可作为杂用水水源,也可经过简单处理后(如降温)回用或排入水体。

(3)雨水排水系统。雨水排水系统排出降落到建筑屋面上的雨水和雪水。

排水体制可分为分流制和合流制两种。建筑物外部分流制排水系统是指将生活排水与雨水排水分成两个系统排出，新建小区应采用分流制排水系统。建筑物内部分流制一般指生活污水与生活废水分别用不同的管道系统排出的排水系统，当建筑物的卫生标准较高时、或生活污水需局部处理才能排到市政排水管道时、或生活废水需回收利用时均应采用分流制排水系统。

2. 室内排水系统的组成

室内排水系统由卫生器具和生产设备受水器、室内排水管道、排出管、清通设备、通气管道、提升设备和污水局部处理构筑物组成。

卫生器具和生产设备受水器产生的污水通过室内排水管道收集并排到建筑物下部，经排出管排至室外排水系统。为保证排水管道能将污水及时、通畅地排出，同时尽量减小排水管道中的噪声，在室内排水系统中应设置通气管。为保证排水管道发生堵塞时能清通，在排水管道设计安装时应设置清通设备。民用建筑的地下室、人防建筑物、某些工厂车间的地下室和地下铁道等地下建筑物的污废水不能自流排至室外检查井时，还应设污废水提升设备，使产生的污废水经提升排至室外。

二、室内排水管道的布置与敷设

1. 室内排水管道布置原则

排水管道应力求短直、转弯少，不得布置在遇水会引起原料、产品和损坏的地方，不得穿过卧室、客厅、贵重物品贮藏室和变、配电室及通风小室等处，也不宜穿越容易引起自身损坏的地方，如建筑物的沉降缝、伸缩缝，必须穿越时应采取保护措施。

2. 室内排水管道敷设

室内排水管道敷设有明装和暗设敷设 2 种。

（1）设备排水支管

设备排水支管是连接用水设备和排水横管的管段，除了自带水封装置的卫生设备外，一般应在设备排水管上装设存水弯。

（2）排水横支管

排水横支管是连接设备排水支管和立管的管段。应力求短直，一般是沿墙布置，吊装于楼板下方。有的可在用水设备下地面上沿墙敷设，也可设在当层地面下的专用管沟内。

最低横支管接入排水立管，与仅设伸顶通气管的立管底的垂直距离应符合表 2-7 要求。

表 2-7 最低横支管接入排水立管处与立管底的垂直距离

立管连接卫生设备的层数	垂直距离(m)	立管连接卫生设备的层数	垂直距离(m)
≤4	0.45	13～19	3.0
5～6	0.75	≥20	6.0
7～12	1.2		

注：①当与排出管连接的立管底部放大一号管径或横干管比与之连接的立管大一号管径时,可将表中垂直距离缩小1档。

②当塑料排水立管的排水能力超过上表中铸铁排水立管排水能力时,不宜执行上表。

排水横支管按照设计要求敷设一定的坡度,并坡向排水立管。

（3）排水立管

排水立管承接各层排水横支管的来水,底部与水平干管相接或与底层的排出管直接相接。

排水立管一般布置在墙角或沿墙、柱布置,不应穿越卧室、病房,也不应穿越对卫生、安静要求较高的房间,也不宜靠近与卧室相邻的内墙。

（4）排水干管与排出管

排水干管汇集排水立管的来水,其排水能力远小于立管,因此不宜过长并尽快排至室外。

排水干管通常直埋敷设或设在管沟、地下室内。

排出管作用是将室内污水排至室外,沿水平方向接入室外污水检查井。

（5）通气管

伸顶通气管一般将排水立管的上端伸出屋面300mm,且不小于当地最大积雪厚度,对于上人屋面,应高出屋面2m。

排水量大的多层建筑或高层建筑,应设置专用通气管。

三、室内排水管道安装

1. 常用管材及连接方法

室内排水系统常用管材及连接方法见表 2-8。

表 2-8 室内排水系统常用管材及连接方法

管　　材	用　　途	连接方法
塑料排水管	生活污水管、雨水管	粘接、胶圈接口
铸铁排水管	生活污水管、雨水管	承插连接

(续)

管材	用途	连接方法
混凝土管	生活污水管、雨水管	承插连接
陶土管	生活污水管、工业污废水管	承插连接
镀锌焊接钢管	卫生设备排水短管、雨水管	螺纹连接
非镀锌焊接钢管	卫生设备排水短管、雨水管	螺纹连接、焊接

2. 干管安装

排水管道坡度应符合设计要求,若设计无要求时应符合表 2-9 的规定。

表 2-9 排水管道的坡度

管径(mm)	标准坡度(‰)	最小坡度(‰)
50	35	25
75	25	15
100	20	12
125	15	10
150	10	7
200	8	5

将预制好的管段放到已经夯实的回填土上或管沟内,按照水流方向从排出位置向室内顺序排列,根据施工图纸的坐标、标高调整位置和坡度加设临时支撑,并在承插口的位置挖好工作坑。

在捻口之前,先将管段调直,各立管及首层卫生器具甩口找正,用麻钎把拧紧的青麻打进承口,一般为两圈半,将水灰比为 1:9 的水泥捻口灰装在灰盘内,自下而上边填边捣,直到将灰口打满打实有回弹的感觉为合格,灰口凹入承口边缘不大于 2mm。

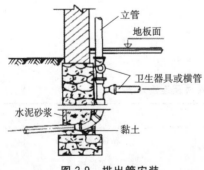

图 2-9 排出管安装

排水排出管安装时,先检查基础或外墙预埋防水套管尺寸、标高,将洞口清理干净,然后从墙边使用双 45°弯头或弯曲半径不小于 4 倍管径的 90°弯头,与室内排水管连接,再与室外排水管连接,伸出室外。排出管穿基础应预留好基础下沉量,并设置防水套管。图 2-9 为排出管穿墙或穿基础时的一般做法。

管道铺设好后,按照首层地面标高将

立管及卫生器具的连接短管接至规定高度,预留的甩口做好临时封闭。

3. 立管安装

安装立管前,应先在顶层立管预留洞口吊线,找准立管中心位置,在每层地面上或墙面上安装立管支架。

将预制好的管段移至现场,安装立管时,两人上下配合,一人在楼板上从预留洞中甩下绳头,下面一人用绳子将立管上部拴牢,然后两人配合将立管插入承口中,用支架将立管固定,然后进行接口的连接,对于高层建筑铸铁排水立管接口形式有两种(材质均为机制铸铁管):W 型无承口连接和 A 型柔性接口,其他建筑一般采用水泥捻口承插连接。

W 型无承口管件连接时先将卡箍内橡胶圈取下,把卡箍套入下部管道把橡胶圈的一半套在下部管道的上端,再将上部管道的末端套入橡胶圈,将卡箍套在橡胶圈的外面,使用专用工具拧紧卡箍即可。

A 型柔性接口连接,安装前必须将承口插口及法兰压盖上的附着物清理干净,在插口上画好安装线,一般承插口之间保留 5~10mm 的空隙,在插口上套入法兰压盖及橡胶圈,橡胶圈与安装线对齐,将插口插入承口内,保证橡胶圈插入承口深度相同,然后压上法兰压盖,拧紧螺栓,使橡胶圈均匀受力。

如果 A 型和 W 型接口与刚性接口(水泥捻口)连接时,把 A 型、W 型管的一端直接插入承口中,用水泥捻口的形式做成刚性接口。

立管插入承口后,下面的人把立管检查口及支管甩口的方向找正,立管检查口的朝向应该便于维修操作,上面的人把立管临时固定在支架上,然后一边打麻一边吊直,最后捻灰并复查立管垂直度。

立管安装完毕后,应用不低于楼板标号的细石混凝土将洞口堵实。

高层建筑有辅助透气管时,应采用专用透气管件连接透气管。

4. 支管安装

安装支管前,应先按照管道走向支吊架间距要求裁好吊架并按照坡度要求量好吊杆尺寸,将预制好的管段套好吊环,把吊环与吊杆用螺栓连接牢固,将支管插入立管预留承口中,打麻、捻灰。

在地面防水前应将卫生器具或排水配件的预留管安装到位,如果器具或配件的排水接口为丝扣接口,预留管可采用钢管。

5. 配件安装

(1)地漏安装

根据土建弹出的建筑标高线计算出地漏的安装高度,地漏箅子与周围装饰地面 5mm 不得抹死。地漏水封应不小于 50mm,地漏扣碗及地漏内壁和箅子应刷防锈漆。

(2)清扫口安装

1)在连接两个及两个以上大便器或一个以上卫生器具的排水横管上应设清扫口或地漏;排水管在楼板下悬吊敷设时,如将清扫口设在上一层的地面上,清扫口与墙面的垂直距离不小于 200mm;排水管起点安装堵头代替清扫口时,与墙面距离不小于 400mm。

2)排水横管直线管段超长应加设清扫口,见表 2-10。

表 2-10 排水直线管段清扫口或检查口的最大距离

管径 DN (mm)	污水性质		清除装置
	废水	生活污水	
50~75	15	12	检查口
50~75	10	8	清扫口
100~150	15	10	清扫口
100~150	20	15	检查口
200	25	20	检查口

清扫口见图 2-10,其中Ⅰ型用于管道末端,Ⅱ型用于干管中途,Ⅲ型用于地下室管道末端。

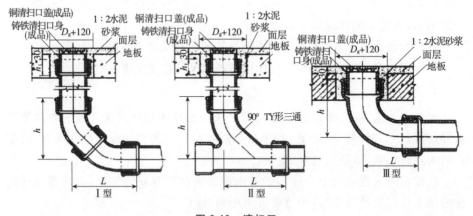

图 2-10 清扫口

(3)检查口安装

立管检查口应每隔一层设置 1 个,但在最低层和有卫生器具的最高层必须设置,如为两层建筑时,可在底层设检查口;如有乙字管,则在乙字管上部设置检查口。暗装立管，在检查口处应安装检修门。检查口如图 2-11 所示。

(4)透气帽安装

1)经常有人逗留的屋面上透气帽应高出净屋面 2m，并设置防雷装置；非上人屋面应高出屋面 300mm，但必须大于本地区最大积雪厚度。

2)在透气帽周围 4m 内有门窗时，透气帽应高出门窗顶 600mm 或引向无门窗一侧。

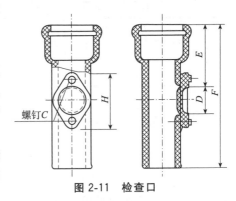

图 2-11 检查口

(5)支架、吊架安装及支墩的设置

建筑排水金属管道的支架(管卡)、吊架(托架)应为金属件，其形式、材质、尺寸、质量及防腐要求等应符合国家现行有关标准的规定；支墩可采用强度不低于 MU10 的砖砌筑或采用强度等级不低于 C15 的混凝土浇筑。支架(管卡)、吊架(托架)、支墩均不得设置在接口的断面部位。

建筑排水金属管道的支架(管卡)、吊架(托架)应能分别承载所在层内立管或横管产生的荷载，其支承强度应分别大于所在层内立管、横管的自重与管内最大水重之和。设置和安装应分别满足立管垂直度、横管弯曲和设计坡度的要求。应安装牢固、位置正确、与管道接触紧密，并不得损伤管道外表面。

建筑排水金属管道的立管的支架(管卡)、横管的托架及预埋件必须固定或预埋在承重构件上。横管的吊架宜固定在楼板、梁和屋架上。多层和高层建筑的排水立管穿越楼板时，应用管卡固定，当有管井时，宜固定在楼板上；当无管井或有吊顶时，管卡宜固定在楼板下。

建筑排水金属管道的重力流排水立管，除设管卡外，应每层设支架固定，支架的间距不得大于 3m，当层高小于 4m 时，可每层设一个支架。立管底部与排出管端部的连接处，应设置支墩等进行固定。柔性接口排水铸铁立管底部转弯处，可采用鸭脚弯头支撑，同时设置支墩等进行固定。

建筑排水金属管道的重力流铸铁横管，每根直管必须安装一个或一个以上的吊架，两吊架的间距不得大于 2m。横管与每个管件(弯头、三通、四通等)的连接都应安装吊架，吊架与接口断面间的距离不宜大于 300mm。

建筑排水金属管道的重力流铸铁横管的长度大于 12m 时，每 12m 必须设置一个防止水平位移的斜撑或用管卡固定的托架。

建筑排水金属管道的钢管水平安装的支、吊架间距不应大于表 2-11 的规定。立管应每层设一个。

表 2-11 建筑排水金属管道钢管水平安装的支、吊架最大间距

公称直径	DN50	DN70	DN80	DN100	DN125	DN150	DN200	DN250	DN300
保温管道(m)	3.0	4.0	4.0	4.5	6.0	7.0	7.0	8.0	8.5
不保温管道(m)	5.0	6.0	6.0	6.5	7.0	8.0	9.5	11.0	12.0

四、室内排水系统试验与调试

1. 灌水试验

(1)埋地及所有隐蔽的生活排水金属管道,在隐蔽前,根据工程进度必须做灌水试验或分层灌水试验,并应符合下列规定:

1)灌水高度不应低于该层卫生器具的上边缘或底层地面高度;

2)试验时应连续向试验管段灌水,直至达到稳定水面(即水面不再下降);

3)达到稳定水面后,应继续观察 15min,水面应不再下降,同时管道及接口应无渗漏,则为合格,同时应做好灌水试验记录。

(2)室内雨水管,应根据管材和建筑高度选择整段方式或分段方式进行灌水试验。整段试验时,灌水高度应达到立管上部的雨水斗。当灌水达到稳定水面后,观察 1h,管道应无渗漏,即为合格,并应做好灌水试验记录。

(3)排水系统全部安装完毕,生活排水管、雨水管应分系统(区、段)进行通水试验。通水后,管道应流水通畅,不渗不漏,即为合格,同时做好通水试验记录。

(4)将横管上、地下(或楼板下)管道清扫口和立管检查口加垫、加盖进行封闭;通向室外的排出管管口,用试水充气胶囊充气堵严,可进行地下管道的灌水试验;高层建筑楼层横管和卫生器具短管灌水试验,可打开三通上部的检查口,用卷尺在管外测量由检查口至被检查水平管的距离加三通以下 500mm 左右,记下这个总长,再量出胶囊在内的胶管相应长度,并在胶管上做好标记,以控制胶囊进入管内的位置。将胶囊由检查口慢慢送入,一直放到测出的总长度位置,向胶囊充气并观察压力表示值上升到 0.07MPa 为止,最高不超过 0.12MPa;用试水充气胶囊封堵,排水管道进行灌水试验见图 2-12。

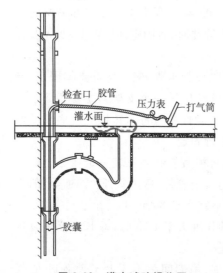

图 2-12 灌水试验操作图

用胶管从便于检查的管口或检查口向管道内灌水,边灌水、边观察水位上升情况,直到符合规定水位为止;从灌水开始,应设专人检查、监视出户排水管口、地下扫除口等易跑水部位,发现堵盖不严或管道出现漏水时,均应停止向管内灌水,并立即进行整修;待管口封闭严密或管道接口达到强度后,再重新开始灌水。

灌满水后 15min,没有发现管道及接口漏水,应会同监理单位有关人员对管内水面高度进行共同检查,水面位置没有下降,则为管道灌水试验合格;灌满水 15min 后,若发现水面下降,再灌满观察 5min,水面无下降为合格,若水面仍有下降,则灌水试验不合格,应对管道及各接口、堵口全面、细致地检查,修复,排除渗漏因素后,重新按上述方法进行灌水试验,直至合格。

灌水试验合格后,从室外排水口,放净管内存水;拆除灌水试验临时接的短管,并将敞开的管口临时堵塞封闭严密。

2. 通球试验

为了防止水泥、砂浆、砖块、钢筋、铁丝等杂物卡在管道内,室内排水系统灌水试验合格后,应作通球试验,检查管道过水断面是否减小;通球用的胶球直径应不小于其管径的 2/3,见表 2-12 的规定。通球率必须达到 100%,同时应做好通球试验记录。

表 2-12　胶球直径选择表(mm)

管内径	150	100	75
胶球直径	100	70	50

试验顺序从上而下进行,胶球从排水立管顶端口投入,并向管内给水,使球能顺利排出为合格;通球过程如遇堵塞,应查明位置并进行疏通,直到通球无阻为止。

3. 水压试验

污水提升管可按给水压力管的试验要求进行水压试验,同时应做好水压试验记录。

第三节　室内热水供应系统安装

一、室内热水供应系统的组成

室内热水供应系统是水的加热、贮存和输配的总称。

室内热水供应系统,按照热水供应范围的大小分为局部热水供应系统、集中热水供应系统和区域热水供应系统。

局部热水供应系统是指采用各种小型加热器在用水场所就地加热,供局部范围内的一个或几个用水点使用的热水系统。例如,采用小型燃气加热器、电加热器、太阳能加热器等。

集中热水供应系统就是在锅炉房、热交换站或加热间把水集中加热,然后通过热水管网输送给整幢或几幢建筑物的热水供应系统。集中热水供应系统适用于热水用水量较大、用水点多且比较集中的建筑,如高级住宅、宾馆、医院、疗养院等。区域热水供应系统是把水在热电厂、区域性锅炉或热交换站集中加热,通过市政热水管网送至整个建筑群、居住区或整个工矿企业的热水供应系统。我国目前使用较多的是集中热水供应系统。

图 2-13 是热媒为蒸汽的集中热水供应系统,它能保证立管随时都能得到符合设计水温要求的热水。集中热水供应系统主要由以下三部分组成。

(1)第一循环系统(热媒循环系统即热水制备系统)。它是连接锅炉(发热设备)和水加热器或贮水器的管道系统。

(2)第二循环系统(配水循环系统即热水供应系统)。它是连接贮水器(或水加热器)和热水配水点的管道,由热水配水管网和回水管网组成。根据使用要求,系统可设计成全循环系统、半循环系统和非循环系统。

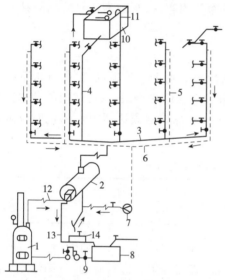

图 2-13 热媒为蒸汽的集中热水供应系统
1-锅炉;2-水加热器;3-配水干管;4-配水立管;
5-回水立管;6-回水干管;7-循环水泵;
8-凝结水池;9-凝结水泵;10-给水水箱;
11-透气管;12-蒸汽管;13-凝水管;14-疏水器

全循环热水供应系统能保证用户随时得到符合设计水温要求的热水,但造价较高,适用于对水温要求高且 24h 供应的热水供应系统。

半循环系统适用于对水温要求不高的建筑物,使用时需先放掉一部分冷水,但工程投资较少。非循环系统工程投资少,但使用时需先放掉较多的冷水,使用不便,适用于连续供水或定时供水的小型热水供应系统。

(3)附件。根据热媒系统和热水系统中控制、连接的需要,以及由于温度的变化而引起的水的体积膨胀、超压、气体的分离和排除等,需要设置附件。常用的附件有温度自动控制装置、疏水器、减压阀、安全阀、膨胀水箱(或罐)、管道自动补偿器、闸阀、自动排气装置等。

二、室内热水供应系统管道及配件安装

室内热水供应系统管道及配件安装方法与室内给水系统管道及配件安装基本相同,这里仅对其特殊部位安装进行介绍。

1. 管道补偿措施

热水供应系统的管道,应采取措施补偿温度变化引起的伸缩,主要是利用自然补偿和安装补偿器的方法。

(1)自然补偿

尽量利用自然补偿,即利用管道敷设的自然弯曲、折转等吸收管道的温度变形,弯曲两侧管段的长度不宜超过表 2-13 所列数值。暗埋敷设的管道可不设置伸缩补偿装置。

表 2-13 弯管两侧管段允许长度

管材	薄壁钢管	薄壁不锈钢管	衬塑钢管	PP-R	PEX	PB	PAP
长度(m)	10.0	10.0	8.0	1.5	1.5	2.0	1.5

管道利用弯管进行补偿时,最大支撑间距不宜大于最小自由臂长度,见图 2-14;最小自由臂长度,可以按下列公式(2-1)计算。

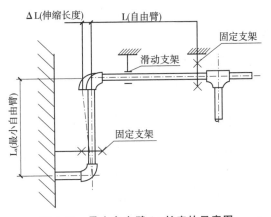

图 2-14 最小自由臂 L_z 长度的示意图

$$L_z = k \sqrt{(0.65\Delta ts + 0.10\Delta tg) \cdot L \cdot a \cdot De} \quad (2\text{-}1)$$

式中:L_z——最小自由臂长度(m);

K——材料比例系数,见表 2-14;

Δts——管段内水的最大变化温差(℃);

Δtg——管段外空气的最大变化温差(℃);

L——自由管段长度(m);

a——线膨胀系数(mm/m·K),见表2-15;

De——计算管段的公称直径(mm)。

表2-14 管材比例系数 K 值表

管材	PP-R	PEX	PB	PAP
K	30	20	10	20

表2-15 几种不同管材的 a 值(mm/m·K)

管材	PP-R	PEX	钢	薄壁铜管	PVC-U
a	0.14~0.18	0.15(0.2)	0.025	0.017~0.018	0.07
管材	PAP	PB	PVC-C	ABS	
a	0.025	0.13	0.0166	0.1	

(2)补偿器补偿

补偿器安装见第4款补偿器安装。

2. 排气装置安装

上行下给式系统的配水干管最高处及向上抬高的管段应设自动排气阀,阀下设检修用阀门。下行上给式系统可利用最高配水点放气,当入户支管上有分户计量表时,宜在各供水立管顶设自动排气阀。

3. 泄水装置安装

在热水管道系统的最低点及向下凹的管段应设泄水装置或利用最低配水点泄水。

4. 补偿器安装

(1)波形补偿器安装

波形补偿器波数一般为1~4个,内套筒与波壁的厚度为3~4mm,安装前应了解厂家是否对补偿器已经进行过预拉伸,然后,根据补偿零点温度确定其是否需要预拉或预压。预拉时,在与补偿器连接的管道两端各焊一片法兰,将补偿器一端法兰用螺栓紧固,另一端用倒链卡住法兰,缓慢地进行冷拉,冷拉应分2~3次逐渐增加,以保证各波节受力均匀。安装时,焊接端放在介质流入方向,自由端放在介质地流出方向;支吊架不应设置在波节上,应距波节不小于100mm;试压时,不应超压,不允许侧向受力。

(2)套筒补偿器安装

套筒补偿器安装前,应进行预拉伸。拉伸时,先将补偿器填料压盖打开,取出内套管开始拉伸,预拉伸长度应按照设计要求拉伸,设计无要求时,按表2-16选用。拉伸完成后,将内套管放入套筒,注意内套管应与套筒同心,用涂有石墨粉的石棉盘根或浸过机油的石棉绳填入内套管与套筒的间隙,各层填料环的接口位置应错开120°,填料环搭接应有30°斜角上下叠压在一起。然后,上好压盖,以不漏水、不漏气,且内套管能伸缩自如为宜。

表2-16 套筒补偿器预拉长度表(mm)

补偿器规格	15	20	25	32	40	50
拉出长度	20	20	30	30	40	40
补偿器规格	65	80	100	125	150	
拉出长度	56	59	59	59	65	

套筒补偿器安装时,应保证补偿器中心线与管道中心线一致,方可正常工作。如发生偏斜,在管道运行时,将可能发生补偿器外壳和导管咬住而扭坏补偿器的现象。故应在补偿器两侧分别设置一个导向滑动支架,使其只发生轴向位移而不发生径向位移。

5. 系统调试

(1)检查热水系统阀门是否全部打开。

(2)开启热水系统的加压设备向各配水点送水,将管端与配水件接通,并以管网的设计工作压力供水,将配水点分批开启,各配水点的出水应流畅;高点放气阀反复开闭几次,将系统中的空气排净,检查热水系统全部管道及阀件有无渗漏等。

(3)开启系统各配水点,检查通水情况,记录热水系统的供回水温度及压差,待系统正常运行后,做好系统试运行记录,办理交工验收手续。

三、室内热水供应系统辅助设备安装

1. 膨胀水罐安装

(1)闭式集中热水供应系统应设膨胀水罐,以吸收贮热设备及管道内水升温时的膨胀量,防止系统超压,保证系统安全运行。

(2)膨胀水罐应设置在水加热器和止回阀之间的冷水进水管上和热水回水管的分支管上。

(3)膨胀水罐只考虑正常供水状态下吸收系统内水温升的膨胀量,而水加热设备开始升温阶段的膨胀量及其引起的超压可由膨胀水罐及安全阀联合工作来解决,借以减少膨胀水罐的容积。

2. 膨胀水箱的配管

(1)膨胀水箱连接管,若设计无特殊要求,应符合图2-15。

(2)在多层建筑中,膨胀管安装在重力循环系统中,接至供水总立管的顶端;在机械循环系统中,接至系统的恒压点,尽量减少负压区的压力降,一般选择在锅炉房循环水泵吸水口前;运用膨胀水箱的水位来保证这一点的压力高于大气压,才可安全运行;同时,可提高回水温度,使循环水泵在有利条件下工作,不产生气蚀。在高层建筑中,膨胀水箱所安装的高度,较大程度地提高了系统的静压力,因此,无需将至高点的膨胀水箱上的循环管、膨胀管再从高层建筑顶层拉回锅炉房的循环水泵吸水管端连接,可以直接接至高层建筑的入口装置之前,膨胀管距循环管2.0~3.0m,如果施工图中有规定,应按设计执行。

(3)循环管接至系统规定压力点前水平回水干管上,该点与定压点间的距离为2.0~3.0m。使有一部分热水能缓缓地通过膨胀管和循环管而流经水箱,可防止水箱结冰。

(4)信号管接向建筑物的卫生间,或接向锅炉房内补给水泵附近的池槽内,并只在池槽处设置检查阀门。以便观察膨胀水箱内是否有水。

(5)膨胀水箱的接管及管径,若设计无特殊要求,则按表2-17中的规定。

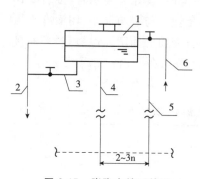

图2-15 膨胀水箱配管图
1-膨胀水箱;2-溢水管;3-排污管;
4-膨胀管;5-循环管;6-补水管

表2-17 膨胀水箱接管及管径(mm)

序号	名称	方形		圆形		阀门
		1~8号	9~12号	1~4号	5~16号	
1	溢水管	DN40	DN50	DN40	DN50	不设
2	排污管	DN32	DN32	DN32	DN32	设置
3	循环管	DN20	DN25	DN20	DN25	不设
4	膨胀管	DN25	DN32	DN25	DN32	不设
5	信号管	DN20	DN20	DN20	DN20	设置
6	补水管	DN15	DN20	DN15	DN20	设置

(6)溢流管作用:当水膨胀后,使系统内水的体积超过水箱溢水管口时,水能自动溢出,可排入附近排水系统,但不应直接与下水管道连接。

(7)排污管作用:清洗水箱及放空用,可与溢流管一起接至附近排水处。

(8)补水管安装,当锅炉房通过供暖系统的回水干管直接补水时,膨胀水箱可不另安装补水管。

(9)采用多台水加热器时,可分台设膨胀管,亦可从回水干管上设共用膨胀管。

(10)膨胀管有可能冻结时,应采取保温措施。

(11)膨胀管的最小管径,应按表2-18确定。

表 2-18 膨胀管的最小管径

水加热器的传热面积(m^2)	<10	10~15	15~20	>20
膨胀管的最小管径(mm)	25	32	40	50

3. 燃气热水器安装

(1)不应设置燃气热水器的建筑物和部位:工厂车间和旅馆单间的浴室内;疗养院休养所的浴室内;学校(食堂除外);锅炉房的淋浴室内。

(2)燃气热水器应安装在通风良好的厨房或单独的房间内,当条件不具备时,也可装在通风良好的过道内或阳台上,但不宜装在室外。

(3)不应在浴室内安装直排式燃气热水器,防止在使用空间内积聚有害气体。

(4)烟道排气式和平衡式热水器可安装在浴室内,但安装烟道排气式热水器的浴室容积应大于 $7.5m^3$,浴室的烟道、进气、排气管道接口和门,应符合有关规定。

(5)热水器的安装房间,应符合下列要求:房间内高度应大于 2.5m;热水器应安装在操作、检修方便、且不易被碰撞的地方,热水器前应有大于 0.8m 宽的空间;热水器的安装高度以热水器的观火孔与人眼高度相齐为宜,一般距地面 1.5m;热水器应安装在耐火的墙壁上,外壳离墙的净距不应小于 20mm,如安装在非耐火的墙壁上时,应垫以隔热板,隔热板每边应比热水器外壳尺寸大 100mm;直接排气式热水器的排烟口与房间净距不应小于 600mm;热水器与煤气表、煤气罩的水平净距不应小于 300mm;热水器的上部不应有电力照明线、电气设备和易燃物,热水器与电气设备的水平净距应大于 300mm。

(6)热水器的排烟应符合下列要求:安装直接排气式热水器、烟道式排气式热水器的房间外墙或窗的上部应分别有装排风扇用的排气孔或排烟道;房间门或墙的下部应预留有断面面积不小于 $0.03m^2$ 的百叶窗,或在门与地面之间留有高度不小于 300mm 的间隙。安装平衡式热水器的房间外墙上,应有进、排气筒接口。

(7)烟道式排气热水器的自然排烟装置:在民用建筑中,安装热水器的房间应有单独的烟道,当设置单独烟道有困难时,也可共用烟道,但排烟能力和抽力应满足要求;热水器的安全排气罩上部,应有不小于 0.25m 的垂直上升烟气导管,导管直径不应小于热水器排烟口的直径;烟道应有足够的抽力和排烟能力,热水器安全排气罩出口处的抽力(真空度)不应小于 3Pa(0.3mmH_2O);热水器烟道上不应设闸板;水平烟道应有 1% 的坡向热水器的坡度,水平烟道总长不应超过 3.0m;烟筒出口的排烟温度不应低于露点温度;烟筒出口应设风帽,其高度应高出建筑物的正压区,烟筒出口均应高出屋面 0.5m,并应有防止雨雪灌入的措施。

(8)热水器宜设置煤气压力调节器,以防止压力不稳定而出现燃烧不完全或回火。

(9)热水器应装设水位计、温度计、泄水阀、安全阀或其他泄压装置。

4. 电热水器安装

(1)为避免耗电功率过大,宜选用贮热水式电热水器。

(2)电热水器宜尽量靠近用水器具安装。

(3)供电电源插座宜设独立回路,应采用防溅水型、带开关的接地插座,电气线路应符合安全和防火的要求,在浴室安装电热水器时,插座应与淋浴喷头分设在电热水器的两侧。

(4)电热水器给水管道上应装止回阀,当给水压力超过热水器铭牌上规定的最大压力值时,应在止回阀前设减压阀。

(5)敞开式电热水器的出水管上不应装阀门。

(6)封闭式电热水器应设安全阀,其排水管道通大气,所在地面应便于排水,作防水处理,并设地漏。

5. 安全阀安装

(1)弹簧式安全阀要有提升手把和防止随便拧动调整螺丝的装置。

(2)检查其垂直度,当发现倾斜时,应进行校正。

(3)调校条件不同的安全阀,在热水管道投入试运行时;应及时进行调校。

(4)水加热器宜采用微启式弹簧安全阀;安全阀的开启压力,一般为热水系统工作压力的 1.1 倍,但不得大于水加热器本体的设计压力(水加热器的本体设计压力一般为:0.6MPa、1.0MPa、1.6MPa 三种规格)。

(5)安全阀装设位置,应便于检修。其排出口应设导管将排泄的热水引至安全地点。

(6)安全阀与设备之间,不应有取水管、引气管或阀门等装置。

(7)安全阀的最终调整宜在系统调试时进行,开启压力和回座压力应符合设计文件的规定。

(8)安全阀调整后,在工作压力下不应有泄漏。

(9)安全阀最终调整合格后,应做标志,重做铅封。

6. 温度计安装

(1)水加热设备、注水器和冷热水混合器上应装温度计。

(2)水加热间的热水供回水干管上应装温度计。

(3)温度计的刻度范围应为工作温度范围的 1.5～2.0 倍。

(4)温度计安装的位置应方便读取数据。

(5)温度计安装时,其测温包的中心应安装在管道中心处,并应将温包全部浸入被测介质中。

7. 压力表安装

(1)密闭系统中的水加热器、贮水器、锅炉、分气缸、分水器、集水器、压力容器设备均应装设压力表。

(2)热水加压泵、循环水泵的出水管上,(必要时含吸水管)应装设压力表。

(3)压力表的精度不应低于 1.5 级。

(4)压力表盘刻度极限值宜为工作压力的 1.5～2.0 倍,表盘直径不应小于 100mm。

(5)装设位置应便于操作人员观察与清洗,且应避免受到热辐射、冻结或振动的不利影响。

(6)用于水蒸气介质的压力表,在压力表与设备之间应安装存水弯管。

四、太阳能热水供应系统安装

1. 基座安装

(1)太阳能热水系统基座应与建筑主体结构连接牢固。

(2)预埋件与基座之间的空隙,应采用细石混凝土填捣密实。

(3)在屋面结构层上现场施工的基座完工后,应做防水处理,并应符合现行国家标准《屋面工程质量验收规范》GB 50207 的要求。

(4)采用预制的集热器支架基座应摆放平稳、整齐,并应与建筑连接牢固,且不得破坏屋面防水层。

(5)钢基座及混凝土基座顶面的预埋件,在太阳能热水系统安装前应涂防腐涂料,并妥善保护。

2. 支架安装

(1)太阳能热水系统的支架及其材料应符合设计要求。钢结构支架的焊接应符合现行国家标准《钢结构工程施工质量验收规范》GB 50205 的要求。

(2)支架应按设计要求安装在主体结构上,位置准确,与主体结构固定牢靠。

(3)根据现场条件,支架应采取抗风措施。

(4)支承太阳能热水系统的钢结构支架应与建筑物接地系统可靠连接。

(5)钢结构支架焊接完毕,应做防腐处理。防腐施工应符合现行国家标准《建筑防腐蚀工程施工及验收规范》GB 50212 和《建筑防腐蚀工程质量检验评定标准》GB 50224 的要求。

3. 集热器安装

(1)集热器安装倾角和定位应符合设计要求,安装倾角误差为±3°。集热器应与建筑主体结构或集热器支架牢靠固定,防止滑脱。

(2)集热器与集热器之间的连接应按照设计规定的连接方式连接,且密封可靠,无泄漏,无扭曲变形。

(3)集热器之间的连接件,应便于拆卸和更换。

(4)集热器连接完毕,应进行检漏试验,检漏试验应符合设计要求。

(5)集热器之间连接管的保温应在检漏试验合格后进行。保温材料及其厚度应符合现行国家标准《工业设备及管道绝热工程质量检验评定标准》GB 50185 的要求。

4. 贮水箱安装

(1)贮水箱应与底座固定牢靠。

(2)用于制作贮水箱的材质、规格应符合设计要求。

(3)钢板焊接的贮水箱,水箱内外壁均应按设计要求做防腐处理。内壁防腐材料应卫生、无毒,且应能承受所贮存热水的最高温度。

(4)贮水箱的内箱应做接地处理,接地应符合现行国家标准《电气装置安装工程接地装置施工及验收规范》GB 50169 的要求。

(5)贮水箱应进行检漏试验,试验方法应符合设计要求。

(6)贮水箱保温应在检漏试验合格后进行。水箱保温应符合现行国家标准《工业设备及管道绝热工程质量检验评定标准》GB 50185 的要求。

5. 管路安装

(1)太阳能热水系统的管路安装应符合现行国家标准《建筑给水排水及采暖工程施工质量验收规范》GB 50242 的相关要求。

(2)水泵应按照厂家规定的方式安装,并应符合现行国家标准《压缩机、风机、泵安装工程施工及验收规范》GB 50275 的要求。水泵周围应留有检修空间,并应做好接地保护。

(3)安装在室外的水泵,应采取妥当的防雨保护措施。严寒地区和寒冷地区必须采取防冻措施。

(4)电磁阀应水平安装,阀前应加装细网过滤器,阀后应加装调压作用明显的截止阀。

(5)水泵、电磁阀、阀门的安装方向应正确,不得反装,并应便于更换。

(6)承压管路和设备应做水压试验;非承压管路和设备应做灌水试验。试验方法应符合设计要求。

(7)管路保温应在水压试验合格后进行,保温应符合现行国家标准《工业设备及管道绝热工程质量检验评定标准》GB 50185 的要求。

6. 辅助能源加热设备

(1)直接加热的电热管的安装应符合现行国家标准《建筑电气安装工程施工质量验收规范》GB 50303 的相关要求。

(2)供热锅炉及辅助设备的安装应符合现行国家标准《建筑给水排水及采暖工程施工质量验收规范》GB 50242 的相关要求。

7. 电气与自动控制系统

(1)电缆线路施工应符合现行国家标准《电气装置安装工程电缆线路施工及验收规范》GB 50168 的规定。

(2)其他电气设施的安装应符合现行国家标准《建筑电气工程施工质量验收规范》GB 50303 的相关规定。

(3)所有电气设备和与电气设备相连接的金属部件应做接地处理。电气接地装置的施工应符合现行国家标准《电气装置安装工程接地装置施工及验收规范》GB 50169 的规定。

(4)传感器的接线应牢固可靠,接触良好。接线盒与套管之间的传感器屏蔽线应做二次防护处理,两端应做防水处理。

8. 水压试验与冲洗

(1)太阳能热水系统安装完毕后,在设备和管道保温之前,应进行水压试验。

(2)各种承压管路系统和设备应做水压试验,试验压力应符合设计要求。非承压管路系统和设备应做灌水试验。当设计未注明时,水压试验和灌水试验,应按现行国家标准《建筑给水排水及采暖工程施工质量验收规范》GB 50242 的相关要求进行。非承压设备做满水灌水试验,满水灌水检验方法:满水试验静置 24h,观察不漏不渗。

(3)当环境温度低于 0℃ 进行水压试验时,应采取可靠的防冻措施。

(4)系统水压试验合格后,应对系统进行冲洗直至排出的水不浑浊为止。

9. 系统调试

(1)系统安装完毕投入使用前,必须由专业人员进行系统调试。具备使用条件时,系统调试应在竣工验收阶段进行;不具备使用条件时,经建设单位同意,可延期进行。

(2)系统调试应包括设备单机或部件调试和系统联动调试。应先做部件调试,后作系统调试。

(3)设备单机或部件调试应包括水泵、阀门、电磁阀、电气及自动控制设备、监控显示设备、辅助能源加热设备等调试。调试应包括下列内容:

1)检查水泵安装方向。在设计负荷下连续运转2h,水泵应工作正常,无渗漏,无异常振动和声响,电机电流和功率不超过额定值,温度在正常范围内;

2)检查电磁阀安装方向。手动通断电试验时,电磁阀应开启正常,动作灵活,密封严密;

3)温度、温差、水位、光照控制、时钟控制等仪表应显示正常,动作准确;

4)电气控制系统应达到设计要求的功能,控制动作准确可靠;

5)剩余电流保护装置动作应准确可靠;

6)防冻系统装置、超压保护装置、过热保护装置等应工作正常;

7)各种阀门应开启灵活,密封严密;

8)辅助能源加热设备应达到设计要求,工作正常。

(4)设备单机或部件调试完成后,应进行系统联动调试。系统联动调试应包括下列主要内容:

1)调整水泵控制阀门;

2)调整电磁阀控制阀门,电磁阀的阀前阀后压力应处在设计要求的压力范围内;

3)温度、温差、水位、光照、时间等控制仪的控制区间或控制点应符合设计要求;

4)调整各个分支回路的调节阀门,各回路流量应平衡;

5)调试辅助能源加热系统,应与太阳能加热系统相匹配。

(5)系统联动调试完成后,系统应连续运行72h,设备及主要部件的联动必须协调,动作正确,无异常现象。

第四节 卫生器具安装

卫生设备是对厨房、卫生间、盥洗室或其他场所用以卫生、清洁的各种器具的总称。

卫生设备的材质有陶瓷、搪瓷生铁、塑料、玻璃钢、人造大理石、不锈钢等。按其用途分,有便溺用、盥洗及沐浴用、洗涤用和专用卫生设备4大类。

便溺用卫生设备包括大、小便器(槽)等。大便器分为坐式大便器和蹲式大便器。盥洗及沐浴用卫生设备包括洗脸盆、浴盆、淋浴器、盥洗槽等。淋浴器分为管件淋浴器和成品淋浴器。

洗涤用卫生设备包括洗涤盆、化验盆、污水盆等。专用卫生设备包括妇女净身器、水疗设备及饮水器等。

一、卫生器具安装的一般规定

1. 卫生器具的安装应采用预埋螺栓或膨胀螺栓安装固定。
2. 卫生器具安装高度如设计无要求时,应符合表 2-19 的规定。

表 2-19　卫生器具的安装高度

项次	卫生器具名称		卫生器具安装高度(mm)		备注
			居住和公共建筑	幼儿园	
1	污水盆（池）	架空式	800	800	
		落地式	500	500	
2	洗涤盆(池)		800	800	自地面至器具上边缘
3	洗脸盆、洗手盆(有塞、无塞)		800	500	
4	盥洗槽		800	500	
5	浴盆		≯520	—	
6	蹲式大便器	高水箱	1800	1800	自台阶面至高水箱底
		低水箱	900	900	自台阶面至低水箱底
7	坐式大便器	高水箱	1800	1800	自地面至高水箱底
		低水箱 外露排水管式	510	—	
		虹吸喷射式	470	370	自地面至低水箱底
8	小便器	挂式	600	450	自地面至下边缘
9	小便槽		200	150	自地面至台阶面
10	大便槽冲洗水箱		≮2000	—	自台阶面至水箱底
11	妇女卫生盆		360	—	自地面至器具上边缘
12	化验盆		800	—	自地面至器具上边缘

3. 卫生器具给水配件的安装高度,如设计无要求时,应符合表 2-20 的规定。

表 2-20 卫生器具给水配件的安装高度

项次	给水配件名称		配件中心距地面高度（mm）	冷热水龙头距离（mm）
1		架空式污水盆(池)水龙头	1000	—
2		落地式污水盆(池)水龙头	800	—
3		洗涤盆(池)水龙头	1000	150
4		住宅集中给水龙头	1000	—
5		洗手盆水龙头	1000	—
6	洗脸盆	水龙头(上配水)	1000	150
		水龙头(下配水)	800	150
		角阀(下配水)	450	—
7	盥洗槽	水龙头	1000	150
		冷热水管;其中热水龙头上下并行	1100	150
8	浴盆	水龙头(上配水)	670	150
9	淋浴器	截止阀	1150	95
		混合阀	1150	—
		淋浴喷头下沿	2100	—
10	蹲式大便器（台阶面算起）	高水箱角阀及截止阀	2040	—
		低水箱角阀	250	—
		手动式自闭冲洗阀	600	—
		脚踏式自闭冲洗阀	150	—
		拉管式冲洗网(从地面算起)	1600	—
		带防污助冲器阀门(从地面算起)	900	—
11	坐式大便器	高水箱角阀及截止阀	2040	—
		低水箱角阀	150	—
12		大便槽冲洗水箱截止阀(从台阶面算起)	≤2400	—
13		立式小便器角阀	1130	—
14		挂式小便器角阀及截止阀	1050	—
15		小便槽多孔冲洗管	1100	—
16		实验室化验水龙头	1000	—
17		妇女卫生盆混合阀	360	—

注:装设在幼儿园内的洗手盆、洗脸盆和盥洗槽水嘴中心离地面安装高度应为700mm;其他卫生器具给水配件的安装高度,应按卫生器具实际尺寸相应减少。

二、卫生器具安装施工要点

卫生器具的安装是在管道安装完毕,室内装修基本完工后进行的。卫生器具在安装过程中及安装完成后,都要注意成品的保护,尤其是陶瓷制品的卫生器具。下面介绍几种住宅建筑中常见卫生器具安装,其他卫生器具的安装参见有关的专业书籍。

(一)洗脸盆安装

1. 洗脸盆安装

洗脸盆分为托架式、立柱式和台式三种。

(1)托架式洗脸盆安装

托架式洗脸盆的安装如图 2-16 所示。

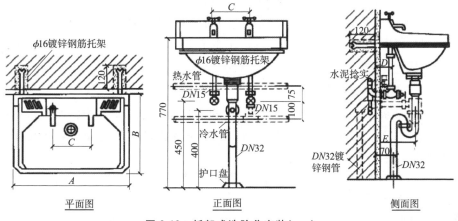

图 2-16 托架式洗脸盆安装(mm)

按照排水管口中心在墙上画出竖线,由地面向上量出规定的高度,画出水平线,根据盆宽在水平线上画出支架位置十字线;用冲击钻钻孔,将 M8 的膨胀螺栓插入孔眼内栽牢,将洗脸盆试稳,使螺栓与洗脸盆吻合;将膨胀螺栓固定好,将活动架的固定螺栓松开,拉出活动架,将架钩钩在盆下固定孔内,拧紧盆架的固定螺栓,找平、找正;将洗脸盆放在支架上,使洗脸盆与支架的接触处平稳妥帖,必要时,应加软垫;洗脸盆与排水栓连接处应用浸油石棉橡胶板密封。

洗脸盆下水口安装:先将下水口根母、垫圈、胶垫卸下,将油灰垫好后插入脸盆排水口孔内,下水口中的溢水口要对准脸盆排水口中的溢水口眼,外面加上垫好油灰的胶垫,套上垫圈,带上根母;再用自制扳手卡住排水口十字筋,用平口扳手上好根母至松紧适度。安装多组洗脸盆时,应拉线使所有洗脸盆保持在同一水平线上。

(2)立柱式洗脸盆安装

先按照排水管口中心画出竖线,将立柱立好,将脸盆轻放在立柱上,使脸盆中心对准竖线,找平后,画好脸盆固定孔眼位置,同时,将立柱在地面位置做好印记;用电锤打孔、栽好膨胀螺栓,稳好立柱及脸盆,将固定螺栓加垫圈、带上螺母拧紧至松紧适度;再次将脸盆找平,立柱找直;将立柱与脸盆接触处及立柱与地面接触处用油灰抹光。

(3)台式洗脸盆安装

待土建做好台面后,按照上述方法固定脸盆,并找平、找正,盆与台面的缝隙处用密封膏封好,防止漏水。

2. 洗脸盆给水配件安装

(1)冷水嘴安装:先将水嘴根母、锁母卸下,在水嘴根部垫好油灰,插入脸盆给水孔眼,下面再套上垫圈,带上根母后,将锁母紧至松紧适度。

(2)混合水嘴安装:将混合水嘴的根部加1mm厚的胶垫、油灰,插入脸盆上沿中间孔眼内,下端加胶垫和垫圈,扶正水嘴,拧紧根母至松紧适度,带好给水锁母。

3. 洗脸盆排水管道安装

先将排水管套好锁紧螺盖和橡胶圈,再把洗脸盆排水口对准排水承口插进去,使其准确、平正、牢固,且保持垂直;然后,把橡胶圈推进两管间隙,再用锁紧螺杆锁紧;最后,把压盖盖上。

洗脸盆与排水口接头处,应通过旋紧螺母来实现,不应强行旋转落水口,落水口与盆底相平或略低于盆底。

S型存水弯的连接:首先,应在脸盆排水口丝扣下端缠少许麻丝,涂抹铅油,再将存水弯上节拧在排水口上,松紧应适度;然后,将存水弯下节的下端缠油麻、根绳,并插入排水口内,将胶垫放在存水弯的连接处,将锁母用手拧紧后,调直、找正;最后,再用扳手拧至松紧适度,用油灰将下水管口塞严、抹平。

P型存水弯的连接:首先,应在脸盆排水口丝扣下端缠少许麻丝,涂抹铅油,再将存水弯立节拧在排水口上,松紧应适度;然后,将存水弯横节按需要长度裁好,把锁母和护口盘背靠背套在其上,并在端头上缠好油麻、根绳;最后,把胶垫放在锁口内,将锁母拧至松紧适度,把护口盘内填满油灰后,面向墙面找平、压实。

(二)大便器安装

大便器分为蹲式大便器和坐便器。蹲式大便器分为低水箱式、高水箱式、液压脚踏阀式、自闭冲洗阀式、感应冲洗阀式等类型。坐便器分为落地式和壁挂式;按安装形式又分为挂箱式、坐箱式、连体式、自闭冲洗阀式等。这里以高水箱蹲式大便器和挂箱式坐便器为例,介绍大便器的安装方法。

1. 高水箱蹲式大便器安装

图 2-17 为一高水箱蹲式大便器安装图,具体安装程序如下:

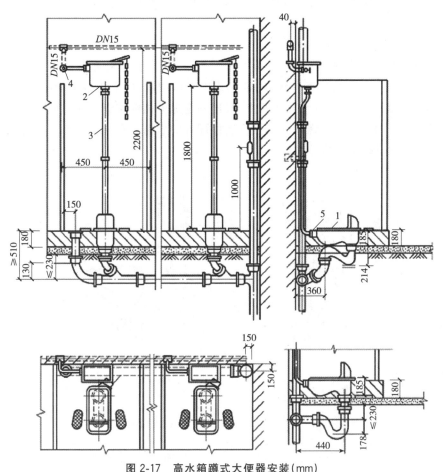

图 2-17 高水箱蹲式大便器安装(mm)

1-蹲式大便器;2-高水箱;3-冲水弯;4-角阀;5-橡皮碗

(1)划线定位

由预留在地面上的蹲便器的排水口中心引直线于便器后墙,并以此引线为基线在墙面上划垂线,并确定冲洗管的安装位置。按照水箱的安装高度,以此垂线为纵向中心画出水箱螺栓孔的水平中心线,并画出螺栓孔的具体位置。

(2)蹲便器安装

存水弯上部直管道段及便器接头安装好后,将便器接头承口内侧四周涂上硅酮密封膏或油灰,把大便器下口插入,抹平挤出的密封膏(油灰)。四周用C20细石混凝土填实。达到便器接头的2/3高度。蹲便器底部和四周用白灰膏填实。直到蹲便器上沿口的下边缘。留出接胶皮碗的位置。待套好胶皮碗用喉箍上紧,用水平尺,找平、找正器具。抹光蹲便器下口与蹲便器接头管腔内的密封膏(油灰)。当地面砖施工完时用硅酮密封膏将蹲便器上沿与地面砖接缝嵌严抹平。

(3)冲洗水箱安装

冲洗水箱安装应在蹲便器稳装之后进行。首先,检查蹲便器的中心与墙面上所画的水箱中心线是否一致,确定水箱出水口位置,向上测量出规定高度;同时,结合水箱固定孔与给水孔的距离,找出固定螺栓高度位置。在墙面画好十字线,用电锤打孔,将膨胀螺栓栽牢。将装好配件的水箱挂在固定螺栓上,加胶垫、垫圈带好螺母拧至松紧适度。

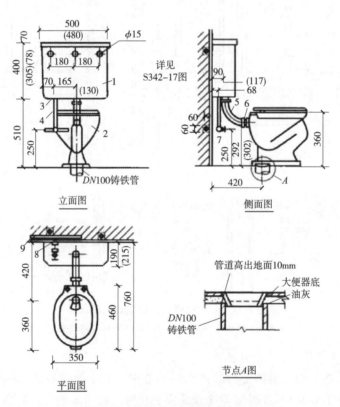

图 2-18 挂箱式坐便器安装(mm)
1-低水箱;2-坐式大便器;3-浮球阀配件;4-水箱进水管;
5-冲洗管及配件;6-锁紧螺栓;7-角式截止阀;8-三通;9-给水管

2. 挂箱式坐便器安装

(1)定位、安装坐便器

将抬起的坐便器排出管口对准排水管甩头的中心放平、找正。坐便器的底座如用螺栓固定,则须用尖冲将坐便器底座上两侧螺栓孔的位置留下记号,待抬走坐便器后画上"十"字中心线。然后在中心剔出孔洞 $\Phi 20 \times 60$ 后,将 $\Phi 10$ 螺栓栽入孔洞或者嵌入 $40mm \times 40mm$ 的木砖(用木螺栓垫铅垫稳固坐便器),找正后用水泥将螺栓灌稳,再进行一次坐便器试安,使螺栓穿过底座孔眼,再抬开坐便器。将坐便器的排出管口和排水管甩头承口的周围抹匀油灰(腻子),同时在坐便器的底盘上抹满油灰(腻子)。使坐便器底座的孔眼穿过螺栓后落稳、放平、找正,在螺栓上套好胶垫,将螺母拧至合适的松紧度即可。坐便器稳固、压实后擦去底盘挤出的油灰,再用玻璃胶封闭底盘的四周边缘。分体式坐便器的安装属于此类型。高层建筑中可用事先制备好的模棒、模具、模板,进行量尺、画中心线"十"字、定位和安装。

(2)低水箱安装

在坐便器尾后中心所对的墙上用吊垂将垂线吊在挂水箱的墙上并画出标记。根据水箱背部的螺栓孔中心位置,用水平尺找平再用量尺画出水平线,作出螺栓孔的"十"字记号,然后在每个"十"字记号上剔出孔洞(或钻孔打进膨胀螺栓固定),孔洞尺寸为 $\Phi 30 \times 70$,将带有燕尾的电镀螺栓($\Phi 10 \times 100$)插进孔洞,用水泥栽牢,水箱试安装时再找正螺栓。

螺栓达到强度后,将水箱挂上,放平、找正,使水箱中心与坐便器中心对正,在螺栓上套上胶垫,带上垫圈将螺栓拧至松紧适度。

3. 大便器给水配件安装

(1)延时自闭冲洗阀安装:冲洗阀中心高度按产品说明书要求安装,根据冲洗阀至胶皮碗的距离,断好90°弯的冲洗管,使两端合适;将冲洗阀锁母和胶圈卸下,分别套在冲洗管直管段上,将弯管的下端插入胶皮碗内 40~50mm,用喉箍卡牢,再将上端插入冲洗阀内,推上胶圈,调直找正,将锁母拧至松紧适度;扳把式冲洗阀的扳手应朝向右侧;按钮式冲洗阀的按钮应朝向正面。

(2)蹲式大便器冲洗管安装:首先,应仔细检查胶皮碗的质量,检查其是否有裂纹、孔洞,有问题要及时更换;紧固胶皮碗宜采用喉箍箍紧。采用绑扎时,要用 $14^{\#}$ 铜丝,以防生锈、断裂,不应使用铁丝绑扎;冲洗管插入橡胶碗内的角度应合适,在胶皮碗上大小头上各绑扎两道铜丝,且两道铜丝要错开位置拧,并拧紧、绑牢,每端至少扎两圈。

(3)坐式大便器给水配件安装:首先,根据大便器安装使用说明数要求组装好水箱内进水配件;然后,将角阀安装在已预留的上水关口;最后,用 DN15、长

度 $L=200mm$ 的软管连接角阀和水箱进水口。

4. 大便器排水管道安装

(1)安装前,应将预留排水管口周围清理干净,取下临时管堵检查管内有无杂物。

(2)大便器排水管道安装,应首先检查排水管口露出地面的高度及平面位置是否合适。一般排水管露出地面高度为10mm,并且,排水管内径应大于大便器排水口的外径,且内口应平整,保证大便器排水口能顺畅插入,且有足够的插入深度,大便器出口与排水管连接处的缝隙应用密封胶或油灰填实、抹平,使缝隙密封良好,防止渗漏。

(3)对于 PVC-U 排水管,可采用大便器连接器来连接器具下接口与排水管返水弯的上口。方法是:在黏结好的连接器的上口内壁四周抹好硅酮密封膏或油灰,将大便器下口插入连接器。

(4)当蹲便器的出水口插入已甩出楼板洞口边的承口时,四周用 C20 细石混凝土填实,并用白灰膏稳固大便器后,将大便器用水平尺找平、找正,接口处的密封膏或油灰应抹平。

(三)小便器安装

小便器按安装方式分为落地式和壁挂式2种。按冲洗方式分,有手动阀、自闭冲洗阀、感应冲洗阀等。自闭式冲洗阀斗式小便器安装见图2-19。

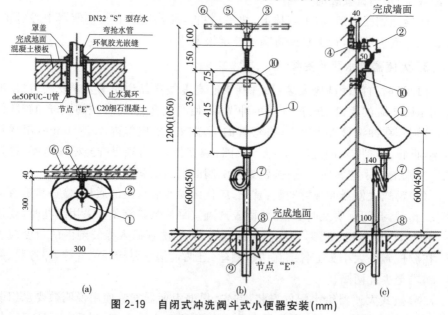

图2-19 自闭式冲洗阀斗式小便器安装(mm)
(a)平面图;(b)立面图;(c)侧面图

1. 小便器安装

（1）小便器冲洗管安装

小便器冲洗管可明装、也可暗装。首先，应保证冲洗水管与小便器进出水管中心线应对准重合，连接角阀时，应将通往小便斗的短管卸下来，连同压盖用油灰安装在便斗上端的进水口上；尔后，在角阀的丝扣上缠好麻丝，抹匀铅油，安装在做好的给水管道上，拧紧，使其严密。

（2）壁挂式小便器安装

对准给水管中心画一条垂线，由地平向上量出规定的高度画水平线；根据产品规格、尺寸，由中心向两侧定出孔眼的距离，在横线上画好十字线，再画出上、下孔眼的位置；用电锤打孔，栽入 M6 的膨胀螺栓，托起小便器挂在螺栓上；把胶垫、垫圈套入螺栓，将螺母拧至松紧适度；将小便器与墙面的缝隙嵌入油灰补齐、抹光。

（3）落地式小便器安装

先检查给、排水预留管口是否在一条垂线上，间距是否一致；符合要求后，按照管口找出中心线；将下水管周围清理干净，取下临时管堵，抹好油灰，在立式小便器下垫水泥、白灰膏的混合灰（比例为 1：5）；将立式小便器稳装找平、找正；立式小便器与墙面、地面缝隙嵌入密封胶抹平、抹光。

2. 小便器给水配件安装

（1）落地式小便器给水配件安装前，检查排水管甩口与给水管甩口是否在一条直线上，符合要求后，在角阀的丝扣上缠好麻丝、抹匀铅油，穿过压盖与给水管甩口连接，用扳手上至松紧适度，压盖内加油灰按实压平与墙面靠实；从角阀出水口处量出短管尺寸后，加工短管，套上压盖与锁母分别接至喷水鸭嘴和角阀内。缠好麻丝，抹上铅油，拧紧接口，至适度为止。

（2）壁挂式小便器给水配件安装时，用缠好麻丝、抹好铅油的短管、管箍、角阀连接给水甩口与小便器进水口；冲洗管应垂直安装；压盖安装后，均应严实、稳固。

（3）安装镀铬管件时，应在管钳或扳手牙内垫布使用，避免损坏镀层或管件。

3. 小便器排水管道安装

安装小便器存水弯时，上下接口连接处的缝隙要用密封胶或油灰填充饱满、严密；对安装好的存水弯应加强成品保护，防止砸裂。

（四）浴盆安装

浴盆分为单柄龙头普通浴盆、双柄龙头普通浴盆、入墙式单柄龙头普通浴盆等。浴盆安装如图 2-20 所示。

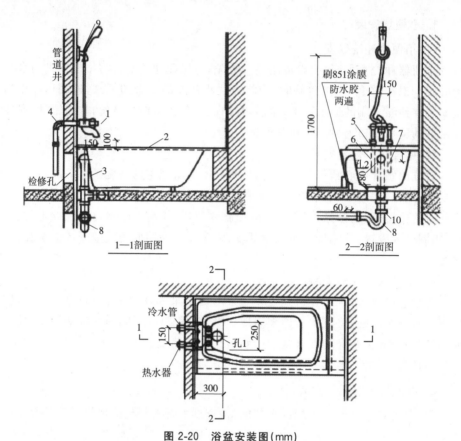

图 2-20 浴盆安装图(mm)

1-浴盆三联混合龙头;2-裙板浴盆;3-排水配件;4—弯头;5-活接头;
6-热水管;7-冷水管;8-存水弯;9-喷头固定架;10-排水管

1. 浴盆安装

浴盆安装应在土建施工完防水保护层地面上砖支墩的同时,组装浴盆排水配件;将组装好配件的浴盆平稳安装在砖支墩上,找正、找平,且应有 5‰ 的坡度,坡向排水栓;然后,进行满水试验,合格后,进行下道工序。

2. 浴盆给水配件安装

(1)水嘴安装:先将冷热水预留管口用短管找平、找正,如暗装管道进墙较深者,应先量出短管尺寸,套好短管使冷热水嘴安完后距墙一致,将水嘴拧紧找正、找平,除净外露麻丝。

(2)混合水嘴安装:先将冷热水预留管口用短管找平、找正,把混合水嘴转向对丝抹铅油,缠麻丝或缠生料带,用自制扳手插入转向对丝内,分别拧入冷热水预留管口,校正好尺寸,找正、找平,使护口盘紧贴墙面;将混合水嘴对正转向对丝,加垫后拧紧锁母,找平、找正,用扳手拧至松紧适度;安装浴盆混合或挠性软管淋浴器挂钩的高度,如设计无规定时,应距地面1.8m。

3. 浴盆排水管道安装

安装排水栓及排水管时,先将浴盆配件的弯头抹上铅油、缠好麻丝,并与短横管相连接;然后,将短管另一端插入浴盆三通中口内,拧紧锁母;三通的下口插入竖直短管内后,连接好接口,再将竖管的下端插入排水预留管口内。

在排水栓圆盘下加橡胶垫、并抹匀铅油,插入浴盆预留排水孔眼内。在外孔套上橡胶垫和垫圈,在螺纹上缠好麻丝,抹匀铅油,用自制叉扳手卡住排水口十字筋与弯头拧紧。将溢水立管下端套上锁母,插入三通上口,缠上油麻盘绳,对准浴盆溢水孔,带上锁母,拧紧。

将排出口接入存水弯或存水盒内,应保证插入足够的深度,上述工作完成后,应给浴盆加水,检查各连接口的严密性。当浴盆及排水配件安装合格后,才能砌墙。

三、卫生器具安装质量要求

1. 卫生器具安装的允许偏差应符合表 2-21 的规定。

表 2-21　卫生器具安装的允许偏差和检验方法

项次	项目		允许偏差(mm)	检验方法
1	坐标	单独器具	10	拉线、吊线和尺量检查
		成排器具	5	
2	标高	单独器具	±15	
		成排器具	±10	
3	器具水平度		2	用水平尺和尺量检查
4	器具垂直度		3	吊线和尺量检查

2. 卫生器具给水配件安装标高的允许偏差应符合表 2-22 的规定。

表 2-22　卫生器具给水配件安装标高的允许偏差和检验方法

项次	项目	允许偏差(mm)	检验方法
1	大便器高、低水箱角阀及截止阀	±10	尺量检查
2	水嘴	±10	
3	淋浴器喷头下沿	±15	
4	浴盆软管淋浴器挂钩	±20	

3. 卫生器具排水管道安装的允许偏差应符合表 2-23 的规定。

表 2-23 卫生器具排水管道安装的允许偏差及检验方法

项次	检查项目		允许偏差(mm)	检验方法
1	横管弯曲度	每 1m 长	2	用水平尺量检查
		横管长度≤10m,全长	<8	
		横管长度>10m,全长	10	
2	卫生器具的排水管口及横支管的纵横坐标	单独器具	10	用尺量检查
		成排器具	5	
3	卫生器具的接口标高	单独器具	±10	用水平尺和尺量检查
		成排器具	±5	

4. 连接卫生器具的排水管管径和最小坡度,如设计无要求时,应符合表 2-24 的规定。

表 2-24 连接卫生器具的排水管管径和最小坡度

项次	卫生器具名称		排水管管径(mm)	管道的最小坡度(‰)
1	污水盆(池)		50	25
2	单、双格洗涤盆(池)		50	25
3	洗手盆、洗脸盆		32～50	20
4	浴盆		50	20
5	淋浴器		50	20
6	大便器	高、低水箱	100	12
		自闭式冲洗阀	100	12
		拉管式冲洗阀	100	12
7	小便器	手动、自闭式冲洗阀	40～50	12
		自动冲洗水箱	40～50	20
8	化验盆(无塞)		40～50	25
9	净身器		40～50	20
10	饮水器		20～50	10～20
11	家用洗衣机		50(软管为 30)	

第五节 室外给水系统安装

室外给水管网包括民用建筑群(住宅小区)、庭院、厂区给水管网和城市给水管网。本节介绍建筑群、庭院及厂区给水管网的安装。

一、室外给水系统安装的一般规定

1. 输送生活给水的管道应采用塑料管、复合管、镀锌钢管或给水铸铁管。

塑料管、复合管或给水铸铁管的管材、配件,应是同一厂家的配套产品。

2. 架空或在地沟内敷设的室外给水管道其安装要求按室内给水管道的安装要求执行。塑料管道不得露天架空铺设,必须露天架空铺设时应有保温和防晒等措施。

3. 给水管道埋地敷设应在当地冰冻线以下,如必须在冰冻线以上敷设时,应做可靠的保温防潮措施。在无冰冻地区,埋地敷设时,管顶的覆土埋深不得小于 500mm,穿越道路部位的埋深不得小于 700mm。

4. 承插连接捻口用的油麻填料必须清洁,捻实后所占深度应为整个环型间隙深度的 1/3。接口材料凹入承口边缘的深度不得大于 2mm。

5. 给水管道不得直接穿越污水井、化粪池、公共厕所等污染源。

6. 管道接口法兰、卡扣、卡箍等应安装在检查井或地沟内,不应埋在土壤中。

7. 镀锌钢管、钢管的埋地防腐必须符合设计要求,如设计未明确时,应符合施工规范的规定。且卷材与管材间应粘贴牢固,无空鼓、滑移、接口不严等缺陷。

8. 塑料给水管道上的水表、阀门等设施,其质量或启闭装置的扭矩不得作用于管道上。当管径>50mm 时,必须设独立的支撑装置。

9. 消防水泵接合器和消火栓的位置标志应明显,栓口的位置应方便操作。当采用墙壁式安装时,如设计未明确时,进、出水栓口的中心安装高度距地面应为 1.10m,其上方应设有防坠落物打击的措施。

10. 室外消火栓和消防水泵接合器的各项安装尺寸应符合设计要求,栓口安装高度允许偏差为±20mm。

11. 地下式消防水泵接合器顶部进水口或地下式消火栓的顶部出水口与消防井盖底面的距离不得大于 400mm,井内应有足够的操作空间。寒冷地区井内管道、设备应采取防冻措施。

二、室外给水管道安装

(一)施工准备

室外给水管道常用管材及连接方法见表 2-25。

表 2-25 室外给水管道常用管材及连接方法

管 材	连 接 方 法
给水铸铁管	承插连接(胶圈或石棉水泥接口等)
镀锌焊接钢管	螺纹、法兰、卡箍连接
给水塑料管	粘接、胶圈接口
复合管道	螺纹、法兰、卡箍连接

1. **材料要求**

(1) 用于生活给水管道的管材、配件、接口密封材料,应具有卫生防疫部门的检验报告和文件,不得影响水质,不得有害人体健康。

(2) 给水铸铁管及其管件的材质和规格应符合设计要求,管壁应薄厚均匀、内外壁光滑整洁,不应有砂眼、裂纹、毛刺、瘪陷等缺陷,承口无铸瘤、错位,承口内外径偏差符合规定,铸铁管及管件应有出厂合格证。

(3) 钢塑复合管及管件的内壁应光滑无飞刺,并应有出厂合格证,管件无偏丝、缺丝、断丝等现象,复合管还应有相关的质量证明文件和检验报告。

(4) 塑料管及管件应有出厂合格证,其出厂质量证明文件上应注明在常温下的使用压力、线性膨胀系数。塑料管及其管件的公称压力、公称外径、公称壁厚应符合 CJJ 101—2004 规定。颜色应均匀一致,无色泽不均匀,无开裂、毛刺、变形等缺陷;管材和管件应为同一厂家的配套产品。

(5) 阀门的型号规格应符合设计要求,并应有出厂合格证,阀体应光洁完整、无裂纹、砂眼等缺陷,阀芯应开关灵活、关闭严密,填料密封应完好无渗漏。

(6) 水表的型号、规格应符合设计要求,并应有相应的检测报告及出厂合格证。

(7) 橡胶圈应采用与管材及配件同一厂家的配套产品,有出厂合格证,橡胶圈的断面直径应均匀,光滑无缺陷。

(8) 石棉水泥接口用的水泥标号不应低于 425 号的硅酸盐水泥,并应有出厂合格证,石棉绒应采用 4 级或 5 级。

2. **作业条件**

(1) 临时用水、用电已经具备施工条件,道路通畅无阻。

(2) 埋地管道的管沟走向、深度和宽度符合要求,沟内已清理干净并无杂物,沟底夯实。

(3) 标高控制点已设置好并测试完毕。

(4) 阀门井、水表井、消火栓井内的垫层已经施工完毕。

(5) 施工技术、安全交底已经完成,施工用的管材、管件等辅助设备齐全,且验收合格,阀门的强度和严密性试验合格。

(二) 施工要点

1. **测量放线**

根据设计施工图标注位置在施工现场进行勘测,画出管线位置,并确定每一处沟槽的开挖宽度和深度。

2. 沟槽开挖

沟槽开挖前应充分了解沟槽开挖地段的土质及地下水位情况,根据不同情况及管径、埋设深度、施工季节和地面上建筑物等情况来确定具体沟槽的开挖形式。

沟槽形式通常有直槽、梯形槽、混合槽和联合槽 4 种,见图 2-21。

图 2-21 沟槽断面形式
(a)直槽;(b)梯形槽;(c)混合槽;(d)联合槽

建筑给水管道的埋深一般较浅,通常采用直槽形式开挖。管沟基层处理和井室地基应符合设计要求。管沟的沟底层应是原土层或是夯实的回填土。沟槽挖好后,沟底应处理平整、坡度应顺畅,不得有尖硬的物体、块石等。

若沟基为岩石、不易清除的块石或为砾石层时,沟底应下挖 100～200mm,填铺细砂或粒径不大于 5mm 的细土,夯实到沟底标高后方可铺设管道。

3. 管道预制

根据施工图和实际管沟情况正确测量和计算所需管道的长度,绘制管道预制加工草图。

根据预制加工草图,在沟中准确量出管接口的位置,做上标记,划出工作坑的位置,将工作坑挖好,如图 2-22 所示。承插铸铁管捻口连接的工作坑的尺寸参见表 2-26。

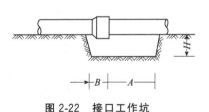

图 2-22 接口工作坑

表 2-26 工作坑尺寸(mm)

项 目		管道公称直径(mm)								
		100	125	150	200	250	300	350	400	500
承口	前(m)	0.6	0.6	0.6	0.6	0.6	0.8	0.8	0.8	0.8
	后(m)	0.2	0.2	0.2	0.2	0.25	0.25	0.25	0.25	0.25
合计(m)		0.8	0.8	0.8	0.8	0.85	1.05	1.05	1.05	1.05
深(m)		0.25	0.25	0.25	0.25	0.3	0.3	0.3	0.3	0.3
底宽(m)		0.6	0.6	0.8	0.8	0.8	0.9	0.9	1.4	1.5

将阀门、水表等附件提前预装好,并稳固在其安装位置,位置应准确,阀杆应垂直向上。对管道、管件再进行一次检查后,即可作下料和接口处理。

4. 管道清理、铺管

检查管材、管件内壁,用压缩空气吹扫管腔,局部可用钢丝刷或棉纱进行清理,直至内壁达到光洁、无毛刺。法兰阀门、水表等附件在组装前,应将其法兰面的油漆清理干净。承插接口的承口内侧和插口外侧应进行彻底清理,不应有土或其他杂物附着。

下管方法可根据管径、沟槽和施工机具装备情况确定。建筑群、庭院及厂区给水管网的管径通常较小,一般采用人力或人力配合小型机具的方法下管,如木槽溜管法、塔架下管法及人工压绳下管法等。

给水铸铁管下管时,应将承口朝来水方向依次排列,调整管道中心线,使之与定位中心线一致;调整管底标高,进行对口连接。承插口之间的环形间隙应均匀一致。将调平、调正、对好口的管道固定,在靠近管道两端处用土覆盖,底部及两侧用土夯实;管道拐弯和始端处应支撑顶平,所有临时敞开的管口应及时封堵。

5. 对口

下到沟槽中的管道在对口前应先清理好管端的泥土,然后根据管径大小选择好对口方法。管径小于 400mm 的管子,可用人工或用撬杠顶入对口;管径大于或等于 400mm 的管子,用吊装机械或倒链对口。

给水铸铁管承插连接的对口间隙应不小于 3mm,最大间隙不得大于表 2-27 的规定。

表 2-27 铸铁管承插接口的对口最大间隙

管径(mm)	沿直线敷设(mm)	沿曲线敷设(mm)
75	4	5
100~250	5	7~13
300~500	6	14~22

给水铸铁管沿直线敷设时,承插捻口连接的环形间隙应符合表 2-28 的规定。沿曲线敷设,每个接口允许有 2°转角。

表 2-28 铸铁管承插接口的环型间隙

管径(mm)	标准环型间隙(mm)	允许偏差(mm)
75~200	10	+3~2
250~450	11	+4~2
500	12	+4~2

为使承插口对口同心,应在承口与承口间打入铁楔,其数目通常不少于 3 个。然后在管节中部分层填土并夯实至管顶,使管子固定,取出铁楔,准备打口。

6. 管道连接及养护

给水铸铁管一般为承插连接。常用接口的方式有油麻石棉水泥接口、自应力水泥砂浆接口、橡胶圈接口、青铅接口等。

打好口的石棉水泥接口(见图 2-23)、自应力水泥砂浆接口应及时进行养护。可在接口处缠绕草绳，或盖上草带、麻袋布、破布或土等，并在它们上面洒少量水，且每隔 6～8h 再洒水 1 次。养护时间不少于 48h。

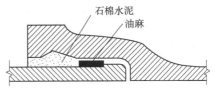

图 2-23 承插式铸铁管油麻石棉水泥接口

橡胶圈接口的特点是速度快、省人工、可带水作业。橡胶圈接口安装不得使胶圈产生扭曲、裂纹等缺陷。每个橡胶圈接口的最大偏转角不得超过表 2-29 的规定。

表 2-29 橡胶圈接口最大允许偏转角

公称直径(mm)	100	125	150	200	250	300	350	400
允许偏转角度(°)	5	5	5	5	4	4	4	3

塑料管在用橡胶圈接口时应注意，塑料管端在插入时应留出因温差产生的伸缩量，伸缩量应按施工时的闭合温差计算确定，当设计无要求时，可按表 2-30 规定采用。

表 2-30 塑料管长 6.0m 时管端温差伸缩量

插入时环境最低温度(℃)	设计最大升温(℃)	伸缩量(mm)
≥15	25	10.5
10～15	30	12.6
5～10	35	14.7

青铅接口速度快，弹性好，抗震动，接口严密性好，施工方便，不需要养护。冷铅接口还可以在带水的环境中操作。

7. 水压试验

给水管道水压试验前，除接口外，管道两侧及管顶以上均应回填土，且回填土的高度不应小于 0.5m；水压试验合格后，应及时回填其余部分。

8. 管沟回填

管道水压试验合格后应尽快进行回填。

管道周围 200mm 以内应用沙子或无块土进行回填。管顶上部 500mm 以上不应回填直径大于 100mm 的块石和冻土块。500mm 以上部分用块石不应集中。回填时沟槽内应无积水,不应回填淤泥和有机物。

管道两侧及管顶以上 500mm 部分的回填,应用人工进行回填,同时从管两侧填土分层夯实,不应漏夯或夯土不实,每次回填 150～200mm。管顶 500mm 以上宜用电动机械打夯机进行夯实,每次回填土厚度不应超过 300mm。

三、室外消火栓系统安装

(一)施工准备

1. 材料要求

(1)室外消火栓、消防水泵接合器及其成套产品的规格、型号的选用应符合设计要求,产品应有消防部门颁发的制造许可证,有出厂合格证、检验报告等质量证明文件。

(2)阀门、止回阀、安全阀的规格型号的选用应符合设计要求,阀门、安全阀及止回阀的阀体铸造规矩,表面光洁、无裂纹,启闭应灵活,关闭应严密。阀门的手轮完整无损坏;止回阀标明安装的方向,安全阀应标有使用压力范围和启动压力指示。阀门在安装前应作强度和严密性试验,试验压力和检测结果应符合现行《建筑给水排水及采暖工程施工质量验收规范》GB 50242 中有关材料设备管理中的规定。

(3)消火栓、消防水泵接合器的外观应完好无损,铸造规矩,开关灵活,严密不漏水。成套供应的其附属设备应齐全。

(4)室外消火栓、消防水泵接合器安装所有的管材、管件外观整洁、无破损,管材与管件应配套并应有出厂合格证。

2. 作业条件

(1)图纸会审、《施工方案》的审批已完成,施工技术、安全交底已完成。

(2)当消防水泵接合器和室外消火栓采用墙壁式时,应复核土建预留洞的位置、标高和尺寸。

(3)当消防水泵接合器和室外消火栓在地下井室内安装时,应复核原预留管道的标高和位置、井室的位置和标高、井室的强度是否满足施工要求和质量标准的要求。

(4)到场的材料已经报验合格,施工用的人力、机具、材料齐全,水源、动力满足施工需求。

(5)已掌握施工区域的地理条件。

(二)施工要点

1. 管道及阀门安装

消火栓及消防水泵接合器与室外管道连接的短管,一般分承插铸铁管和钢管、钢塑复合管三种材质的管材,连接方式分别为承插连接、卡箍式连接。

(1)铸铁短管安装

1)清理承口和插口,承口朝来水方向,调整短管使管中心与消防水泵接合器的定位中心线一致。承插口之间的环形间隙应均匀一致,并不应小于3mm。

2)与法兰阀门连接的铸铁管甲管或乙管,在调整短管时应考虑其铸铁法兰上的螺栓孔与法兰阀门上螺栓孔应对应一致,确保阀门安装后阀体垂直向上。

3)采用石棉水泥接口,详见本书第二章中相关说明。

4)调平、调直后的管道应固定,管道转弯处应支撑牢固,在靠近管道两端处用浮土覆盖,两侧夯实。临时敞口处应及时封堵。

(2)钢管短管安装

1)检查法兰及钢管的外观质量。一般采用平焊法兰,法兰尺寸、厚度、材质应复合设计或标准要求,法兰表面应光滑,无砂眼、裂纹、斑点等缺陷。钢管的材质应符合设计要求和标准要求。

2)插入法兰盘的管子端部距法兰盘内端面应为管壁厚度的1.3~1.5倍,法兰与管道的焊接,应用法兰靠尺、角尺分两个方向进行检查后点焊,点焊后,还需用靠尺或角尺再次检查法兰盘的垂直度,用手锤敲打找正后再进行焊接。

(3)法兰短管安装时,应将两法兰盘对平找正,先在法兰盘螺孔中顶穿几个螺栓,将法兰垫子插入两法兰之间,再穿剩下的螺栓,将衬垫找正后,即可用扳手拧紧螺栓。拧紧的顺序应按对角进行,分3~4次拧紧,不应一次拧到底。

2. 消防水泵接合器及消火栓安装

消火栓根据其安装部位分为:室外地上式消火栓和室外地下室消火栓。

消防水泵接合器,根据其安装部位可分为:室外地上消防水泵接合器、室外地下室消防水泵接合器,墙壁式消防水泵接合器。其安装详图依设计要求可参照标准图集《消防水泵接合器》99S203进行施工。

消防水泵接合器及消火栓安装,应注意以下问题:

(1)消火栓应设有自动放水装置,当内置出水阀关闭时自动放空消火栓内存的积水,以防消火栓冻裂。

(2)消防水泵接合器及消火栓弯管底座、消防水泵接合器及消火栓三通下和阀门底座设支墩应托紧弯管、三通底部和阀门底部。

(3)如室外设计计算温度低于零下15℃的地区,应作保温井或采取其他保温措施。

(4)当泄水口位于井室之外时,应在泄水口做卵石渗水层,卵石粒径为20~30mm,铺设半径不小于500mm,铺设深度自泄水口以上200mm至槽底。

(5)法兰及钢制三通应按设计要求做加强防腐。

3. 井壁处理

处理管道穿井壁的间隙,应用水泥砂浆分两次填实严密,待第一次初凝后再抹第二次,要抹光抹平,无渗漏。

四、室外给水系统施工质量要求

管道的坐标、标高、坡度应符合设计要求,管道安装的允许偏差应符合表2-31的规定。

表2-31 室外给水管道安装的允许偏差和检验方法

项次	项目		允许偏差(mm)	检验方法
1	坐标	铸铁管 埋地	100	拉线和尺量检查
		铸铁管 敷设在沟槽内	50	
		钢管、塑料管、复合管 埋地	100	
		钢管、塑料管、复合管 敷设在沟槽内或架空	40	
2	标高	铸铁管 埋地	±50	拉线和尺量检查
		铸铁管 敷设在地沟内	±30	
		钢管、塑料管、复合管 埋地	±50	
		钢管、塑料管、复合管 敷设在地沟内或架空	±30	
3	水平管纵横向弯曲	铸铁管 直段(25m以上)起点~终点	40	拉线和尺量检查
		钢管、塑料管、复合管 直段(25m以上)起点~终点	30	

第六节 室外排水系统安装

室外排水系统分为生活污水排水系统、生产污废水排水系统和雨水排水系统3类。

一、室外排水管道安装

(一)施工准备

室外排水系统采用的管材及连接方法见表 2-32。

表 2-32　室外排水常用管材及连接方法

管材	连接方法
混凝土管	承插、抹带、套箍连接
钢筋混凝土管	
排水铸铁管	承插连接
排水塑料管	粘接、胶圈连接
陶土管	承插连接

1. 材料要求

(1)钢筋混凝土管、混凝土管,管材表面无裂纹、无蜂窝麻面、无缺损、颜色均匀一致。

(2)PVC-U 塑料管、ABS 管、HDPE 双壁波纹管等管材和管件品种、规格、型号应符合设计要求,外观光泽、顺直、无裂纹、毛刺、气泡、脱皮和痕纹,壁厚均匀,直管段挠度不大于 1‰,有良好的抗冲击性和耐腐蚀性能。

(3)机制承插排水铸铁管和管件的壁厚均匀,造型规矩、不应有粘砂、毛刺、砂眼、裂纹现象,承口内外光滑整洁。

(4)水泥:强度等级不低于 425# 的普通硅酸盐水泥。

(5)砂:采用中砂,粒径小于 2mm。

(6)胶黏剂:不应含有团块、不溶颗粒和其他杂质,不应呈胶凝状态,不应有分层现象,不同型号的胶黏剂不应混用。宜使用与管材同一厂家的产品,应具备生产日期,符合使用有效期。

(7)管道接口用的弹性密封橡胶圈外观应光滑平整,不应有气孔、裂缝、卷褶、破损、重皮等缺陷,应采用具有耐酸、碱、污水腐蚀的合成橡胶制成。

(8)其他辅料:型钢、圆钢、卡件、螺栓、螺母、油麻、胶圈、石棉绒、镀锌钢丝网、清洗剂、砂纸等材料均按管道连接形式正确选用。

2. 作业条件

(1)当地已有准确的永久性水准点,标高控制点等各种基线测放完毕。

(2)管沟沿线各种地上障碍物和构筑物已拆除或改移。

(3)原有地下各类管道、电气线路分布情况已掌握清楚。

(4)施工用的各种机具、管材、管件及其配件已备齐全。

(5)各种现场围护用的材料及警示牌等已进场。

(二)施工要点

室外排水管网安装程序与室外给水管网安装程序基本相同,但排水管道一般为重力流且管径较大,埋设深度会因管道长度的增加而增加,由此带来沟槽排水、铺筑管基等问题。

1. 沟槽排水

为保证开挖的沟槽不被地下水浸泡、破坏天然土基,通常使用较多的方法是明沟排水,如图 2-24 所示。排水明沟一般深为 300mm,集水井的底应比排水沟低 1m 左右,集水井的间距可根据地质及地下水量的大小确定,通常为 50～150m。集水井可做成木板支撑式、木框式或用混凝土短管、钢筋混凝土短管制成。

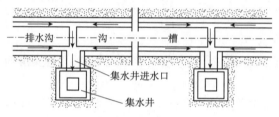

图 2-24 明沟排水

2. 铺筑管基

管基因排水管材的不同而异。陶土管的管径通常在内径 300mm 以内,它的管基有素土基础、沙垫层基础和混凝土枕基 3 种。

排水铸铁管的管径一般在 DN200mm 以内,一般采用素土基础。

3. 管道接口

(1)混凝土管和钢筋混凝土管抹带接口,其中,混凝土管抹带接口的基本要求:

1)平口混凝土排水管水泥砂浆接口可采用水泥砂浆抹带和钢丝网水泥砂浆抹带。

2)水泥砂浆接口的材料,水泥用 425#,砂子过 2mm 孔径的筛子,砂子含泥量不应大于 2%。

3)接口用水泥砂浆配比应按设计规定,设计无规定时,可采取水泥:砂子＝1:2.5(重量比),水灰比一般不大于 0.5。

4)抹带应与浇筑混凝土管座紧密配合,浇筑管座后,随即进行抹带,使带与管座结合一体;如不能随即抹带时,抹带前管座和管口应凿毛,洗净,以利与管带结合紧密。

5)管径在 600mm 以上接口时,管缝超过 10mm 时,抹带在管内管缝上部支垫托(一般用竹片做成),不应在管缝填塞碎石、碎砖、木片或纸团等。

6)设计无特殊要求时带宽如下:管径小于 450mm 时,带宽为 100mm,高为 60mm;管径大于或等于 450mm 时,带宽为 150mm,高为 80mm。

(2)水泥砂浆抹带,应符合如下要求:在接口部位先抹上一层薄薄的水泥浆,分两层抹压,第一层为全厚的 1/3。将其表面划成线槽,使表面粗糙,待初凝后再抹第二层。然后用弧形抹子抹光压实,覆盖湿草袋,定时浇水养护。

(3)钢丝网水泥砂浆抹带,应符合如下要求:

1)钢丝网水泥砂浆抹带,钢丝网规格应符合设计要求,并应无锈、无油垢。每圈钢丝网按设计要求留出搭接长度,事先裁好。

2)将管口刷水泥砂浆一道。

3)在灌注混凝土管座时,将钢丝网按设计规定位置和深度插入混凝土管座内,并另加适当抹带砂浆,认真捣固。

4)在抹带的两侧安装好弧形边模。

5)抹第一层水泥砂浆应压实,使其与管壁黏结牢固,厚度为 20mm。然后,将两片钢丝网包拢,用 20# 镀锌铁丝将两片钢丝网扎牢。

6)待第一层水泥砂浆初凝后,抹第二层水泥砂浆,厚 10mm。同上法包上第二层钢丝网,搭茬应与第一层错开,如只用一层钢丝网时,这一层砂浆即与模板抹平,初凝后赶光压实。

7)待第二层水泥砂浆初凝后,抹第三层水泥砂浆,与模板抹平,达到厚度要求,初凝后赶光压实。

8)抹带完成后,覆盖湿草袋养护,一般 4~6h 可以拆模板,拆时应轻敲轻卸,不应碰坏带的边角。

9)平口管抹带接口内部处理。

10)直径大于 600mm 的管子内缝,用水泥砂浆填实、抹平,灰浆不应高出管内壁。管座部分的内缝,配合浇灌混凝土时勾抹。

管座以上的内缝在管带终凝后勾抹,也可在抹带以前,将管缝支上内托从外部用砂浆填实,然后拆去内托,勾抹平整。

11)直径 600mm 以内的管子,应配合浇灌混凝土管座,用麻袋球或其他工具,在管内来回拖动,将流入管内的灰浆拉平。

(4)承插铸铁管、混凝土管捻口安装,应符合如下要求:

1)在管沟内捻口前,先将管道调直、找正,用捻凿将承插口缝隙找均匀,先将油麻打进承口内,一般打两圈半为宜,约为承口深度的 1/3,而后将油麻打实,边打边找正、找平。管道两侧用衬垫材料培好,以防捻灰口时管道移位。

2)采用水泥灰口时,水灰比为1∶9;采用石棉水泥灰口时,水∶石棉∶水泥的比例为1∶3∶7(均为重量比)。夏季捻灰口时,适当调整用水量,拌好的捻口灰应控制在1.5h内用完为宜。

3)将拌好的捻口灰,装在灰盘内放在承口下部,由下而上,分层用手锤、捻凿打实,直至捻凿打在灰口上有反弹的感觉为合格。

4)捻好的管段对灰口进行养护,一般采用湿草袋盖住灰口,并定时浇水养护,以保持湿润。

(5)混凝土套环捻口,应符合如下要求:

1)在沟内将管道调直,并调整好套环间隙,用小木楔3~4块将环缝衬垫均匀,让套环与管同心。套环的结合面用水冲洗干净,保持湿润。

2)按照水∶石棉∶水泥=1∶3∶7的配合比(重量比)拌好捻口灰,用捻凿将灰自下而上地边填边塞,分层打紧。管径在600mm以上的要做到"四填十六打",前三次每填1/3打四遍;管径在500mm以下采用"四填八打",每填一次打两遍,最后找平。

3)打好的灰口,较套环的边凹2~3mm。打口时,每次灰钎子重迭一下,要打实、打紧、打匀。填灰打口时,下面垫好塑料布,落在灰盘里的捻口灰,1h内可再用。

4)大于700mm的管子对口缝较大时,在管内用草绳塞严缝隙,外部灰口打完再取出草绳,随即打实内缝。切勿用力过大,免得松动外面接口。管内管外打灰口时间不宜超过1h。

5)灰口打完后用湿草袋盖住,1h后洒水养护,连续三天。

(6)塑料管粘接接口,应符合如下要求:

1)检查管材、管件质量。应将管端外侧和承口内侧擦拭干净,使被粘接面保持清洁、无尘砂与水迹。表面粘有油污时,应用棉纱蘸丙酮等清洁剂擦净。

2)排管时承口应朝来水方向。粘接前,应对承口与插口的紧密程度进行验证。将两管试插一次,使插入深度及松紧度配合情况符合要求,并在插口端表面画出插入承口深度的标线。

3)涂抹胶黏剂时,应先涂承口内侧,后涂插口外侧,涂抹承口时,应顺轴向由里向外涂抹均匀、适量,不应漏涂或涂抹过量。

4)涂抹胶黏剂后,应立即找正方向对准轴线将管端插入承口,插的过程中,将管子作适量旋转,但不要超过90°,使胶黏剂分布均匀,并用力推挤至所画标线。在60s时间内保持施加的外力不变,并保证接口的平直度和位置正确。

5)插接完毕后,应及时将接头外部挤出的胶黏剂擦拭干净。应避免受力或强行加载。

(7)双壁波纹管、混凝土管、铸铁管承插口弹性密封圈柔性接口,应符合如下要求:

1)连接前,应先检查胶圈是否配套完好,确认胶圈安放位置及插口应插入承口的深度。

2)排管时承口应朝来水方向。接口作业时,应先将承口内插口外工作面用棉纱清理干净,不应有泥土等杂物,并在承口内工作面涂上润滑剂,然后立即将插口端的中心对准承口的中心轴线就位。

3)插口插入承口时,小口径管可用人力,可在管端部设置木挡板,用撬棍将被安装的管材沿着对准的轴线徐徐插入承口内,逐节依次安装。管径大于400mm 的管道,可用缆绳系住管材,用手搬葫芦等提力工具安装。不应采用施工机械强行推顶管子插入承口。

4. 灌水、通水试验

将被试验的管段起点检查井(上游井)及终点检查井(下游井)的管道两端用钢制堵板堵好,不应渗水。

在上游井的管沟边设置一试验水箱,试验水头应以试验段上游管顶内壁加1.0m 作为标准试验水头。将进水管接至堵板下侧,下游井内管道的堵板应设泄水管和阀门,并挖好排水沟。向管内充水,管道充满水后,浸泡不应小于 24h。

观察管口接头处严密不漏,时间不应小于 30min。期间排水管道应畅通无堵塞。

试验完毕及时将水排出。

二、室外排水系统施工质量要求

安装的允许偏差应符合表 2-33 的规定。

表 2-33　室外排水管道安装的允许偏差和检验方法

项次	项目		允许偏差(mm)	检验方法
1	坐标	埋地	100	拉线尺量
		敷设在沟槽内	50	
2	标高	埋地	±20	用水平仪、拉线和尺量
		敷设在沟槽内	±20	
3	水平管道纵横向弯曲	每 5m 长	10	拉线尺量
		全长(两井间)	30	

第三章 供暖系统安装

供热系统一般包括热源、热网和热用户。除热源外,通常分为室内供暖系统和室外供热管网 2 部分。前者用于向建筑物传输热量,保持室内温度;后者用于由热源向用户输配热量。

第一节 室内供暖系统安装

室内供暖系统主要由管道、散热设备和附属装置等组成,如图 3-1 所示。安装程序如下:熟悉图纸→材料、机具准备→管件及支架加工→阀门试压→管道预制→支架安装→管道及附件安装→散热器组对安装→试压冲洗→防腐保温→检查验收。

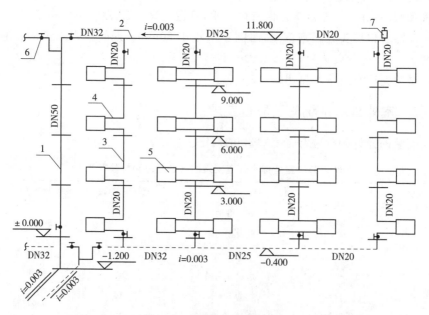

图 3-1 室内热水供暖系统
1-总立管;2-干管;3,4-散热器立、支管;5-散热器;6-阀门;7-自动排气阀

管道安装顺序为先干、立管,支管安装在散热器安装后进行。

一、管道及配件安装

1. 热力入口安装

供暖热力入口是指热网与室内供暖系统的接口。包括供、回水总管和入口装置。

供暖总管一般经建筑基础预留洞引入室内。供水(蒸汽)管应位于热媒前进方向的右侧,回水(凝结水)管位于左侧。采暖总管的坡度不小于0.002,坡向室外。供暖供、回水总管上均设置控制阀和排水装置,并有供、回水连通管和连通阀。

设在室外的低温热水供暖入口装置,如图 3-2 所示。入口装置可设在室内或地下室,自力式流量控制阀一般安装在回水管上。安装程序为:测量、下料、预制、组装。

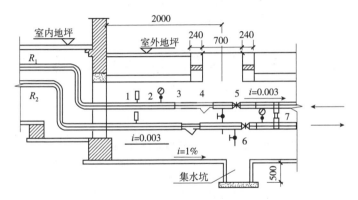

图 3-2 热水采暖入口装置安装(mm)
1-温度计;2-压力表;3-热量表;4-Y 形过滤器;5-闸阀;6,7-泄水、旁通阀

2. 干管安装

主干管安装应从进户或分支路点开始。安装前,应清理管腔、并做好除锈、刷油工作;热水主管道进户,应设置阀门,在管道最低点安装泄水装置,并置于检修井内。

主立管与两侧分支干管连接方法,如图 3-3 所示,且两侧分干管的第一个支架距主立管距离,不应大于 2.0m。

对于立管变径,应使用同心大小头。水平管道变径应根据管内介质选用不同的变径管件。对热水管道,应使用偏心大小头,安装时,保证管道上皮相平;对蒸汽管道,应使用偏心大小头,安装时,保证管道下皮相平;对凝结水管道,应使用同心大小头,安装时,保证管道中心线相平。如图 3-4 所示。

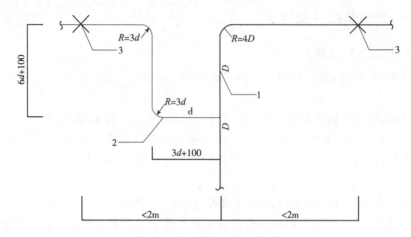

图 3-3 主立管与分干管连接
1-主立管；2-分干管；3-支架
注：R-弯曲半径；D-主立管直径；d-分干管直径

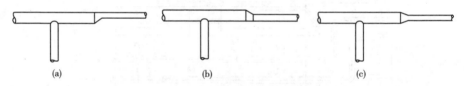

图 3-4 水平管道变径示意图
(a)热水管道变径；(b)蒸汽管道变径；(c)凝结水管道变径

管径大于或等于 70mm，变径位置大于分支点 300mm，但不超过 350mm；管径小于 70mm，变径位置大于分支点 200mm，但不超过 250mm。管道对口焊缝处及弯曲处，不应焊接支管，接口焊缝距起弯点支、吊架边缘应大于 50mm。

横向安装前，应先确定起点和端点，然后，拉线控制支架标高，确保管道坡度，以使气流顺利地排向自动排气阀。

供水干管沿室内墙架空敷设，当管径 DN≤80mm 时，供水干管距墙尺寸为 150mm；当管径 DN≥80mm 时，供水干管距墙尺寸为 180mm。回水干管在室内地坪以上沿内墙敷设时，当管径 DN≤80mm 时，回水干管距墙尺寸为 50mm；当管径 DN≥80mm 时，供水干管距墙尺寸为 65mm。

干管在楼、地面以上安装，过门需做局部管沟或绕门通过，如图 3-5 所示。

3. 立管安装

立管安装前，应打通各层楼板洞，由顶层向底层吊线，在后墙上弹线，确定立管中心线位置，依据管道中心线距墙尺寸安装立管管卡，管卡安装应牢固、端正。

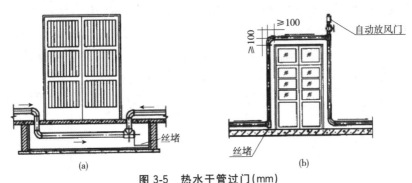

图 3-5 热水干管过门(mm)
(a)干管由局部管沟通过；(b)干管由门上通过

当设计采用单立管安装时，立管中心距后墙尺寸为 50mm，如仅后墙有一组散热器（一臂形）时，则立管中心距侧墙尺寸为 65mm，如图 3-6(a)所示；如后墙和侧墙另一侧各有一组散热器（双臂形）时，距侧墙尺寸仍为 65mm，如图 3-6(b)所示；如后墙和侧墙同侧有散热器（直角形）时，距侧墙尺寸为 200mm，如图 3-6(c)所示；如后墙、侧墙同侧和另一侧各有一组散热器（丁字形）时，距侧墙尺寸为 300mm，如图 3-6(d)所示。当设计采用双立管安装时，供水立管一般安装在右侧，回水立管一般安装在左侧。立管距墙尺寸与单立管安装时相同，管径 $DN \leqslant 32mm$ 时，两立管中心距为 80mm；管径 $DN \geqslant 40mm$ 时，两立管中心距为 130mm，如图 3-6(e)、(f)、(g)、(h)所示。

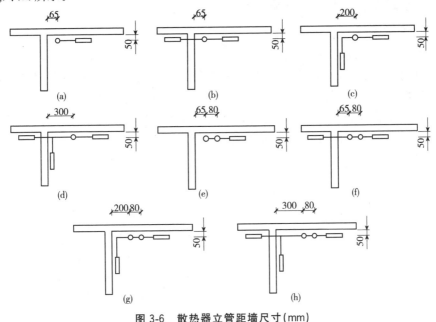

图 3-6 散热器立管距墙尺寸(mm)

立管与干管的连接方式如图 3-7 所示。其中 150mm 为 $DN<80mm$ 干管（括号内为 $DN>80mm$）与墙面的距离。安装时需预先加工弯头和管端螺纹。

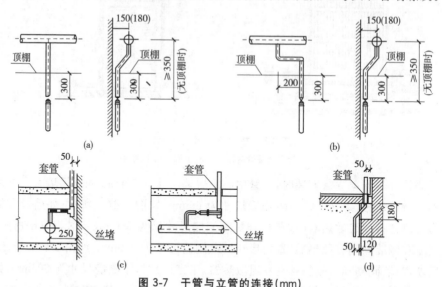

图 3-7 干管与立管的连接(mm)

(a)供水干管与立管连接；(b)供水干管与立管连接；(c)回水干管与立管连接；(d)立管缩墙

上行下给式热水供暖系统，应在干管的管底开三通口、引出立管，立管的上端应制作"乙"字弯，"乙"字弯采用煨制或钢管配丝扣管件组成。立管的下部，应设置泄水阀或堵头，以便调试和检测。

4. 支管安装

检查散热器进出口与立管预留口是否一致、坡度是否正确。按现场实际尺寸下料、套丝、煨弯，然后，试安装散热器支管，若不合适可用烘烤热煨或用煨弯器调整弯度，但起弯点距丝口不应小于 50mm。支管安装应满足坡度要求，坡度应为 1‰，坡向如图 3-8 所示。支管长度大于 1.5m 和两个以上转弯时，应设置一个托钩或管卡将其固定；活接头安装要注意其方向性，子口的凸台指向介质流动方向。如图 3-9 所示。

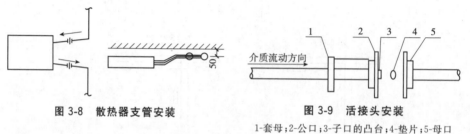

图 3-8 散热器支管安装

图 3-9 活接头安装

1-套母；2-公口；3-子口的凸台；4-垫片；5-母口

5. 补偿器安装

(1)方形补偿器安装

1)方形补偿器制作,宜选用质量好的无缝钢管,整个补偿器尽量采用一整根无缝钢管煨制而成。如方形补偿器的尺寸较大,一根管子长度不够时,可用两根或三根管子焊接而成,但焊口不应留在平行臂上,可设在垂直臂中点。因为,方形补偿器在膨胀变形时,此处所受的弯矩最小。焊接时,当管道的公称直径小于200mm时,焊缝应与垂直臂轴线垂直;当管道的公称直径大于或等于200mm时,焊缝应与垂直臂轴线成45°角,如图3-10所示。制作完成后,应保证补偿器在一个平面上。

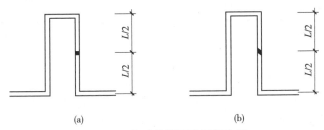

图 3-10 方形补偿器的焊缝位置

(a)直径小于200mm的方形补偿器;(b)直径大于或等于200mm的方形补偿器

2)方形补偿器在安装前,应进行预拉伸。预拉伸长度应按照设计要求拉伸,设计无要求时,为其伸长量的一半,如图3-11所示。

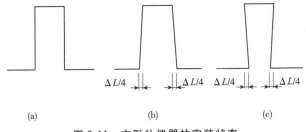

图 3-11 方形补偿器的安装状态

(a)拉伸前状态;(b)拉伸后状态;(c)运行时状态

注:ΔL-方形补偿器的伸长量

3)在拉伸之前,先将两端的固定支架焊牢,补偿器两端的直管段与其将要连接的管道端口间,应按拉伸长度留有一定的间隙。预拉伸方法,可选用千斤顶将补偿器的两臂撑开,或用拉管器进行冷拉。

4)用千斤顶顶撑时,将千斤顶置于补偿器的两垂直臂之间,加好支撑和垫块,然后,启动千斤顶,对两垂直臂进行顶撑,使补偿器的两个端口与管道端口靠拢。找正后,将焊口焊好、并冷却后,方可拆除千斤顶,预拉伸工作完成。

5)用拉管器进行冷拉时,将拉管器的法兰管卡紧紧卡住补偿器端口和管道端口,通过法兰管卡之间的几个双头螺栓进行拉紧和调整,然后,用短角钢在管道的一端管口贴焊,另一端用角钢卡住,再拧紧双头螺栓使间隙靠拢;将焊口焊好、并冷却后,方可松开双头螺栓,取下拉管器;可以两侧同时冷拉,也可以先冷拉一侧、再冷拉另一侧。

6)方形补偿器应水平安装,并与管道的坡度相一致;如垂直臂部分必须竖直安装时,在最高点设自动排气阀,在最低点设泄水装置。安装位置应按设计要求设置,如设计无规定时,最大间距按表 3-1 设置。

表 3-1 方形补偿器最大间距

公称直径(mm)		25	32	40	50	65	80	100
最大间距 (m)	架空与地沟敷设	30	35	45	50	55	60	65
	无地沟敷设	—	—	45	50	55	60	65
公称直径(mm)		125	150	200	250	300	350	400
最大间距 (m)	架空与地沟敷设	70	80	90	100	115	130	145
	无地沟敷设	70	70	90	90	110	110	110

7)设置方形补偿器的供暖管道支架,如图 3-12 所示。方形补偿器两侧的第一个支架应为滑动支架,当补偿器伸缩时,管道可以在轴向自由滑动;滑动支架应设置在距方形补偿器起弯点 0.5~1.0m 处;第二个支架应为导向支架,当补偿器伸缩时,限制管道只在轴向发生位移,而不会出现径向位移。导向支架应设置在距方形补偿器起弯点 40 倍公称直径处;两个方形补偿器之间应设置固定支架,且应设置在中间位置。

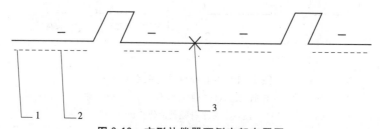

图 3-12 方形补偿器两侧支架布置图
1-滑动支架;2-导向支架;3-固定支架

(2)套筒补偿器安装

套筒补偿器安装前,应进行预拉伸。拉伸时,先将补偿器填料压盖打开,取出内套管开始拉伸,预拉伸长度应按照设计要求拉伸,设计无要求时,按表 3-2 选用。拉伸完成后,将内套管放入套筒,注意内套管应与套筒同心,用涂有石墨粉的石棉盘根或浸过机油的石棉绳填入内套管与套筒的间隙,各层填料环的接口位置应错开120°,填料环搭接应有30°斜角上下叠压在一起。然后,上好压盖,以不漏水、不漏气,且内套管能伸缩自如为宜。

套筒补偿器安装时,应保证补偿器中心线与管道中心线一致,方可正常工作。如发生偏斜,在管道运行时,将可能发生补偿器外壳和导管咬住而扭坏补偿器的现象。故应在补偿器两侧分别设置一个导向滑动支架,使其只发生轴向位移而不发生径向位移。

表3-2 套筒补偿器预拉长度表(mm)

补偿器规格	15	20	25	32	40	50
拉出长度	20	20	30	30	40	40
补偿器规格	65	80	100	125	150	
拉出长度	56	59	59	59	65	

(3)波形补偿器安装

波形补偿器波数一般为1~4个,内套筒与波壁的厚度为3~4mm,安装前,应了解厂家是否对补偿器已经进行过预拉伸,然后,根据补偿零点温度确定其是否需要预拉或预压。预拉时,在与补偿器连接的管道两端各焊一片法兰,将补偿器一端法兰用螺栓紧固,另一端用倒链卡住法兰,缓慢地进行冷拉,冷拉应分2~3次逐渐增加,以保证各波节受力均匀。安装时,焊接端放在介质流入方向,自由端放在介质地流出方向;支吊架不应设置在波节上,应距波节不小于100mm;试压时,不应超压,不允许侧向受力。

二、散热器安装

散热器种类较多,本节以铸铁柱型散热器为主,介绍散热器组对、安装的一般方法。

(一)材料、设备要求

(1)散热器安装前必须取得样品资料,以制定安装方法和尺寸。散热器必须有产品合格证,并在组装前应进行外观检查,不合格产品不得使用。

(2)铸铁散热器外观质量,应符合如下要求:

1)无砂眼、裂缝。

2)长翼型散热器允许掉翼一个长度不大于50mm,侧面掉翼两个,累计长度不大于200mm。

3)圆翼型散热器允许掉翼两个,累计长度不大于翼片周长的1/2。

4)柱型和长翼型散热器上下接口面应在一平面,翘扭偏差可在平台上用塞尺检验,间隙大于0.3mm不宜使用。

5)柱型散热器接口处厚度,应上下口一致,用外卡和钢板尺测定,或用游标卡尺测定,厚度偏差应不大于0.3mm。

6)用螺纹塞规检查散热器接口,内螺纹应合格。

(3)铸铁散热器组对用的密封垫片,应符合如下要求:

1)低温热水供暖系统可用浸过清油的牛皮纸、耐热胶板或石棉橡胶板。

2)过热水和蒸汽供暖系统应用浸过清油的石棉橡胶板或石棉板。

3)垫片厚度均不大于1mm。

4)垫片外径不得大于密封面,且不宜用两层垫片。

(4)散热器的组对零件:对丝、炉堵、炉补心、丝扣圆翼法兰盘、弯头、弓形弯管、短丝、三通、弯头、活接头、螺栓螺母等应符合质量要求,无偏扣、方扣、乱丝、断扣,丝扣端正,松紧适宜。石棉橡胶垫以1mm厚为宜(不超过1.5mm厚),并符合使用压力要求。

(5)圆钢、拉条垫、托钩、固定卡、膨胀螺栓、钢管、冷风门、机油、铅油、麻线、防锈漆及水泥的选用应符合质量和规范要求。

(二)散热器组对

散热器组对是指把散热器片,按设计要求的片数组装成需要的组数。为便于施工,可按施工图预先列表统计出所需数量。

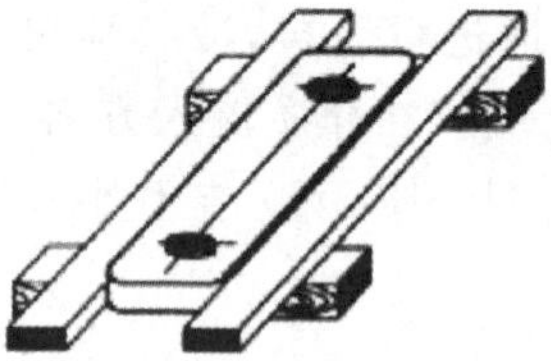

1. 组对工具

(1)组装平台

组装平台(架)用于稳固、组装散热器。方木组装架如图3-13所示。

图3-13 方木组装架

(2)钥匙

用于转动对丝,采用螺纹或优质圆钢制作,端部为扁圆形,以便插入对丝内孔。钥匙长度为250~500mm,如图3-14所示。

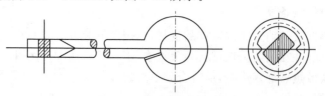

图3-14 散热器组对钥匙

2. 组对方法

(1)组对时,一般两人一组。将一片散热器平放在组对架子上,正丝口向上,然后将散热器对丝分别拧进上下口1~2丝,将垫片套在对丝中央,再将另一片散热器的反丝口对准两个对丝的反丝头。两人同时用对丝钥匙顺时针方向交替拧紧两个对丝,以垫片挤出油为宜,组对后的垫片不应突出散热器颈部。要注意在上下两个接口处均匀拧紧,切忌在一处接口加力过快,导致对丝损坏。

(2)按上述方法组对至所要求的数量,散热器组对应平直紧密,组对后垫片外露不应大于1mm,组对好的各散热器片上边缘应在同一高度。

(3)20片以上(包括20片)的散热器应加外拉条,先根据散热器的长度,计算出外拉条的下料尺寸,将除锈好的 $\Phi 8 \sim \Phi 10$ 圆钢按下料尺寸切割后在两端套丝并刷油,在拉条一端套上一个铸铁骑码(一般由厂家提供),用四根拉条从散热器上下两端最外侧的散热器柱内侧穿过,在拉条另一端再套上一个铸铁骑码和螺帽,调直拉条后拧紧螺帽,丝扣外露不超过半个螺帽的厚度。

(三)散热器水压试验

散热器组对前,应将内外清理干净,并刷防锈漆和银粉漆。选择有水源和排水点的地点进行散热器水压试验,将试压泵和试压管道如图 3-15 连接。在试压管道上,还应安装两块经校验合格的压力表,压力表的压力范围为工作压力的 1.5~2 倍,精度等级为 1.5 级,表盘直径不宜小于 100mm。将散热器放在试压台上,上好临时补芯、堵头放风阀,然后,连接试压管道。

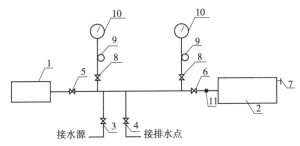

图 3-15 散热器水压试验

1-试压泵;2-散热器;3-总进水阀;4-泄水阀;5-试压泵进水阀;6-散热器进水阀;
7-放风阀;8-压力表阀;9-压力表弯;10-压力表;11-活接头

关闭 4 泄水阀、6 散热器进水阀,打开 5 试压泵进水阀、3 总进水阀向试压泵注水,待试压泵水箱注满后,关闭 5 试压泵进水阀。依次打开 8 压力表阀、7 散热器放风门、6 散热器进水阀,向散热器充水排气,当水从散热器放风阀排出后,依次关闭 7 放风阀、3 总进水阀。打开 5 试压泵进水阀,缓慢升压至试验压力,稳压 2~3min 压力表读数无下降,接口处,无渗漏为合格。

试压合格后,关闭试压泵进水阀,打开泄水阀,待散热器内的水排尽后,拆开活接头,使散热器和试压管道分离,然后卸下临时补芯、堵头、放风阀,进行下一组散热器水压试验。

如有渗漏,要在渗漏处做出标记,按上述方法拆下散热器,用组对钥匙伸进渗漏位置,转动组对钥匙松开散热器,检查垫片是否装好,有无破损。重新组对进行水压试验,直至合格为止。

(四)散热器安装

根据设计图纸,结合现场实际情况安装散热器。一般将散热器安装在窗台下,散热器中心线与窗台中心线重合。可在窗台中点处吊线,将中线引到墙上弹出线迹,依据设计图纸中供暖支管标高和连接方式,确定散热器上口、下口的标高;若设计无要求时,一般下部距地面不少于150mm,上部距窗台板下皮不小于50mm,在墙上弹出线迹。依据散热器片数,按表3-3确定散热器托钩或卡架的数量,做出"＋"标记。然后打孔栽埋。

表3-3 散热器托架或卡架数量表

项次	散热器形式	安装方式	每组片数	上部托钩或卡架数	下部托钩或卡架数	总计
1	长翼型	挂墙	2～4	1	2	3
			5	2	2	4
			6	2	3	5
			7	2	4	6
2	柱型 柱翼型	挂墙	3～8	1	2	3
			9～12	1	3	4
			13～16	2	4	6
			17～20	2	5	7
			21～25	2	6	8
3	柱型 柱翼型	带足片落地	3～8	1	—	1
			9～12	1	—	1
			13～16	2	—	2
			17～20	2	—	2
			21～25	2	—	2

散热器挂墙安装的关键,在于栽埋工作的质量。托钩、卡架的位置越准确,安装偏差就越小;栽埋越牢固,散热器就越稳固。在砖墙上可用冲击钻或手锤、錾子打孔洞的方法;在剪力墙上栽埋,可使用冲击钻打孔洞的方法,孔洞应里大外小,托钩打孔洞深度一般不小于120mm,剪力墙上可不小于100mm,固定卡孔洞深度一般不小于80mm。用水冲洗孔洞内杂物,填塞1:2水泥砂浆至孔洞深度的一半时,将托钩或固定卡塞进,然后用豆石塞紧,再对托钩或固定卡找正并调整离墙距离,最后,用水泥砂浆捣实抹平。然后,检查托钩中心是否在一条水平线上、有无偏斜等现象。如有多个托钩成排安装时,应先安装最两端的托钩,

经检查标高正确后,再安装中间的托钩,以保证各托钩安装在一条水平线上。待填塞的水泥砂浆强度达到要求后,方可安装散热器。对于加气混凝土墙和空心砖墙,可根据隔墙厚度截取两根 Φ12 以上圆钢,两头套丝,再将两块 δ=8mm 以上的钢板打孔,孔径比圆钢直径大 2mm 为宜,把钢板放在隔墙两侧,用套好丝的圆钢穿过钢板,上紧螺帽固定钢板,最后将托钩焊在钢板上。对于轻质隔墙,可使用在散热器下设置金属支架的方法。

散热器安装时,将散热器抬起,缓慢、平稳地放在托钩上,调整好散热器离墙距离。注意散热器不得倾斜放置,散热器应垂直于地面,平行于墙面。

带足片的散热器,将散热器安装就位,调整好离墙距离,找平、找正后,检查足片是否与地面接触平稳。不合适时,可用钢锉对足片进行修整。修整时,要将散热器压稳,以免接口受到震动,若足片与地面间隙过大时,可用垫铁找平。合格后,将固定卡的螺栓拧紧。

(五)散热器安装质量要求

散热器安装允许偏差应符合表 3-4 的规定。

表 3-4 散热器安装允许偏差和检验方法

项次	项 目	允许偏差(mm)	检验方法
1	散热器背面与墙内表面距离	3	尺量
2	与窗中心线或设计定位尺寸	20	
3	散热器垂直度	3	吊线和尺量

三、低温热水地板辐射供暖系统安装

低温热水地板辐射供暖系统(简称地暖)具有节能、高效、舒适、节省空间等特点,易实现分户计量和分室调温。

(一)低温热水地板辐射供暖系统的组成及构造

地暖系统一般由入口装置(含热表)、管道(共用立管和加热管)、附件、保温材料等组成,如图 3-16 所示。

地暖系统的结构,主要由基层(楼板或与土壤相邻的地面)、绝热层(上部敷设加热管)、保护层、填充层(浇注层)、面层(装饰层),以及防水、防潮层等组成,如图 3-17 所示。

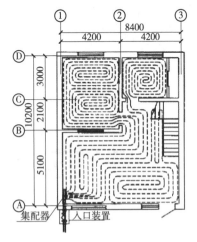

图 3-16 地板辐射供暖系统(mm)

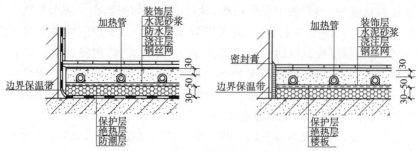

图 3-17 地板辐射供暖系统的结构

(二)施工要点

1. 基层清理和放线、找平

土建施工全部完成后,清理基层的垃圾、杂物,进行楼地面抄平、放线。基层结构要求平整,凹凸不平不得超过 10mm,超过处用 1∶2 水泥砂浆找平。

2. 绝热层施工

(1)铺设绝热板之前,应根据房间形状和面积大小,合理下料裁板。

(2)将保温板按先里后外的顺序铺设在找平层上,多层绝热层应错缝铺设,接合处应严密;铺设应平整,不应凹凸不平或起包。接缝处使用专用胶带粘接,胶带宽度不宜小于 40mm,线管、水管、排烟气道等穿过绝热层处,用胶带粘贴牢固。

(3)直接与土壤接触或有潮湿气体侵入的地面,在铺放绝热层之前,应先铺一层防潮层。

(4)在绝热层上应满铺钢丝网,在伸缩缝处不能断开,网格不大于 200mm×200mm;钢丝网应铺设平整,无毛刺。拼接处应绑扎牢固。

3. 集配器安装

集配器如图 3-18,材质为铜或不锈钢。

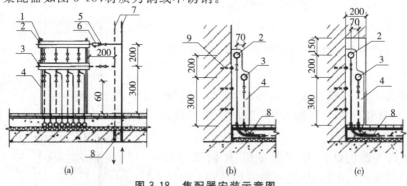

图 3-18 集配器安装示意图
(a)立面;(b)明装侧面;(c)暗装侧面
1-跑风;2-分水器;3-集水器;4-支架;5-球阀;6-过滤器;7-共用立管;8-套管;9-锚固螺栓

集配装置安装前应进行水压试验,试验压力试验压力为工作压力的 1.5 倍,但不应小于 0.6MPa。

集配装置应加以固定,可固定在墙壁或专用箱内。当水平安装时,一般将分水器安装在上,集水器安装在下,中心距宜为 200mm,集水器中心距地面应不小于 300mm;当垂直安装时,分、集水器下端距地面应不小于 150mm。

安装之前,应确定集配装置的安装位置。对挂墙安装的集配装置,可以吊线得到集配装置中心线,将其引至墙上,以此线做出"+"标记,然后,将固定元件安装在墙上;对落地安装的集配装置,在地面上纵、横方向弹出其安装中心线,可将集配装置依据此中心线放在安装位置,在需要固定处,用红蓝铅笔做出记号,将集配装置拿开,在记号处安装固定卡;将集配装置就位,找平、找正后,进行临时固定。

在分水器之前的供水连接管道上,顺水流方向应安装阀门、过滤器、阀门及泄水管;在集水器之后的回水连接管上,应安装泄水管,并加装平衡阀或其他可关断调节阀;对有热计量要求的系统,应设置热计量装置。在分水器的总进水管与集水器的总出水管之间,宜设置旁通道,旁通道管上,应设置阀门。分水器、集水器上均应设置支路阀门、手动或自动排气装置。

4. 加热盘管安装

按照设计图纸中管道的布置,在绝热层上放线定位,加热盘管的间距,应符合设计要求。常见的布置形式有平行排管式、蛇行排管式和蛇行盘管式,见图 3-19 所示。其中蛇行盘管式,是一种较为理想的加热盘管布置方式。

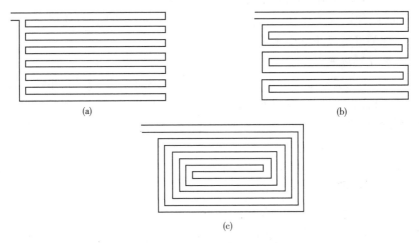

图 3-19 加热盘管布置形式
(a)平行排管式;(b)蛇形排管式;(c)蛇形盘管式

加热管直管的固定点间距为 0.7～1.0m,弯曲部分为 0.2～0.3m。加热管弯曲半径一般不小于 6 倍管外径。加热管敷设要平直,管间距误差不大于 ±10mm。安装后要检查、核对并进行调整。

加热管与集配装置阀门的连接,应使用专用管件。在分水器、集水器附近及其他局部加热管排列比较密集的部分,当管间距小于 100mm 时,应采取设置聚氯乙烯(PVC-U)套管或高密度聚乙烯波纹套管;在管道密集处,应采用 5～10mm 豆石混凝土浇筑密实。加热管出地面至分水器、集水器连接处,弯管部分不宜露出地面装饰层。加热管出地面至分水器、集水器下部球阀接口之间明装管段,外部应加装塑料套管。

5. 试压

加热管铺设完毕,经外观检查无损伤、弯管无变形、各环路无接头后进行水压试验。试压时关闭进出口总阀,由集配装置向系统注入清水。试验压力为工作压力的 1.5 倍,但不小于 0.6MPa。在试验压力下稳压 1h,压降不大于 0.05MPa 且系统无渗漏为合格。

6. 填充层施工

(1)设置伸缩缝

伸缩缝是低温热水地面辐射供暖工程设计中非常重要的部分,当地面面积超过 30.0m² 或边长超过 6.0m 时,应按不大于 6.0m 间距设置伸缩缝,伸缩缝宽度不应小于 8mm;伸缩缝中应填充弹性膨胀材料;在与内外墙、柱等垂直构件交接处留不间断的伸缩缝,伸缩缝填充材料,应采用搭接方式连接,搭接宽度不应小于 10mm;伸缩缝填充材料与墙、柱应有可靠的固定措施,与地面绝热层连接应紧密,伸缩缝宽度不宜小于 10mm。

(2)填充层浇筑

混凝土填充层标号不应小于 C15,豆石粒径不宜大于 12mm 并掺入适量添加剂,防止地面龟裂。豆石混凝土在加热盘管上施工,应小心下料,人工捣固,不应采取机械振捣。施工时,不应在盘管上行走、踩踏,不应有尖锐物件损伤盘管。施工人员应穿软底鞋,使用平头铁锹。

混凝土填充层施工中,加热管内的水压不应低于 0.6MPa;填充层养护周期不应小于 48h,期间系统水压不应低于 0.4MPa。

7. 面层施工

在养护期满后进行。混凝土填充层的养护时间应不少于 21 天,养护过程中管内水压不低于 0.4MPa。填充层之上的面层由土建或装饰专业施工,并应在填充层达到设计要求的强度后进行。施工时不得剔、凿、割、钻和钉填充层,不得向其中楔入任何物件。

8. 系统调试

地面辐射供暖系统使用前应进行调试,调试应在施工完成,且混凝土填充层养护期满后、正式供暖运行前进行。

初始加热时,热水升温应平缓,供水温度应控制在比当时环境温度高10℃左右,且不应高于32℃,应连续运行48h;以后每隔24h水温升高3℃,直至达到设计供水温度。升温过程要保持平稳、缓慢,以确保地面对温度变化有逐步适应的过程。在此温度下,应对每组分水器、集水器连接的加热管道逐路进行调节,直至达到设计要求。

地面辐射供暖系统的供暖效果,应以房间中央离地1.5m处黑球温度计所显示的温度,作为评价和检测的依据。

四、室内供暖附属设备安装

1. 膨胀水箱安装

膨胀水箱用于闭式水循环系统中,起到了平衡水量及压力的作用,避免安全阀频繁开启和自动补水阀频繁补水。膨胀罐起到容纳膨胀水的作用外,还能起到补水箱的作用,膨胀罐充入氮气,能够获得较大容积来容纳膨胀水量,高、低压膨胀罐可利用本身压力并联向稳压系统补水。

膨胀水箱种类有圆形、方形、带补水箱、开式和闭式等。

开式矩形膨胀水箱如图3-20所示。膨胀水箱上通常设有膨胀管、循环管、溢流管、信号管和排水管。

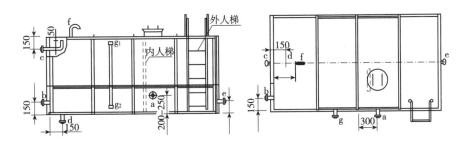

图3-20 矩形开式膨胀水箱(mm)

a-膨胀管;b-循环管;c-溢流管;d-排水管;e-信号管;f-通气管;g-液位计接口;g_{1-2}-水位计接管

(1)开式膨胀水箱安装

开式膨胀水箱一般安装在系统最高点0.5~1.0m以上。可用槽钢支架支撑,箱底和支架间需垫方木以防滑动。水箱底部距楼地面净高不小于300mm。

在非采暖房间安装应采取保温措施。

膨胀水箱开管孔、焊接短管一般在水箱就位后进行,以便根据现场实际确定开孔方向和位置。

膨胀水箱与系统连接如图 3-21 所示。为防止结冻、保证箱内水循环,循环管与膨胀管的间距应大于 1.5~2m,溢流管、膨胀管和循环管上不得安装阀门。

(2)闭式膨胀水箱安装

闭式膨胀水箱又称为落地膨胀水箱或气压罐,如图 3-22 所示。在建筑物顶部安装开式高位水箱困难时采用,一般安装在锅炉房或换热站内。

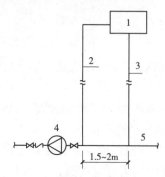

图 3-21 膨胀水箱接管示意图
1-膨胀水箱;2-循环管;3-膨胀管;
4-循环泵;5-回水管

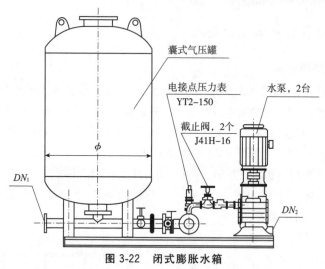

图 3-22 闭式膨胀水箱

闭式膨胀水箱由气压罐和水泵等组合在同一机座上。具有自动补水、排气、泄水和保护等功能。依靠自控装置控制水泵启停,当系统压力低于设定压力时开泵补水;反之停泵,并由气压罐保压。

闭式膨胀水箱一般安装在混凝土基础上,应保持设备水平,与墙面和其他设备的间距不小于 0.7m。设备就位、找平找正后连接管道、阀门。安装后按设计要求试压、调试。补水量为系统水容量的 5% 且不大于 10%。气压罐的设定压力一般为:

$$P_2 = P_0 + (30 \sim 50) KPa \tag{4-1}$$

$$P_1 = P_2 + (30 \sim 50) KPa \tag{4-2}$$

式中:P_1、P_2——系统定压的上、下限控制压力,KPa;

P_0——补水点压力,KPa。

2. 集排气装置安装

集排气装置用于收集、排除系统中的空气,以保证系统正常工作。通常包括集气罐,手动、自动排气阀等。

(1)集气罐安装

集气罐用于热水采暖系统收集并定期排除空气,有卧式和立式 2 种,接管如图 3-23 所示。

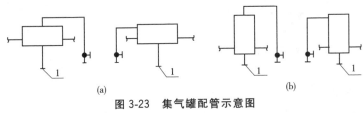

图 3-23 集气罐配管示意图
(a)卧式;(b)立式

一般采用 $DN100\sim DN250$ 钢管焊制而成,安装在管道最高点或空气易积聚处,但应低于膨胀水箱 0.3m,并专设支架固定。排气管上的阀门应接至便于操作处。

(2)排气阀安装

排气阀有自动和手动 2 种,分为卧式和立式等类型。各种自动排气阀的工作原理基本相同,都是利用水和空气浮力的不同通过浮子和传动机构自动启闭阀门。当阀内充满液体时浮力较大阀门关闭;阀内有气体时浮力下降阀门开启排气。

ZP-I 型卧式和立式自动排气阀如图 3-24 和图 3-25 所示。常用规格 $DN15\sim DN25$,一般为螺纹连接。自动排气阀应安装在系统最高点,设专门支架固定,阀前应安装手动阀以便检修时关闭,排气管应引至室外或地漏上方。

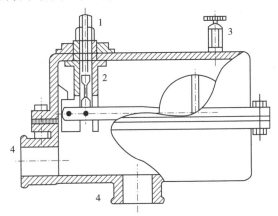

图 3-24 ZP-I 型自动排气阀
1-排气口;2-阀芯;3-跑风;4-管口

散热器自动和手动排气阀如图 3-26 所示,需在散热器堵头上钻孔、攻丝,然后安装。

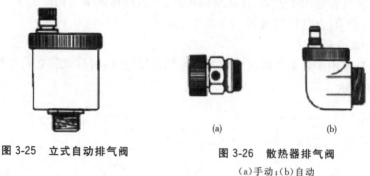

图 3-25　立式自动排气阀

图 3-26　散热器排气阀
(a)手动;(b)自动

3. 疏水器安装

疏水器安装位置应符合设计要求。一般安装在排水管最低点,靠近用热设备凝结水排出口,便于检修的地方;在疏水器出水管上,不应安装截止阀。

安装疏水器,阀身箭头方向应与排水方向一致。钟形浮子式(倒吊桶式)疏水器应水平安装;热动力式疏水器一般为水平安装,也可垂直安装;脉冲式疏水器一般为水平安装。进出口要保持水平,不可倾斜。

4. 减压阀安装

减压阀一般成组安装,如图 3-27 所示。可采用螺纹或法兰连接。

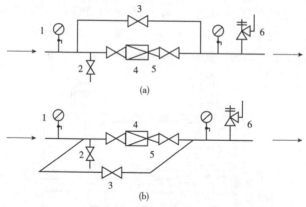

图 3-27　减压阀安装示例
(a)旁通管垂直安装;(b)旁通管水平安装
1-压力表;2-泄水阀;3-旁通阀;4-减压阀;5-变径管;6-安全阀

减压阀应安装在水平管道上,不应安装在竖直管道上,阀体中心距完成墙面不宜小于 200mm;减压阀安装方向应正确,阀身箭头方向与介质流动方向一致;减压阀前(高压端)管径应与阀门公称直径相同,阀后(低压端)管径比阀门公称直径大 1~2 号。在减压阀的高压端,应设置过滤器。

在减压阀两侧,均应安装截止阀(高压部分应使用法兰截止阀)、压力表;在低压侧,应安装安全阀,其排气管管径由设计确定。

5. 除污器安装

除污器安装位置,应符合设计要求,一般设在用户进口处和循环水泵进水口处,阀身箭头方向应与介质流动方向一致。

6. 平衡阀及调节阀安装

平衡阀及调节阀安装,应注意阀身箭头方向应与水流方向一致。

7. 热计量表安装

(1)安装前,应分清是横式表、还是立式表,横式表的箭头方向应与水流方向一致,立式水表的水流方向应由上至下。

(2)热计量表前应使用闸阀,不宜使用截止阀。

(3)热计量表前,应有不小于 300mm 的直线距离。

五、室内供暖系统试验与调试

1. 水压试验

(1)试压准备

1)根据供暖管道系统特点可分系统、分区域、分段进行试压。对高层建筑,应根据散热器所能承受的最大压力,分高、低区进行试验。一次试压的管道不宜过长,以避免发生渗漏后,增加泄水、灌水等工序的工作量,浪费水资源。

2)试压装置一般设置在系统进户处,将临时试压管道与供水管道甩口处连接。泄水装置一般设置在排污井附近。

3)试压前,应安装两块经校验合格、并有铅封的压力表。压力表的满刻度,应为被测压力最大值的 1.5~2 倍,压力表的精度等级不应低于 1.5 级,表盘直径不应小于 100mm,并安装在便于观察的位置。

4)试压前,检查支架的安装质量;检查法兰螺栓是否紧固。

5)对于不能参加试压的设备,应采用加装盲板的方法断开,不应采用关闭阀门的方法;对于不能参加试压的阀件,如除污器、热计量表、调节阀及孔板等,有旁通管段的可关闭阀门,使试压用水由其旁通管段流过;没有旁通管段的,应将其拆除后,用短管连接。

6)水压试验过程中,阀门应全部关闭,待试压需要时,再开启。

7)气温低于 5℃时,应采取严格的防冻措施,试压试验合格后,应及时将水排净,并用压缩空气吹干管道,以防冻坏管道、管件和设备。

(2) 水压试验

1) 系统试压时,宜从进口装置回水总管处注水,关闭泄水阀、开启排气阀、开启试压管段上的所有阀门,向其缓慢注水、排气。待水从排气阀不间断地溢出,表明试压管段已灌满水。此时,关闭排气阀,检查管道,无渗漏方可升压。

2) 缓慢升压,一般分为 3 次,第一次升至试验压力的 1/2,第二次升至工作压力,第三次升至试验压力。每次停止升压后,对试压管段进行全面检查,无异常情况后,方可继续升压,直至升至试验压力。在规定时间后,观察压力表读数有无下降;压降不超过要求时,为合格。然后,降至工作压力,全面检查其严密性,不渗不漏为合格。

3) 试验压力应符合设计要求。当设计未注明时,应符合下列规定:

①蒸汽、热水采暖系统,应以系统顶点工作压力加 0.1MPa 作水压试验,同时在系统顶点的试验压力不小于 0.3MPa。

②高温热水采暖系统,试验压力应为系统顶点工作压力加 0.4MPa。

③使用塑料管及复合管的热水采暖系统,应以系统顶点工作压力加 0.2MPa 作水压试验,同时在系统顶点的试验压力不小于 0.4MPa。

4) 在升压过程中,如发现压力表指针跳动较大且不稳定,表明系统中空气没有排尽。此时,应开启排气阀,并向系统缓慢灌水排气。

5) 升压时,应根据管道的长度,专人分段巡查有无异常情况。

6) 在降至工作压力的检查过程中,可用 0.5kg 以下的手锤在距焊缝 15~20mm 处轻轻敲击,检查焊缝是否发生渗漏现象。

7) 在检查过程中,如发现少量渗水,可用彩色笔做出记号,待卸压后返修;如发现大量漏水,应立即卸压返修。

8) 在管道试压过程中,若发现渗漏,应在系统卸压后,再进行返修,不应带压紧螺栓、施焊,以防发生事故。

(3) 泄水

1) 试压合格后,应及时将试压用水排出,防止冬季冻裂管道或沉积物堵塞管道。若系统中局部管段的积水排泄不尽时,可用压缩空气吹扫的方法吹出。

2) 泄水速度应缓慢,并开启排气阀,以防止管道内产生真空而形成负压。

2. 管道冲洗(吹扫)

(1) 准备工作

1) 管道冲洗(吹扫)应根据管道输送的不同介质,选择正确合理的冲洗(吹扫)方法。热水供暖系统,一般用洁净的水进行冲洗,如果管道分支较多,可分段进行冲洗;蒸汽供暖系统,宜采用蒸汽吹扫,也可采用压缩空气进行吹扫。

2) 对于不能参加冲洗(吹扫)的设备,应采用加装盲板的方法断开,不宜采用关闭阀门的方法;对于不能参加冲洗(吹扫)的阀件,如除污器、疏水器、热计量表、调节阀及孔板等,有旁通管段的可关闭阀门,使冲洗(吹扫)介质由其旁通管段流过;没有旁通管段的,应将其拆除后,用短管连接管道。

(2)水冲洗

1)连接冲洗临时管道。将进水管接至进户处供水主干管的甩口位置,并将排水管由进户处回水主干管接入污水井,其上均应设置阀门。排水管截面积,不宜小于冲洗管道截面积的60%。

2)对于系统较大、支管较多的系统,应分段进行冲洗。一般应按先主干管、后各立管、再各支管的顺序依次进行。

3)首先,对主干管进行冲洗。开启主干管上的阀门,并关闭各立管阀门;开启冲洗排水、进水阀门,以流速不小于1.5m/s的清洁水对管道连续冲洗。

4)主干管冲洗合格后,开启距进户处最近的环路供、回水阀门,对此环路进行冲洗。合格后,关闭此环路供、回水阀门,依次对所有环路进行冲洗。

5)冲洗时,可用0.5kg以下的手锤对焊缝、死角、管底等部位轻轻敲打,但不应使管子表面产生麻点和凹陷。

6)当系统主干管、各立管冲洗排出水中无杂物、水质不污浊后,再以不小于1.5m/s流速的水,对整个系统进行循环冲洗。一般用多级离心水泵作为循环水泵,并在其入口处设置过滤器。

7)当排出水清澈,透明度与入口处相同,且用肉眼观察无颗粒状物质时,认为合格。

8)冲洗合格后,应打开各立管底部的泄水阀门或堵头清除残余物,将冲洗用水排出;若系统中局部管段的积水排泄不出时,可用压缩空气吹扫的方法吹出。

9)及时拆除管道上的盲板和临时管道,恢复管路系统。

(3)蒸汽吹扫

1)蒸汽吹扫时,应对管道进行预热暖管。分多次缓慢地开启进汽阀门,使少量蒸汽进入管道,使管道逐渐受热,直至管道入口与出口温度大致相同后,恒温1h,方可进行吹扫。第一次吹扫结束后,使管子自然降温至正常的环境温度;如需再次吹扫,仍应缓慢升温来加热管道,恒温1h后再进行吹扫。如此反复,直至吹扫合格为止。

2)蒸汽吹扫与水冲洗一样,对于系统较大、支管较多的系统应分段进行冲洗。一般应按先主干管、后各立管、再各支管的顺序,依次进行吹扫。

3)排气管的截面积,应不小于被吹扫管道截面积的75%。

4)吹扫压力应控制在设计工作压力的75%左右;吹扫流量,应控制在管道设计流量的40%~60%。

5)每一个排气口的吹扫次数不少于2次,每次冲洗时间不应少于15~20min。

6)蒸汽吹扫时,其排汽口处的管道应作临时固定;排气管应接至安全地带,管口向上排放蒸汽。

7)及时拆除吹扫管道上的盲板和临时吹扫管道。

(4)压缩空气吹扫

压缩空气吹扫方法与蒸汽吹扫相同;压缩空气在出气口的流速不应小于20m/s。

3. 系统调试

(1)管道通热

1)首先,关闭供暖系统的泄水阀,然后开启供、回水总阀门充入热介质,再开启一趟环路上的所有阀门(包括排气阀),并检查有无异常情况,当管道内的冷空气完全排出后,关闭排气阀。一般情况下,需要反复数次开启排气阀,方可将冷空气排尽。依次开启各环路上的所有阀门(包括排气阀),并检查有无异常情况。

2)为了便于排气,热水供暖系统宜采用从回水总管向系统内充水。当系统最高处排气阀溢水时,方可开启循环泵使系统循环,并逐步升温。

3)若发现系统局部不热,应查明原因后再处理。通常,先检查阀门开启情况;然后,再检查管道是否堵塞。

4)低温热水地板辐射供暖系统通热前,应进行预热,以防止地面因升温不均匀而发生龟裂。初始供水温度宜为25℃,循环24h后,逐天升温至设计温度,每天升温不宜大于5℃。

(2)系统调试

1)先确保各散热器支管阀门完全开启,再通过调节各立管上的供、回水阀门开启度的方法,使流过各环路的介质压力、流量基本相同。

2)测量系统最不利点房间的温度是否满足设计要求。若不能满足,应对各立管上的供、回水阀门开启度重新调节,要求流过各环路的介质压力、流量基本相同,且最不利点房间的温度满足设计要求。

3)通过调节各散热器支管阀门开启度的方法,使各供暖房间温度达到设计要求。由于每个阀门开启度的变化都会引起系统压力、流量的波动,为了减小波动,应以一个环路为单位进行调节。首先,由最不利环路开始,按由远到近的顺序依次调节。

4)一般要经过多次调节才能使整个供暖系统达到平衡,并且使各房间温度符合设计要求。

5)由于气候环境温度在不断变化,调试过程也应是动态变化的。可用改变介质温度、流量的方法来与环境温度相适应。并应保证在冬季气温最低时,通过提高介质温度、增大流量的方法,使系统最不利点满足设计要求。

6)系统调试前,应检查疏水器是否正常工作,如其无法正常工作,将会使系统调试无法达到设计要求,造成调试返工。

第二节 室外供热管网敷设

供热管网由管道和附件等组成,具有距离长、管径大、热媒参数高和受力较复杂等特点。

与室内采暖系统相比,施工程序和安装要求均有所不同。

供热管网按热媒分,有蒸汽和热水管网。按布置方式分,有枝状和环状管网,如图 3-28 所示。按管道数量分,有单、双管制管网等;按输送方式分,有一级和二级管网。一级管网是指由热源至热力站的供热管道系统;二级管网是指由热力站至热用户的供热管道系统。

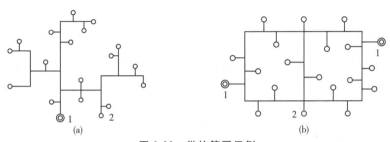

图 3-28 供热管网示例
(a)枝状管网;(b)环状管网
1-热源;2-用户

供热管网的敷设方式,分为架空敷设和地下敷设 2 大类。

一、室外架空供热管道施工

供热管道架空敷设,即管道在地面或建(构)筑物的支架上敷设。特点是基本不受地下水文、地质条件影响,土方量小、便于施工和维护管理。但占地面积和热损失大,绝热和保护层易受气候影响而损坏,有的影响交通和美观。适用于厂区或地下水位高、地质条件复杂和地下无管位的场合。

(一)支架类型

管道地上敷设常用的支架有型钢或钢筋混凝土支架。支架形式有以下 3 种:

(1)低支架

如图 3-29 所示,在不影响交通和扩建的地段采用。低支架安装、检修方便,造价较低。可沿农田、道路或围墙敷设,单层布管。为避免雨雪水侵蚀,管道保温结构底部与地面的净高一般大于 0.3m 且小于 2m。

(2) 中支架

如图 3-30 所示,在有行人和车辆通过处采用。一般采用 2~3 层布管。管道保温结构底部与地面的净高大于 2m,小于 4m,以便行人或一般车辆通过。

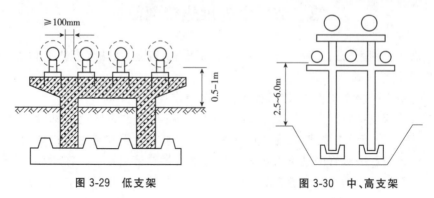

图 3-29 低支架　　　　图 3-30 中、高支架

(3) 高支架

如图 3-30 所示,在管道跨越公路、铁路时采用。一般采用多层布管。管道保温结构底部与地面的净高大于 4m。管道下方汽车通过一般为 4.5m,火车通过一般为 6m。

(二) 施工要点

1. 管架基础施工

基础施工的同时,要把事先按照设计图加工好的铁件、地脚螺栓、预留孔洞的木盒子等配合土建进行预埋,预埋好铁件后,要用水准仪找好设计标高。预埋地脚螺栓时,要注意找直、找正,丝扣部位刷上机油后用灰袋纸或塑料布包好,防止损坏丝扣。

2. 管架制作、安装

根据设计要求或标准图集,按选用的支架类型、规格,预先加工管道支架。支架安装时应注意:

(1) 两个补偿器中间应设置固定支架。

(2) 两个固定支架的中间应设导向支架。

(3) 方形补偿器两侧的第一个支架,在离方形补偿器弯头 0.5~1.0m 处设滑动支架。

(4) 管道的底部应用点焊的方式安装托架,托架高度稍大于保温层的厚度,安装托架两侧的导向板时,要使滑槽与托架之间有 3~5mm 的间隙。

3. 安装管道支座

低管架或砖砌管墩,管道安装接口焊完、调直后,将支座放入管下,按滑动、固定、导向支座的工艺特点,分别焊牢。

中、高管架安装时,测出管架上支座的标高、位置,将各类支座提前与管道焊好,然后再吊装管道。也可以从管网一端开始,从管道两旁用撬杠将管道慢慢夹起,由专人将支座放入管下,按要求焊接。

4. 管道安装

(1)吊装就位

管道吊装应在管道中心线和支架高程测量复核无误、支架强度达到设计要求后进行。可根据起重能力在地面把管道及附件预制成管组,管组长度一般应>2倍支架间距。吊装应使用专用吊具,沟内及管道下方不得站人,管道放置稳妥后方可脱开吊装机械和吊索,吊、放在架空支架上的钢管应采取必要的固定措施。

已吊装尚未连接的管段,要用支座上的卡子固定好,以避免尚未焊接的管段从支架上滚落下来。

(2)对口连接

对接管口的平直度误差应在允许范围之内:在距接口中心200mm处测量,允许误差为1mm;全长范围内,最大误差不应超过10mm。对口处要采取临时措施加固,防止在焊接过程中产生错位和变形。

管道对口并检查无误后,按点焊定位、检查校正、全面施焊的程序连接管道。

二、室外地下直埋供热管道施工

直埋敷设的特点是:土方量少、施工周期短、热损失小并节省造价;但对绝热层和保护层要求较高。直埋热水管道的敷设方式、特点和适用范围见表3-5。

表3-5 直埋热水管道敷设方式、特点和适应范围

敷设方式	优 点	缺 点	适应范围
无补偿冷安装	安装简单; 无预热和补偿器费用; 管段锚固段长; 施工周期短	高轴向应力; 管壁局部皱结危险性大; 膨胀区管段首次膨胀量大; 应平行开沟防止轴向失稳	介质温度≤150℃ 安装温度≥10℃
敞开式预热安装	轴向应力较低; 管壁局部皱结危险性小; 无补偿器费用; 管段锚固段较长	预热时应使沟槽敞开; 需临时热源; 施工周期长	大管径; 允许敞开施工; 具有临时热源条件

(续)

敷设方式	优点	缺点	适应范围
一次性补偿器覆土预热安装	轴向应力较低,管壁局部皱结危险性小;管段锚固段较长;部分沟槽可回填	需增加补偿器费用	市区中心、交通要道地下水位高和水中氯离子浓度高的地段
补偿弯管或补偿器安装	降低了轴向应力和管壁局部皱结的危险性	需增加补偿器费用;补偿器维修工作量大;固定墩数量多	需保护管网薄弱部件和减小固定墩推力的场合

1. 管沟定位放线、开挖

根据设计图纸的位置,进行测量,测放出管道中心线,在管道水流方向改变的节点、阀门安装处、管道分支点、变坡点等位置,用白灰放线,并在变坡点放出标高线,然后,进行打桩、放线、挖土、地沟垫层处理等。

沟槽的断面形式,应根据土质、地下水位、管径大小、槽深及施工方法等因素确定。管沟沟底宽度(B):保温管外径小于或等于 50mm,B 为 100~200mm;保温管外径大于 50mm,B 为保温管外径+300mm,且不小于 500mm。

2. 管道防腐、保温

管道安装前,应对进场的管道及管件进行防腐保温处理。直埋供热管道的保温层结构应有足够的强度并与钢管粘结为一体,有良好的保温性能。

管道防腐,应预先集中处理,管道两端留出焊口的距离,焊口处的防腐在试压完后处理。

3. 管道敷设、组对

管道可根据各种具体情况,先在沟边进行直线测量、排尺,以便下管前的分段预制焊接和下管后的固定口焊接。一般预制焊接长度在 25.0~35.0m 的范围内,尽量减少沟内固定口的焊接数量。管道直线测绘排尺时,应先将阀门、配件、补偿器等预排在沟边沿线,以使测量准确。

管道安装时,凡在管道中有管件及阀门等附件的地方,应先把这些配件放到安装地点就位,作为该管段安装时的基准点,所剩下的距离不够一根管子时,可用比量法截取所需的长度。管道配件或阀门入沟前,应先将与其配合的短管组装好,再与管道连接,以免给阀门及管件找正带来困难。

4. 管道下沟、碰口

管道下沟前,应检查沟底标高、沟宽尺寸是否符合设计要求,保温管应检查保温层是否有损伤,如局部有损伤时,应将损伤部位放在上面,并做好标记,便于统一修补。

管道安装时,应将绳索的一端拴在地锚上,另一端套牢管段,用撬杠把管段移至沟边,在沟边利用滑木杆将管段滑至沟底。管道下沟过程中,沟底不应站人。

管道在沟内焊接,连接前,应清理管腔,找平、找直,焊接处要挖出操作坑,其大小要便于焊接操作。

5. 试压

试压方法和标准按设计要求或相关施工质量验收规范执行。

6. 管沟回填

回填土前,对管道弯曲部位的外侧应垫上一些硬泡沫块,以缓冲热应力的作用。

直埋供热管道最小覆土深度,应符合表3-6的规定。管道穿越马路、埋深小于800mm时,应作简易管沟,加盖混凝土盖板,沟内填砂处理。

表3-6 直埋供热管道最小覆土深度

公称直径(mm)	50~150	150~200	250~300	350~400	450~500
车道下(m)	0.8	1.0	1.0	1.2	1.2
非车道下(m)	0.6	0.6	0.7	0.8	0.9

直埋供热管道的检查井室施工时,应保证穿越口与管道轴线一致,偏差度应满足设计要求,并按设计要求,做好管道穿越口的防水、防腐处理。

三、管沟内供热管道施工

管沟敷设即管道在地沟内敷设。有以下3种形式:

①通行管沟。如图3-31所示,是指工作人员可直立通行并在内部进行检修的管沟,适用于管径大、管道数量多、地面不允许开挖的主干线。

通行管沟的人行道净高不小于1.8m,净宽不小于0.7m。人员经常进入的通行管沟应有照明和通风设施。工作人员在管沟内工作时空气温度不得超过40℃。

通行管沟应设检修和事故人孔,人孔处设爬梯。蒸汽管道通行管沟的事故人孔间距不大于100m,热水管道的事故人孔间距不大于400m。沟底应设排水槽,坡度不小于0.002,排水应排至检查井的积水坑内。

②半通行管沟。如图3-31所示,是指工作人员可弯腰通行并在内部完成一

般检修工作的管沟。适用于管径较大、管道数量不多、地面不允许开挖的场合。一般单侧布置管道，人行道净高不小于 1.2m，净宽不小于 0.5m。

③不通行管沟。如图 3-32 所示，是指净空尺寸仅能满足管道安装要求，人员不能进入其中检修的管沟，适用于管径较小且数量不多的场合。

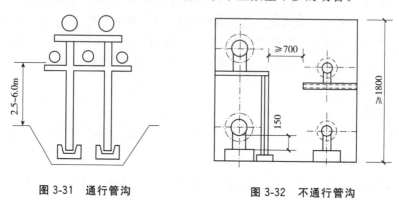

图 3-31　通行管沟　　　　图 3-32　不通行管沟

1. 管沟验收

土建施工完毕后，应对管沟的几何尺寸进行校核、沟底坡度进行检查。检查是否与工艺要求一致，复核地沟顶部的绝对标高，确保覆土厚度。

各类预留洞口、钢板、集水坑、安装口等应齐全，尺寸符合设计要求，位置正确。

2. 支架制作、安装

根据设计图纸及相关图集制作管道支架。

安装时在砌筑好的地沟内壁上，先测出相对的水平基准线，根据设计要求，找好坡度线；按设计的支架间距要求，在沟壁上画出记号，按规定打眼。用水浇湿已打好的洞口，灌入细石混凝土，将预制好的刷完底漆的型钢支架栽进洞口，然后，用细石混凝土塞紧，用抹子抹平。

3. 管道安装

不通行地沟管道安装，应密切配合土建施工，穿插进行。

管道应先在沟边分段连接，管道放在支座上时，用水平尺找平、找正；安装在滑动支架上时，要在补偿器拉伸并找正位置后，才能焊接。坐标、标高、坡度、留口位置、变径等复核无误后，再把吊架螺栓紧好，焊牢固定支架处的止动板。

通行地沟里的管道，可以由人力借助绳索直接下沟，落到已达到强度的支架上，然后进行组对焊接。若设计要求为砖砌管墩、混凝土管墩，宜在土建垫层完好后就尽快施工。否则，因沟窄、施工面小，管道的组对、焊接、保温都会因不方便而影响工程质量。倘若设计为支、吊、托架，则允许地沟壁砌至适当高度时进行管道安装。

半通行地沟及通行地沟的构造较复杂。沟里管道多、直径大,支架层数多。在下管就位前,应编写《施工组织措施》或《技术措施》,否则,不可施工。下管时,可根据现场实际情况,采用吊车、倒链等起重设备。

4. 管道附件安装

管道附件处应设活动盖板或检查井,方便操作。

预制的补偿器安装前,应进行复核。其型号、几何尺寸、焊缝位置应符合规范要求。方形补偿器的四个弯角应在一个平面上,不应翘曲。

5. 管沟回填

管道及配件安装完毕,进行冲洗、试压并验收合格后,方可进行管沟回填。

盖地沟盖板时,应切忌将盖板反盖,从而损坏盖板。揭开盖板后,应及时对地沟四周进行防护。盖板应平放。封地沟前,应核对地沟盖板型号,不应用轻型盖板替代重型盖板。

四、室外供热管道及配件安装施工质量要求

室外供热管道安装的允许偏差应符合表 3-7 的规定。

表 3-7 室外供热管道安装的允许偏差和检验方法

项次	项	目		允许偏差	检验方法
1	坐标(mm)		敷设在沟槽内及架空	20	用水准仪(水平尺)、直尺、拉线
			埋地	50	
2	标高(mm)		敷设在沟槽内及架空	±10	尺量检查
			埋地	±15	
3	水平管道纵、横方向弯曲(mm)	每 1m	$DN \leqslant 100mm$	1	用水准仪(水平尺)直尺、拉线和尺量检查
			$DN > 100mm$	1.5	
		全长(25m 以上)	$DN \leqslant 100mm$	$\geqslant 13$	
			$DN > 100mm$	$\geqslant 25$	
4	弯管	椭圆率 $\dfrac{D_{max}-D_{min}}{D_{max}}$	$DN \leqslant 100mm$	8%	用外卡钳和尺量检查
			$DN > 100mm$	5%	
		折皱不平度(mm)	$DN \leqslant 100mm$	4	
			$DN125 \sim 200mm$	5	
			$DN250 \sim 400mm$	7	

注:D_{max} 和 D_{min} 分别为管子的最大外径和最小外径。

第四章 通风空调系统安装

通风空调系统安装包括风管及部件、配件的制作与安装，通风空调设备的制作与安装，通风空调系统的试运转及调试。其中，风管、配件及部件的制作是系统安装的首要任务，其制作材料有金属、非金属两类。

第一节 风管与配件制作

一、风管与配件制作的一般规定

1. 材料要求

制作金属风管的板材及型材的种类、材质和特性要求应符合表 4-1 的规定。

表 4-1 金属板材及型材的种类、材质和特性要求

种类	材质要求	板材特性要求
钢板	材质应符合现行国家标准《优质碳素结构钢冷轧薄钢板和钢带》GB/T 13237 或《优质碳素结构钢热轧薄钢板和钢带》GB/T 710 的规定	钢板表面应平整光滑，厚度应均匀不应有裂纹、结疤等缺陷
镀锌钢板（带）	材质应符合现行国家标准《连续热镀锌钢板及钢带》BG/T 2518 的规定	钢板表面应平整光滑，厚度应均匀，不应有裂纹、结疤镀锌层脱落、锈蚀、划痕等缺陷；满足机械咬合功能，板面镀锌层厚度采用双面三点试验平均值应大于或等于 $100g/m^2$（或 100 号以上）
不锈钢板	应采用奥氏体不锈钢，其材质应符合现行国家标准《不锈钢冷轧钢板和钢带》GB/T 3280 的规定	不锈钢板表面不应有明显的划痕、刮伤、斑痕和凹穴等缺陷
型材	材质应符合现行国家标准《热轧等边角钢尺寸、外形、重量及允许偏差》GB 9787、《热轧扁钢尺寸、外形、重量及允许偏差》GB 704、《热轧槽钢尺寸、外形、重量及允许偏差》GB 707、《热轧钢棒尺寸、外形、重量及允许偏差》GB/T 702 的规定	—

2. 风管尺寸要求

圆形风管规格应符合表 4-2 的规定,并宜选用基本系列;矩形风管规格应符合表 4-3 的规定。

表 4-2 圆形风管规格(mm)

风管直径 D					
基本系列	辅助系列	基本系列	辅助系列	基本系列	辅助系列
100	80	140	130	200	190
	90	160	150	220	210
120	110	180	170	250	240
280	260	560	530	1120	1060
320	300	630	600	1250	1180
360	340	700	670	1400	1320
400	380	800	750	1600	1500
450	420	900	850	1800	1700
500	480	1000	950	2000	1900

表 4-3 矩形风管规格(mm)

风管边长								
120	200	320	500	800	1250	2000	3000	4000
160	250	400	630	1000	1600	2500	3500	—

注:椭圆形风管可按表 2-2 中矩形风管系列尺寸标注长短轴。

3. 板材厚度要求

钢板矩形风管与配件的板材最小厚度应按风管断面长边尺寸和风管系统的设计工作压力选定,并应符合表 4-4 的规定;钢板圆形风管与配件的板材最小厚度应按断面直径、风管系统的设计工作压力及咬口形式选定,并应符合表 4-5 的规定。排烟系统风管采用镀锌钢板时,板材最小厚度可按高压系统选定。不锈钢板、铝板风管与配件的板材最小厚度应按矩形风管长边尺寸或圆形风管直径选定,并应符合表 4-6 和表 4-7 的规定。

表 4-4 钢板矩形风管与配件的板材最小厚度(mm)

风管长边尺寸 b	低压系统($P \leqslant 500Pa$) 中压系统($500Pa < P \leqslant 1500Pa$)	高压系统($P > 1500Pa$)
$b \leqslant 320$	0.5	0.75
$320 < b \leqslant 450$	0.6	0.75
$450 < b \leqslant 630$	0.6	0.75

(续)

风管长边尺寸 b	低压系统($P\leqslant500$Pa) 中压系统(500Pa$<P\leqslant1500$Pa)	高压系统($P>1500$Pa)
$630<b\leqslant1000$	0.75	1.0
$1000<b\leqslant1250$	1.0	1.0
$1250<b\leqslant2000$	1.0	1.2
$2000<b\leqslant4000$	1.2	按设计

表 4-5　钢板圆形风管与配件的板材最小厚度(mm)

风管直径 D	低压系统 ($P\leqslant500$Pa)		低压系统 (500Pa$<P\leqslant1500$Pa)		低压系统 ($P>1500$Pa)	
	螺旋咬口	纵向咬口	螺旋咬口	纵向咬口	螺旋咬口	纵向咬口
$D\leqslant320$	0.50		0.50		0.50	
$320<D\leqslant450$	0.50	0.60	0.50	0.7	0.60	0.7
$450<D\leqslant1000$	0.60	0.75	0.60	0.7	0.60	0.7
$1000<D\leqslant1250$	0.7(0.8)	1.00	1.00	1.00	1.00	
$1250<D\leqslant2000$	1.00	1.20		1.20		1.20
>2000	1.20		按统计			

注：对于椭圆风管，表中风管直径是指其最大直径。

表 4-6　不锈钢板风管与配件的板材最小厚度(mm)

矩形风管长边尺寸 b 或圆形风管直径 D	板材最小厚度
$100<b(D)\leqslant500$	0.5
$560<b(D)\leqslant1120$	0.75
$1250<b(D)\leqslant2000$	1.0
$2500<b(D)\leqslant4000$	1.2

表 4-7　铝板风管与配件的板材最小厚度(mm)

矩形风管长边尺寸 b 或圆形风管直径 D	板材最小厚度
$100<b(D)\leqslant320$	1.0
$360<b(D)\leqslant630$	1.5
$700<b(D)\leqslant2000$	2.0
$2500<b(D)\leqslant4000$	2.5

二、金属风管与配件制作

金属风管及配件的制作主要由薄钢板（普通薄钢板、镀锌薄钢板）、不锈钢板、铝板和复合钢板进行制作,制作应按下列工序（图 4-1）进行。

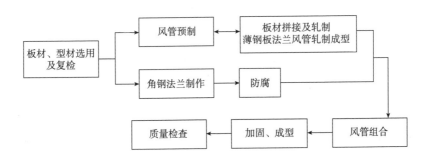

图 4-1　金属风管制作工序

1. 展开划线

展开划线是管道、配件及部件制作的第一道工序,是按风管、配件及部件的规格尺寸及图纸要求,根据画法几何原理,把其外表面依据实际尺寸展开在板材平面上,俗称放样。划线方法应正确,做到角直、线平、等分准确；剪切线、倒角线、折方线、翻边线、留孔线、咬口线等要齐全；要合理安排用料,节约板材；并经常校验尺寸,确保下料尺寸准确。

(1) 圆形风管展开

圆形风管展开是一个矩形,其一边长为圆周 πD,另一边长为管长 L,D 为圆形风管外径,如图 4-2 所示。图中 M 为咬口总留量,10 为翻边留量（单位：mm）。当风管直径较大,用单张钢板料不够,需数块板材接宽时,可将钢板拼接（咬口连接、焊接或铆接）后,再按展开尺寸下料。

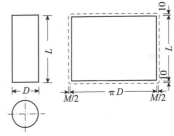

图 4-2　圆形风管展开图

(2) 矩形风管展开

矩形风管展开图也是一矩形,其一边为管段长度 L,另一边为 $2(A+B)$,如图 4-3 所示。

(3) 展开留量

放样时,依据板厚,圆形风管及配件应放出纵缝单平咬口、环缝单立咬口留量,矩形风管及配件应放出联合角咬口或按扣式咬口留量。咬口留量的大小与咬口宽度、重叠层数及使用的机械有关。一般对单平咬口、单立咬口和转角咬

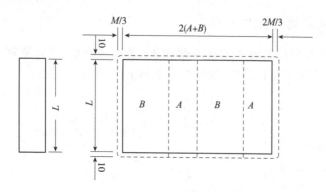

图 4-3 矩形风管展开图

口,在一块板上的咬口留量等于咬口宽度,在与其咬合的另一块板上的咬口留 2 倍的咬口宽度。联合角咬口在一块板上的咬口留量为咬口宽度,另一块板上为 3 倍的咬口宽度。

另外,划线时还应注意装设风管法兰的管端应留出相当于法兰盘角钢宽度的裕量,并再加翻边裕量 10mm。注意划出法兰翻边留量的斜角后再进行裁剪,以避免法兰翻边时因咬口数层重叠出现凸瘤。

2. 风管拼接

风管板材的拼接方法可按表 4-8 确定:

表 4-8 风管板材的拼接方法

板厚(mm)	镀锌钢板(有保护层的钢板)	普通钢板	不锈钢板	铝板
$\delta \leqslant 1.0$	咬口连接	咬口连接	咬口连接	咬口连接
$1.0 < \delta \leqslant 1.2$				
$1.2 < \delta \leqslant 1.5$	咬口连接或铆接	电焊	氩弧焊或电焊	铆接
$\delta > 1.5$	焊接			气焊或氩弧焊

(1)咬口连接

咬口连接是把需要相互结合的 2 个板边折成可互相咬合的各种钩形,钩接后压紧折边的连接方式。这种连接方法不需要其他材料,适用于厚度 $\delta \leqslant 1.2$mm 的普通钢板(包括镀锌钢板)、$\delta \leqslant 1.0$mm 的不锈钢板以及 $\delta \leqslant 1.5$mm 的铝板。咬口连接除用于风管及配件的闭合连接外,还可将两张板材拼接以增大面积,也可将一段段风管延长连接。

矩形、圆形风管板材咬口连接形式及适用范围应符合表 4-9 的规定。

表 4-9　风管板材咬口连接形式及适用范围

名称	连接形式	适用范围
单咬扣	内平咬口 / 外平咬口	低、中、高压系统 / 低、中、高压系统
联合角咬口		低、中、高压系统矩形风管或配件四角咬口连接
转角咬口		低、中、高压系统矩形风管或配件四角咬口连接
按扣式咬口		低、中压系统的矩形风管或配件四角咬口连接
立咬口、包边立咬口		圆、矩形风管横向连接或纵向解封，弯管横向连接

板材轧制咬口前，应采用切角机或剪刀进行切角。采用角钢法兰铆接连接的风管管端应预留 6~9mm 的翻边量，采用薄钢板法兰连接或 C 形、S 形插条连接的风管管端应留出机械加工成型量。

画线核查无误并剪切完成的片料应采用咬口机轧制或手工敲制成需要的咬口形状。折方或卷圆后的板料用合口机或手工进行合缝，端面应平齐。操作时，用力应均匀，不宜过重。板材咬合缝应紧密，宽度一致，折角应平直，并应符合表 4-10 的规定。

表 4-10　咬口宽度表(mm)

板厚 δ	平咬口宽度	角咬口宽度
δ≤0.7	6~8	6~7
0.7<δ≤0.85	8~10	7~8
0.85<δ≤1.2	10~12	9~10

空气洁净度等级为 1 级~5 级的洁净风管不应采用按扣式咬口连接，铆接时不应采用抽芯铆钉。

(2) 风管焊接

当风管密封要求较高或板材较厚时，由于机械强度高而难以加工，导致咬口质量差，所以风管(板材)的连接采用焊接。常用焊接方法及应用范围见表 4-11。

焊接时,焊条材质应与母材相同,并应防止焊渣飞溅粘污表面,焊后应清除焊口处的氧化皮及污物。焊缝表面应平整均匀,不应有烧穿、裂缝、结瘤等缺陷。

表 4-11　焊接形式及应用范围

焊接方法	板厚 δ/mm	适用材质
电焊	>1.2	钢板(管)
	>1	不锈钢板(管)
气焊	0.8~3	钢板(管),不得用于不锈钢板(管)的连接
	>1.5	铝板(管)
锡焊	<1.2	薄钢板(管),一般用锡焊配合镀锌钢板(管)咬口连接作密封用,以增加咬口缝的严密度
氩弧焊	>1	不锈钢板(管)
	>1.5	铝板(管)

注:镀锌钢板不得用焊接。

焊接前,应采用点焊的方式将需要焊接的风管板材进行成型固定。焊接时宜采用间断跨越焊形式,间距宜为100~150mm,焊缝长度宜为30~50mm,依次循环。焊材应与母材相匹配,焊缝应满焊、均匀。焊接完成后,应对焊缝除渣、防腐,板材校平。焊缝形式应根据风管的接缝形式、强度要求和焊接方法确定。各类焊缝形式见图 4-4。

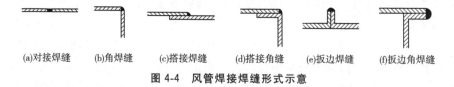

(a)对接焊缝　(b)角焊缝　(c)搭接焊缝　(d)搭接角缝　(e)扳边焊缝　(f)扳边角焊缝

图 4-4　风管焊接焊缝形式示意

3. 风管法兰制作

(1)矩形风管法兰制作

矩形风管法兰宜采用风管长边加长两倍角钢立面、短边不变的形式进行下料制作。角钢规格,螺栓、铆钉规格及间距应符合表 4-12 的规定。

表 4-12　金属矩形风管角钢法兰及螺栓、铆钉规格(mm)

风管长边尺寸 b	角钢规格	螺栓规格(孔)	铆钉规格(孔)	螺栓及铆钉间距	
				低、中压系统	高压系统
b≤630	25×3	M6 或 M8	$\phi 4$ 或 $\phi 4.5$		
630<b≤1500	∟30×3	M8 或 M10		≤150	≤100
1500<b≤2500	∟40×4	M8 或 M10	$\phi 5$ 或 $\phi 5.5$		
2500<b≤4000	∟50×5	M8 或 M10			

矩形风管法兰加工工序为下料→找正→焊接及钻孔。

矩形法兰是由 4 根角钢组成,其中 2 根等于风管的小边长,另 2 根等于风管的大边长加上 2 个角钢宽度,见图 4-5。角钢划线切断后,找正调直,钻出铆钉孔再进行焊接,然后钻出螺栓孔。应注意,矩形风管法兰的四角都应设置螺栓孔。此外,矩形法兰也可用弯曲机加工。

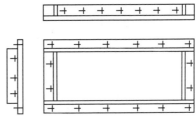

图 4-5 矩形风管法兰

(2)圆形风管法兰制作

圆形风管法兰可选用扁钢或角钢制作,法兰型材与螺栓规格及间距应符合表 4-13 的规定。

表 4-13 金属圆形风管法兰型材与螺栓规格及间距(mm)

风管直径 D	法兰型材规格		螺栓规格(孔)	螺栓间距	
	扁钢	角钢		低、中压系统	高压系统
$D \leqslant 140$	—20×4	—			
$140 < D \leqslant 280$	—25×4	—	M6 或 8		
$280 < D \leqslant 630$	—	∟25×3		100~150	80~100
$630 < D \leqslant 1250$	—	∟30×4	M8 或 10		
$12500 < D \leqslant 2000$	—	∟40×4			

圆形风管法兰加工工序为:下料→卷圆→焊接→找平及钻孔。制作方法有人工和机械两种,目前多采用机械加工。

1)人工煨制

人工煨制可分为冷煨法和热煨法:

①冷煨法。按下料长度 $S=\pi(D+B/2)$(D 为法兰内径,B 为角钢宽度)切断扁钢或角钢后,放在有槽形的下模(见图 4-6)上,用手锤一点一点地把扁钢或角钢打弯,直到圆弧均匀并找平整圆后,用电弧焊焊接封口,然后再划线钻螺栓孔。

②热煨法。先按法兰直径做好胎具,如图 4-7 所示。把切断的角钢或扁钢加热到橘红色,取出放到胎具上,一人用焊在胎具底盘上的钳子夹紧型钢端部,另一人用左手扳转手柄,使型钢沿胎具圆周煨圆,右手操作手锤,使型钢更好地和胎具圆周吻合,待冷却后平整找圆,然后焊接及钻孔。直径较大的法兰可分段 2 次到 3 次煨成。

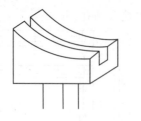 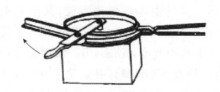

图 4-6　冷煨法兰下模　　图 4-7　热煨法兰用胎具

2) 机械煨制

可使用法兰煨弯机对角钢或扁钢进行煨弯,然后按需要的长度切断,平整找圆后焊接钻孔。

(3) 钻孔方法

先按圆形、矩形风管法兰规格规定的螺栓间距、数量划线分孔,样冲定点。钻孔时可用样板或 2 个相配的法兰夹子或点焊方法将 2 个相互连接的法兰固定在一起,在台钻(或钻床)上钻出螺孔,也可采用在安装或连接风管时用手电钻钻孔的方法。为使安装方便,可将螺孔直径比螺栓直径钻大 2mm。

三、非金属风管与配件制作

通风空调工程中,用来制作风管与配件的非金属材料主要有硬聚氯乙烯板和玻璃纤维增强塑料(即玻璃钢),其次还有复合材料如双面铝箔绝热板和铝箔玻璃纤维板等。

硬聚氯乙烯板具有良好的耐酸、耐碱性,较高的弹性及大的热膨胀系数,其机械强度与温度有关(低温时性脆易裂,较高温度时强度降低),热稳定性差,适用温度为-10～60℃,在通风工程中常用于制作风管、配件和风机外壳来输送腐蚀性气体。玻璃钢是以玻璃纤维制品(玻璃布、玻璃带、玻璃纱等)为增强材料,以合成树脂为胶黏剂,按风管、配件的形状制成胚模,经多次在胚模上包扎玻璃布,再涂敷树脂,以此反复,待成型固化后达到一定强度时脱模制成。无机玻璃钢除了具有不易腐蚀的性能外,还有一定的吸声性、不易燃烧及价格较低等优点,主要用于含有腐蚀性和大量水蒸气的排风系统中。

(一) 硬聚氯乙烯风管与配件制作

硬聚氯乙烯风管与配件制作应按下列工序(图 4-8)进行。

图 4-8　硬聚氯乙烯风管与配件制作工序

1. 板材放样下料

(1)板材划线

硬聚氯乙烯塑料板上的展开放样基本方法同金属风管、配件。但应注意的是,展开划线时用红蓝铅笔;因板材厚度较大,制作圆管在平板上划线的周长应按中径计算,即风管外径减一个板材厚度乘以圆周率 $\pi(D_{外}-\delta)$;塑料风管及配件制作是将板材加热后压制成型,而塑料在冷却过程中会产生收缩现象,在下料时还要注意放出适当的收缩余量;圆形、矩形相邻风管间的焊接纵缝交错设置,且矩形风管因四角要加热折方,其焊缝不得设置在转角处,如图 4-9 所示;圆风管长度一般等于塑料板宽,矩形风管长度一般取塑料板长。

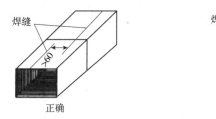

图 4-9 塑料矩形风管纵缝布置

(2)板材切割

塑料板材切割可用机械型的剪板机、圆盘锯床等,手工型的普通木工锯、鸡尾锯等进行。为保证切割质量及工作效率,应尽可能使用机械切割。

使用剪床切割时,厚度小于或等于 5mm 的板材可在常温下进行切割;厚度大于 5mm 的板材或在冬天气温较低时,应先把板材加热到 30℃ 左右,再用剪床进行切割。

使用圆盘锯床切割时,锯片的直径宜为 200～250mm,厚度宜为 1.2～1.5mm,齿距宜为 0.5～1mm,转速宜为 1800～2000r/min。

切割曲线时,宜采用规格为 300～400mm 的鸡尾锯进行切割。当切割圆弧较小时,宜采用钢丝锯进行。

2. 加热成型

硬聚氯乙烯板加热可采用电加热、蒸汽加热或热空气加热等方法。硬聚氯乙烯板加热时间应符合表 4-14 的规定。

表 4-14 硬聚氯乙烯板加热时间

板材厚度(mm)	2～4	5～6	8～10	1～15
加热时间(min)	3～7	7～10	10～14	15～24

圆形直管加热成型时,加热箱里的温度上升到 130～150℃ 并保持稳定后,

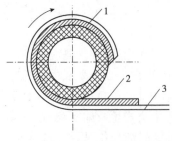

图 4-10　塑料板卷管示意图

应将板材放入加热箱内,使板材整个表面均匀受热。板材被加热到柔软状态时应取出,放在帆布上,采用木模卷制成圆管,待完全冷却后,将管取出。木模外表应光滑,圆弧应正确,木模应比风管长 100mm。制作圆形风管时,将塑料板放到烤箱内预热变软后取出,把它放在垫有帆布的木模或铁卷管上卷制(图 4-10)。木模外表应光滑,圆弧正确,比风管长 100mm。

矩形风管加热成型时,矩形风管四角宜采用加热折方成型。风管折方采用普通的折方机和管式电加热器配合进行(图 4-11),电热丝的选用功率应能保证板表面被加热到 150~180℃ 的温度。折方时,把画线部位置于两根管式电加热器中间并加热,变软后,迅速抽出,放在折方机上折成 90°角,待加热部位冷却后,取出成型后的板材。矩形风管配件也可在胎膜上迅速煨制成型(图 4-12)。

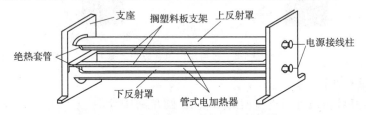

图 4-11　塑料板折方用管式电加热器

各种异形管件应使用光滑木材或铁皮制成的胎模,按圆形直管和矩形风管加热成型方法煨制成型。各种异形管件的加热成型也应使用光滑木材或铁皮制成的胎膜煨制成型,胎膜可按整体的 1/2 或 1/4 制成,以节约材料,胎膜形式见图 4-13。

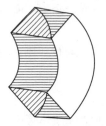

图 4-12　矩形弯头胎膜

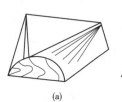
(a)

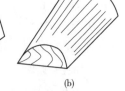
(b)

图 4-13　异形胎膜示意
(a)天圆地方胎膜;(b)圆形大小头胎膜

3. 焊接连接

塑料风管的连接多采用焊接,比较常用的是热空气焊接法。它是根据聚氯乙烯塑料被热空气加热到 180~200t 时,塑料具有可塑性和粘附性的性质来进行的。

采用热空气焊接时,板材坡口及焊缝形式应符合表 4-15 的规定。塑料焊条有单焊条与双焊条 2 种,焊条材质应与板材相同,焊条直径的选用与被焊接板材厚度有关,见表 4-16。

表 4-15　塑料板材坡口(及焊缝)形式、尺寸表

焊缝形式	焊缝名称	图形	焊缝高度（mm）	板材厚度（mm）	焊缝坡口张角 α(°)	应用说明
对接焊缝	V 形单面焊		2～3	3～5	70～90	用于只能一面焊的小风管
	V 形双面焊		2～3	5～8	70～90	用于壁厚的大风管
	X 形双面焊		2～3	≥8	70～90	用于风管法兰及厚板的拼接焊缝强度好
搭接焊缝	搭接焊		≥最小板厚	3～10	—	用于风管的硬套管和软套管的连接
填角焊缝	填角焊		≥最小板厚	6～18	—	用于风管及配件的加固
	无坡角		≥最小板厚	≥3	—	用于风管、配件及槽类角焊,焊缝强度好
对角焊缝			≥最小板厚	3～5	70～90	用于风管及配件角焊
	V 形对角焊		≥最小板厚	5～8	70～90	用于风管及配件角焊
			≥最小板厚	6～15	70～90	用于风管及法兰连接

表 4-16　塑料焊条选用直径(mm)

板材厚度	焊条直径
2～5	2～2.5
6～5	2.5～3
16～20	4

4. 法兰制作

(1)圆形法兰制作

圆形法兰制作时,应将板材锯成条形板,开出内圆坡口后,放到电热箱内加热。加热好的条形板取出后应放到胎具上煨成圆形,并用重物压平。板材冷却定型后,进行组对焊接。法兰焊好后应进行钻孔。直径较小的圆形法兰,可在车床上车制。圆形法兰的用料规格、螺栓孔数和孔径应符合表 4-17 的规定。

表 4-17　硬聚氯乙烯圆形风管法兰规格

风管直径 D(mm)	法兰(宽×厚)(mm)	螺栓孔径(mm)	螺孔数量	连接螺栓
$D\leqslant180$	35×6	7.5	6	M6
$180<D\leqslant400$	35×8	9.5	8～12	M8
$400<D\leqslant500$	35×10	9.5	12～14	M8
$500<D\leqslant800$	40×10	9.5	16～22	M8
$800<D\leqslant1400$	45×12	11.5	24～38	M10
$1400<D\leqslant1600$	50×15	11.5	40～44	M10
$1600<D\leqslant2000$	60×15	11.5	46～48	M10
$D>2000$		按设计		

(2)矩形法兰制作

矩形法兰制作时,应将塑料板锯成条形,把四块开好坡口的条形板放在平板上组对焊接。矩形法兰的用料规格、螺栓孔径及螺孔间距应符合表 4-18 的规定。

表 4-18　硬聚氯乙烯矩形风管法兰规格(mm)

风管长边尺寸 b	法兰(宽×厚)	螺栓孔径	螺孔间距	连接螺栓
$\leqslant160$	35×6	7.5		M6
$160<b\leqslant400$	35×8	9.5		M8
$400<b\leqslant500$	35×10	9.5		M8
$500<b\leqslant800$	40×10	11.5	$\leqslant120$	M10
$800<b\leqslant1250$	45×12	11.5		M10
$1250<b\leqslant1600$	50×15	11.5		M10
$1600<b\leqslant2000$	60×18	11.5		M10

(二)玻璃钢风管与配件制作

玻璃钢按生产工艺的特点,可分为手糊成型、模压成型、机械缠绕成型、层压成型等方法制作风管。此处以手糊成型为例简要介绍制作技术要点。

1. 剪裁

剪裁前根据需要,宜先进行脱腊(布腊布),需化学处理的应进行化学处理,不宜受潮、受污染。

简单形状的制品,可按尺寸大小直接裁剪;复杂形状的按预先制成的纸样剪裁。可单层剪裁,也可数层一次剪裁,剪刀口应锋利。布应留有搭接余量,一般为50mm,对壁厚要求均匀的产品宜对接。各层布的接缝应错开。应尽量减少布的开剪处。表面要求严格的产品,表层布的布边应在铺层前剪去。

圆形风管,宜沿着与布的经向成45°角的方向剪成布带,利用45°方向布的形变性来糊成环形。

机械性能要求高的产品,应尽量用整块布,保持纤维连续。

2. 支模、胶衣施工

圆形及矩形玻璃钢风管成型模具均使用内模。圆形风管内模是用适当偏小直径的钢管,或用外径等于圆形风管内径的木方、胶合板和铁板制作;矩形风管内模是用木方做成龙骨,再将木板或胶合板、钢板固定于龙骨上做成,内模尺寸等于矩形风管的内径尺寸。圆形或矩形风管的内模均应可以拆卸,以便脱模。模具使用前应清洁其表面的尘埃、微粒、油迹等,然后均匀地涂刷一层脱模剂。

脱模剂完全干燥后方可上胶衣(胶衣是指有机玻璃钢风管表面带的既有保护作用又有装饰作用的树脂层)。涂刷或喷涂应均匀,一般涂两层,等第一层初凝后再涂第二层,每次间隔时间为40~60min。胶衣涂刷后,若需加快凝胶速度,可放在直射阳光下,也可用红外线灯照射,但应保持温度平衡。

3. 风管糊制成型

在模具的外表面包上一层透明的玻璃纸,固定好后在其表面均匀涂满已调好的树脂涂料,然后敷上一层玻璃布,再涂一层树脂涂料。每涂一层树脂便敷一层玻璃布,布的搭头要相互错开并刮平。达到要求厚度后,用玻璃纸敷于树脂涂料外表面擀平压光。

在涂敷过程中,应将风管及其管段的法兰一起成型,接合处应有过渡圆弧。法兰应与风管轴线成直角。有机玻璃钢和无机玻璃钢风管厚度(根据圆形风管直径或矩形风管长边尺寸不同而不同)、无机玻璃钢风管玻璃纤维布层数(与圆形风管直径或矩形风管长边尺寸及玻璃纤维布厚度有关)、玻璃钢风管法兰及连接螺栓规格(依据圆形风管直径或矩形风管长边尺寸选择)见《通风与空调工程施工质量验收规范》GB 1350243—2002。

4. 固化脱模

涂敷成型的玻璃钢风管经过一段时间的固压,达到一定强度后方可脱模。脱模时应先拆除预先准备好的脱模支撑点,以使模具与成型的风管分开,然后再退出模具,最后取下内外表面的玻璃纸。脱模后风管的多余部分或毛刺,可用手提切割机或砂轮机打磨。

第二节　风管部件与消声器制作

一、风阀、风罩、风帽及风口

1. 风阀

通风空调工程中常用的风阀有插板阀(包括平插阀、斜插阀和密闭阀等)、蝶阀、多叶调节阀(平行式、对开式)、三通阀、防火阀、排烟阀、止回阀等,由通风空调设备专业厂家生产。

2. 风罩与风帽

(1)风罩与风帽制作时,应根据其形式和使用要求,按施工图对所选用材料放样后。进行下料加工,可采用咬口连接、焊接等连接方式。

(2)现场制作的风罩尺寸及构造应满足设计及相关产品技术文件要求,并应符合下列规定:

1)风罩应结构牢固,形状规则,内外表面平整、光滑,外壳无尖锐边角;

2)厨房锅灶的排烟罩下部应设置集水槽;用于排出蒸汽或其他潮湿气体的伞形罩,在罩口内侧也应设置排出凝结液体的集水槽;集水槽应进行通水试验,排水畅通,不渗漏;

3)槽边侧吸罩、条缝抽风罩的吸入口应平整,转角处应弧度均匀,罩口加强板的分隔间距应一致;

4)厨房锅灶排烟罩的油烟过滤器应便于拆卸和清洗。

(3)现场制作的风帽尺寸及构造应满足设计及相关技术文件的要求,风帽应结构牢固,内、外形状规则,表面平整,并应符合下列规定:

1)伞形风帽的伞盖边缘应进行加固,支撑高度一致;

2)锥形风帽锥体组合的连接缝应顺水,保证下部排水畅通;

3)筒形风帽外筒体的上下沿口应加固,伞盖边缘与外筒体的距离应一致,挡风圈的位置应正确;

4)三叉形风帽支管与主管的连接应严密,夹角一致。

3. 风口

风口的形式较多,有百叶风口(外形有方形、矩形、圆形;叶片有单层、双层等)、散流器(圆形、方形、矩形等)、条缝形风口(单条缝、双条缝和多条缝等)、孔板风口(包括网板风口)及专用风口(椅子风口、灯具风口、箅孔风口、格栅风口等)等,一般由专业厂家生产供货。

二、消声器、软接风管、过滤器及风管内加热器

1. 消声器、消声风管、消声弯头及消声静压箱

(1)消声器、消声风管、消声弯头及消声静压箱的制作应符合设计要求,根据不同的形式放样下料,宜采用机械加工。

(2)外壳及框架结构制作应符合下列规定:

1)框架应牢固,壳体不漏风;框、内盖板、隔板、法兰制作及铆接、咬口连接、焊接等可按本细则第 2 章的有关规定执行;内外尺寸应准确,连接应牢固,其外壳不应有锐边。

2)金属穿孔板的孔径和穿孔率应符合设计要求。穿孔板孔口的毛刺应锉平,避免将覆面织布划破。

3)消声片单体安装时,应排列规则,上下两端应装有固定消声片的框架,框架应固定牢固,不应松动。

(3)消声材料应具备防腐、防潮功能,其卫生性能、密度、导热系数、燃烧等级应符合国家有关技术标准的规定。消声材料应按设计及相关技术文件要求的单位密度均匀敷设,需粘贴的部分应按规定的厚度粘贴牢固,拼缝密实,表面平整。

(4)消声材料填充后,应采用透气的覆面材料覆盖。覆面材料的拼接应顺气流方向、拼缝密实、表面平整、拉紧,不应有凹凸不平。

(5)消声器、消声风管、消声弯头及消声静压箱的内外金属构件表面应进行防腐处理,表面平整。

(6)消声器、消声风管、消声弯头及消声静压箱制作完成后,应进行规格、方向标识,并通过专业检测。

2. 软接风管

软接风管包括柔性短管和柔性风管,柔性风管是指可伸缩性金属或非金属软风管。

一般通风系统短管用料为帆布或人造革;输送腐蚀性气体用耐酸橡胶或软聚氯乙烯布;输送潮湿空气或在潮湿环境中的用涂胶帆布;防排烟系统必须使用

不燃材料;空气洁净系统应选用内面光滑不产尘、不透气的软橡胶板、人造革、涂胶帆布等材料。柔性短管的搭接缝一般应放置在中间,其四边缺角部分要用小块料补上。

柔性短管制作应保证纵缝缝制及接合缝咬接或铆接密实、牢固,且其尺寸符合要求。

柔性短管的长度宜为150～300mm,应无开裂、扭曲现象。柔性短管不应制作成变径管,柔性短管两端面形状应大小一致,两侧法兰应平行。

柔性短管与角钢法兰组装时,可采用条形镀锌钢板压条的方式,通过铆接连接(图4-14)。压条翻边宜为6～9mm,紧贴法兰,铆接平顺;铆钉间距宜为60～80mm。柔性短管的法兰规格应与风管的法兰规格相同。

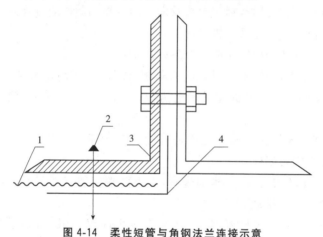

图 4-14　柔性短管与角钢法兰连接示意
1-柔性短管;2-铆钉;3-角钢法兰;4-镀锌钢板压条

3. 过滤器

成品过滤器应根据使用功能要求选用。过滤器的规格及材质应符合设计要求;过滤器的过滤速度、过滤效率、阻力和容尘量等应符合设计及产品技术文件要求;框架与过滤材料应连接紧密、牢固,并应标注气流方向。

第三节　风管系统安装

通风空调风管系统安装,就是将组配好的风管、配件及部件吊装成系统的过程。安装完毕的风管系统示意图见图4-15。

一、风管安装

风管安装程序为:准备工作→确定标高→支托吊架安装→风管吊装→风管

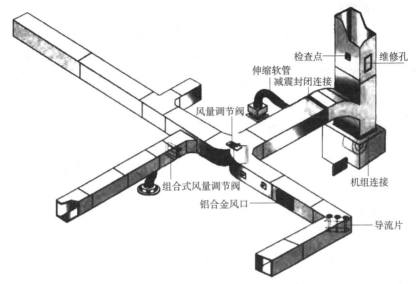

图 4-15　安装完毕的风管系统示意图

强度、严密性检验→风管防腐保温。其安装的一般技术要求为：

①风管纵向闭合缝交错布置，且不得置于风管底部。有凝结水产生的风管底部横向缝宜用锡焊焊平。

②风管与配件的可拆卸接口不得置于墙、楼板和屋面内。风管穿楼板时，要用石棉绳或厚纸包扎，以免风管受到腐蚀。

③风管水平度公差不大于 3/1000，8m 以上的水平风管公差不应大于 20mm。垂直度公差不大于 2/1000，10m 以上的垂直风管公差不应大于 20mm。

④地下风管穿越建筑物基础，无钢套管时在基础边缘附近的接口用钢板或角钢加固。

⑤输送空气相对湿度大于 60%，水平风管应有 0.01～0.015 的坡度，并坡向排水装置。

⑥输送易燃、易爆气体或在此环境内的风管应有接地，并应尽量减少接口（通过生活间或辅助间时不准设置接口），并保证风管各组成部分不会因摩擦而产生火花。

⑦地下风管和地上风管连接时，地下风管露出地面的接口长度不小于 200mm。

⑧用普通钢板制作的风管、配件和部件，在安装前均应按设计要求防腐。

⑨防火阀与防火墙（或楼板）之间的风管应采用耐火保温材料隔热。

⑩对在吊装前做好保温的风管，吊装时应注意使保温层不受到损伤。

1. 确定风管标高

按照设计图纸并参照土建基准线,找出风管标高线,若因现场条件限制,风管标高与设计标高不符合时,及时与监理工程师或建设单位现场代表协商,可根据现场条件重新确定风管标高,并征得设计单位同意。

2. 复核预留孔洞及预埋铁件

对土建施工时已配合预留的孔洞和预埋的铁件,在通风管道安装前按设计要求的风管标高进行复核。若发现风管标高不符合施工要求应尽快采取补救措施。如根据重新确定的风管标高,采取埋栽法、膨胀螺栓法或射钉法等为支、吊架生根等等。

3. 支、吊架制作

风管支、吊架制作前,首先应对型钢进行矫正,矫正的方法有冷矫和热矫两种;小型钢材一般采用冷矫正,较大的型钢需加热到900℃左右后进行矫正。矫正的顺序为先矫正扭曲后矫正弯曲。

风管支、吊架的形式、材质、加工尺寸、安装间距、制作精度、焊接等应符合设计要求。不得随意更改,开孔必须采用台钻或手电钻,不得用氧乙炔焰开孔。

支、吊架的焊接应外观整洁漂亮,要保证焊透、焊牢,不得有漏焊、欠焊、裂纹、咬肉等缺陷。

吊杆圆钢应根据风管安装标高适当截取。套丝不宜过长,丝扣末端部已超出托架最低点,不得妨碍装饰吊顶的施工。

风管支、吊架制作完成后,应进行除锈刷漆。埋入墙、混凝土的部位不得油漆。

用于不锈钢、铝板风管的支架、抱箍应按设计要求做好防腐绝缘处理,防止电化学腐蚀。

4. 支、吊架安装

(1)支架间距。如设计无规定,对于不保温水平风管,直径或大边长＜400mm,支、吊架间距≤4m;直径或大边长＞400mm,间距≤3m。风管垂直安装时,间距≤4m,每根立管上应不少于2个固定件。

对于保温风管,由于选用的保温材料不同,风管单位长度重力不同,风管支架间隔应由设计确定,一般为2.5～3m。

(2)标高。矩形风管从管底算起;圆形风管从管中心计算。圆形风管管径由大变小时,为保证风管中心线水平,托架标高应按变径尺寸相应提高。水平风管应先将两端支架安好,然后以两端支架为基准,用细钢丝拉直线,中间各支架的标高以此为基准进行安装。

(3)坡度。当输送空气的湿度较大时,风管应有1%～1.5%的坡度,坡向应符合设计要求。支架则应按风管坡度、坡向要求设置。

(4)对于相同管径的支架,应等距离排列,不能将其设在风口、风阀、检视门及测定孔等部位处,间距应多 200mm。

(5)保温风管不能直接与支架接触,应垫上坚固的隔热材料,其厚度与保温层相同。

(6)用于不锈钢、铝板风管的托、吊架的抱箍,应按设计要求做好防腐绝缘处理。

(7)风管与通风机、空调器及其他振动设备的连接处,应独立设支、吊架,以免设备承受风管质量。

(8)支、吊架安装中,矩形卡箍要棱角垂直,圆形卡箍要圆弧均匀。卡箍与风管应紧贴、抱紧、连接牢固且不得损伤风管保温面。

5. 风管连接与加固

(1)风管连接

通风空调系统风管组对连接,是将加工制作好的风管与配件,按照设计及现场测绘的安装草图所排定的顺序和尺寸进行组装。组装前应编制施工方案。如条件允许,尽量在地面上进行组对连接,其长度一般可接至 10~15m。连接方法有法兰连接和无法兰连接。

1)风管法兰连接

为保证风管法兰连接的严密性,法兰密封垫料应选用不透气、不产尘、弹性好的材料,法兰垫料应尽量减少接头,接头形式采用阶梯形或企口形,接头处应涂密封胶。

法兰之间的垫料应符合设计要求,设计无要求时按表 4-19 选用。

表 4-19 法兰垫料选用表

应用系统	输送介质	垫料材质及厚度(mm)		
一般空调系统及送排风系统	温度低于 70℃的洁净或含尘含湿空气	密封胶带 3	软橡胶板 2.5~3	闭孔海棉橡胶板 4~5
高温系统	温度高于 70℃的空气或烟气	石棉绳 $\phi 8$	耐热橡胶板 3	—
化工系统	含有腐蚀性介质的气体	耐酸橡胶板 2.5~3	软聚氯乙烯板 3~6	—
洁净系统	有净化等级要求的洁净空气	橡胶板 5	闭孔海棉橡胶板 5	—
塑料风管	含有腐蚀性气体	软聚氯乙烯板 3~6	—	—

法兰连接时,首先按要求垫好材料,然后把两个法兰先对正,穿上几颗螺栓并戴上螺母,不要上紧。再用尖冲塞进圩上螺栓的螺孔中,把两个螺孔撬正,直到所有螺栓都穿上后,拧紧螺栓。紧螺栓时应按十字交叉逐步均匀的拧紧。风管连接好后,以两端法兰为准,拉线检查风管连接是否平直。法兰拧紧后垫料厚度应均匀一致,不超过 2mm;垫料要尽量减少接头,必须拼接时,不得直接平口对接,两接头应相互镶嵌,如图 4-16 所示。

图 4-16 垫料接头连接形式
(a)对接;(b)整体垫;(c)梯形连接;(d)楔形或榫性拼接

2)风管无法兰连接

①承插式风管连接:适用于矩形或圆形风管连接。先制作连接管,然后插入两侧风管,再用自攻螺栓或拉铆钉将其紧密固定,如图 4-17。风管连接处的四周应一致,无明显的弯曲或褶皱;内涂的密封胶应完整,外粘的密封胶带应粘贴牢固、完整无缺陷。

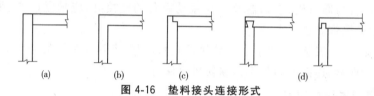

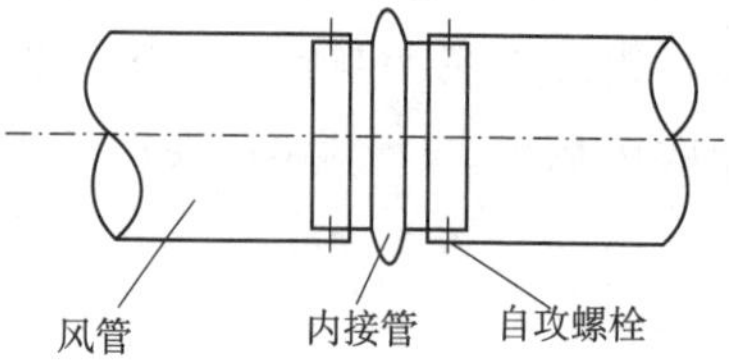

图 4-17 承插式风管连接

②铁皮弹簧夹连接:近用矩形风管连接。将矩形风管端四面连接的铁皮翻成的法兰,分别插入预先专门压制的空心法兰条内,插条和风管本体的固定,用铆钉连接,也可做成倒刺止退形式,风管四角插入 90°贴角,以加强矩形风管的四角成形及密封,除插入空心法兰的风管资端平曲有密封胶条外,两法兰平面也要加密封胶条。

③插入式连接:插入式主要用于矩形风管连接,将不同形式插条插入风管两端咬口,然后压实。

3)柔性短管连接

柔性短管应根据图纸位置安装。如设计无要求时,应在风管与散流器、静压箱、侧送风口及通风机等处使用柔性短管连接。

柔性短管的材料按设计要求选用,设计无要求时一般常用人造革、涂胶帆布等。长度一般在 150～300mm 范围内。

柔性短管应松紧适当,不得扭曲,安装在风机吸入端的柔性短管应绷紧,防止风机运行时,被吸入而减少截面积。

(2)风管加固

为避免风管断面变形,减少管壁在系统运行中因振动而产生的噪声,需要对管径或边长较大的风管进行加固。

1) 圆形风管加固

由于圆形风管本身刚性较好,加上管端两只法兰起一定的加固作用,一般不需要加固。只有当 $D \geqslant 800\text{mm}$,且管段长度 $L>1250\text{mm}$ 或总表面积 $>4\text{m}^2$ 时才采取加固措施。常用的加固方法是每隔 1.2m 设置扁钢加固圈,并用铆钉将其铆固在风管上。手工铆接或拉铆均可,拉铆间距要小些。

为防止风管纵缝咬口在运输或吊装过程中裂开,当 $D>500\text{mm}$ 时,其纵缝咬口两端及中间应选择 3~5 处用铆钉或点焊加以固定。

2) 矩形风管加固

矩形风管边长 $>630\text{mm}$,保温风管边长 $>800\text{mm}$,管段长度 $L>1250\text{mm}$ 或低压风管单边面积 $>1.2\text{m}^2$,中、高压风管 $>1.0\text{m}^2$,均应采取加固措施。矩形风管加固方法见图 4-18。

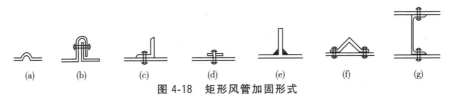

图 4-18 矩形风管加固形式

(a)楞筋;(b)立筋;(c)角钢加固;(d)扁钢平加固;(e)扁钢立加固;(f)加固筋;(g)管内支撑

加固形式可根据设计或规范确定,实际操作时还应符合下列规定:

① 楞筋或楞线加固,排列应规则,间距应均匀,板面不应有明显变形。

② 角钢、加固筋加固,应排列整齐,均匀对称,其高度不得大于风管法兰宽度。角钢、加固筋与风管的铆接间距应不大于 220mm,铆接应牢固,两相交接处应连接为一体。

③ 管内支撑与风管的固定应牢靠,各支撑点之间或与风管边沿、法兰的间距应均匀,并不大于 950mm。

④ 中压和高压系统风管的管段,其长度 $>1250\text{mm}$ 时,还应有加固框补强。高压系统风管的单缝咬口,还应有防止咬口胀裂的加固或补强措施。

6. 风管吊装

风管组装后,在吊装前应进行平直度量测检验,方法是以组合管段两端法兰作基准拉线来检测。如在 10m 长的范围内,法兰与测线的量测差距不大于 7mm,每副法兰相互间的差值在 3mm 以内就为合格。拉线检测应沿圆管周圈或矩形风管的不同边至少测量 2 处,取最大的测线不紧贴法兰的差距计算管段的直线度。如检测结果超过允许值,应拆掉各组合接点重新组合,经调整法兰翻边或铆接点等措施,使最后组合结果达到质量要求。风管吊装前还应再次检查支托吊架的安装位置和牢固程度。

吊装可用滑轮、倒链等拉吊,滑轮一般挂在梁、柱的节点或屋架上。起吊管段绑扎牢固后即可按施工方案确定的吊装方法(某一区段整体吊装或逐节吊装)起吊。当吊至离地 200～300mm 时,应停止起吊,检查滑轮、绳索等的受力情况,确认安全后再继续吊升直至托架或吊架上。水平主管吊装就位后,用托架的衬垫、吊架的吊杆调节螺栓找平找正后固定牢固,解下绑扎绳索,再进行分支管或立管的安装。垂直风管可分段自下而上进行组装,每节组装长度要短些,以便起吊。

地沟内敷设风管时,可在地面上组装更长一些的管段,用绳子溜送到沟内支架上。

二、部件安装

通风空调系统中,风管与部件的连接大多采用法兰连接,其连接技术要求与风管法兰连接要求相同。常用部件安装说明如下:

1. **阀门安装**

常用的风阀有启动阀、蝶阀、止回阀、插板阀、调节阀、防火阀、排烟阀、余压阀等,各类风阀其结构和形式各不相同,安装时应严格按设计要求的种类和型号、规格进行复核,以保证准确无误。

(1)防火阀

防火阀设在需防火隔断的风管处,安装形式较多,但安装工艺大同小异。风管穿越防火墙处防火阀的安装如图 4-19 所示。要求防火阀单独设双吊杆架,安装后应用水泥砂浆封堵墙洞,以避免墙壁之间窜火。防火阀在钢支座上安装如图 4-20 所示。

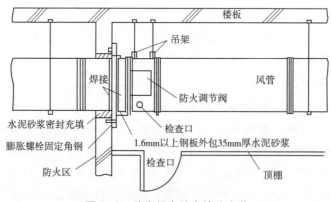

图 4-19 防火阀在防火墙处安装

防火阀安装位置应正确,四周要留有检修口;易熔件应设在阀板迎风面,且最后安装;防火阀有水平或垂直安装并有左式和右式之分,不能装反;防火阀直径或长边尺寸≥630mm时,宜设独立支、吊架,吊杆应为双吊杆;吊杆、支撑与支座应牢固;阀体应横平竖直,以防阀体转动零件卡涩、失灵。

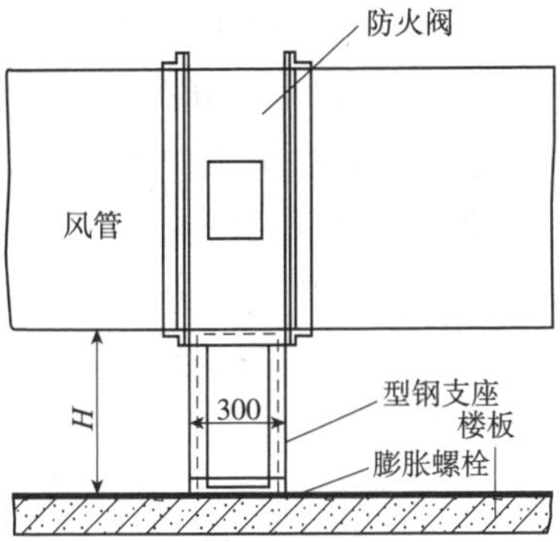

(2)止回阀

止回阀阀轴应灵活,阀板关闭严密,铰链和转动轴应采用铜、不锈钢或镀锌等不易锈蚀材料制成。止回阀宜安装在通风机出口管段(以防通风机停止运转时车间的易燃易爆空气倒流回风机)及洁净室内的局部排风系统上(以防室外不洁空气倒流灌入室内),开启方向必须与气流方面一致。

图4-20 防火阀在楼板钢支座上安装(mm)

(3)风阀

风阀安装在风管上应采用法兰连接,将其法兰与风管或设备对正,加上密封垫条,穿上螺栓上紧螺母,使其风阀与风管或设备连接牢固、严密。

风阀的操作装置应装设在便于人工操作的部位,其安装方向应使风阀的外壳标注方向与风管输送风流方向一致。

防爆风管系统的风阀应严格按设计要求安装。

风阀安装完毕,应在阀体外壳上,明显地标出"开"和"关"方向及开启程度。

(4)斜插板阀

斜插板阀在除尘系统水平管上安装,插板应顺气流方向安装;而在垂直气流向上的管段上安装,斜插板阀应逆气流方向安装,如图4-21所示。

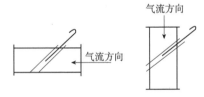

图4-21 斜插板阀安装方向

2. 风口安装

风口的类型很多,常用的有侧送风口、散流器、孔板送风口、喷射式送风口、回风口等。安装时应严格按设计要求选型,不得随意变更;风口安装前先对风口进行外观检查,要求矩形风口对角线之差不应大于3mm,以保证四角方正,圆形风口任意两互相垂直的直径偏差不应大于2mm;风口表面应平整、美观与设计尺寸的允许偏差不应大于2mm;凡是有调节、旋转机构的风口都应保证活动件轻便灵活,叶片应平直,与周边框不应有碰擦。

安装在顶棚的风口要与建筑装饰密切配合,使其与顶棚平齐,并用木框或龙骨固定在顶棚上；顶棚孔与风口大小尺寸要合适，并保持严密；风口带配套调节阀的，要分布均匀，调节机构应在同一侧，调节阀的转动要灵活。风口在墙上敷设时，应安装涂防腐漆的木框，风口通过木框水平安在墙面，允许水平偏差为3mm；木框与风口之间应有5mm间隙，用镀锌螺钉将风口固定。

插板式、活动箅板式风口的插板、箅板应平整，边缘光滑，抽动灵活。活动箅板式风口组装后应能达到完全开启与闭合。散流器风口安装应注意风口的预留孔、洞要比喉口尺寸大，留出扩散板的安装位置。球形旋转风口连接应牢固，球形旋转头要灵活，不得空阔晃动。排烟口或送风口的安装部位要符合设计要求，其与风管或混凝土风道的连接应牢固、严密。暗装有吊顶的风口应服从房间的线条，吸顶的散流器与顶棚平齐，散流器的扩散圈应保持等距；明装无吊顶的风口，其安装位置和标高偏差≤10mm。风口水平安装水平度的偏差应≤3/1000，垂直安装其垂直度偏差应≤2/1000。

3. 风帽安装

风帽安装形式有两种：一种是风管从室外沿墙绕过屋檐风帽伸出屋面；另一种是风管直接由室内穿出屋面伸向室外。风管由室内穿过屋面板安装时，土建在屋面板施工时应预留孔洞，待风管与风帽安装后，应增设防雨雪罩（见图 4-22），确保与屋面交接处不渗水。安装无连接管的自然排风筒形风帽，可直接将法兰固定在屋面的预留孔洞的底座上。

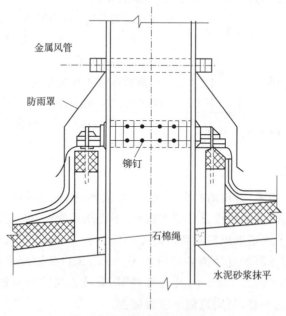

图 4-22 风管穿越屋面的做法

风帽安装应牢固,高度超过屋面 1.5m 时应设拉索固定,拉索的数量不应小于 3 根,且设置均匀牢固。排除湿度较大的气体风帽应在底座设置滴水盘并设排水措施。

4. 局部排气罩安装

吸尘罩安装位置应正确,固定牢靠,同一间房内多个吸尘罩或排气罩标高应一致,排列整齐。

用于排出蒸汽或潮湿气体的排气罩应在罩口内边采取排凝结水的措施。

局部排气罩不得有尖锐的边缘,支架设置、排气罩安装高度不应妨碍操作。若体积较大应设专用支、吊架,支、吊架应平整牢固可靠。

三、风管系统严密性检验

风管系统安装后,应进行严密性检验,严密性检验也据要求可采用漏光法检测或漏风量检测。严密性检验合格后方可安装各类送风口等部件及风管保温安装。

1. 漏光法检验

漏光法检测:漏光法检测是利用光线对小孔的强穿透力,对系统风管严密程度进行检测的方法:检测应采用具有一定强度的安全光源,手持移动光源可采用不低于 100W 带保护罩的低压照明灯或其他光源;风管漏光检测时光源可置于风管内侧或外侧,但其相对侧应为暗黑环境。检测光源应沿着被检测接缝部位作缓慢移动,在暗黑一侧进行观察,当发现有光线射出,则说明查到明显漏风处,应做好标记和记录;对系统检测宜分段进行,系统风管的检测应以总管和干管为主。低压系统风管以每 10m 接缝,漏光点不大于 2 处,且 100m 接缝漏光点平均不大于 16 处为合格。中压系统风管每 10m 接缝,漏光点不大于 1 处,且 100m 接缝漏光点平均不大于 8 处为合格;漏光检测中如发现条缝形漏光,应作密封处理。

2. 漏风量测试

漏风量测试:选定测试的风管段,并封闭所有孔洞,将漏风测试仪连接在风管段上,并闭封,开启漏风测试仪,调整到风管段的规定测试压力,此时即可测得风管段漏风景和漏风压力。

漏风量按公式(4-1)计算:

$$Q = 3.6 Q_i / A \tag{4-1}$$

$Q \leqslant Q_0$ 时为合格。

式中:Q——为漏风量,单位为 $[m^3/(h \cdot m^2)]$;

Q_i——为测试短管漏风量,单位为 (l/s);

Q_0——为规定试验压力下的漏风量,单位为 $[m^3/(h \cdot m^2)]$;

A——为测试管段的总表面积,单位为(m^2);

3.6——为单位换算系数。

当测试压力无法达到试验压力时,可采用低于规定试验压力值进行测试,其值按公式(4-2)计算。

$$Q_0 = Q(P_0/P)^{0.65} \qquad (4-2)$$

式中:P_0——为规定试验压力,单位为(Pa);

P——为风管工作压力,单位为(Pa)。

第四节 通风与空调设备安装

通风空调设备安装包括通风机、空调机组、末端设备和消声器、除尘设备等的安装。

一、通风机安装

常用通风机按结构和工作原理可分为离心式、轴流式、贯流式和混流式等。其安装形式有整体式、组合式和散件式。安装基本要求为:风机的基础、消声防振装置应符合设计要求;安装位置应正确、平整;固定牢固,地脚螺栓应有防松动措施;风机轴转动灵活,叶轮旋转平稳,方向正确,停转后不应每次都停留在同一位置;风机在搬运和吊装过程中应有妥善的安全措施,不得随意捆绑拖拽。

通风机安装工艺流程如图 4-23 所示。

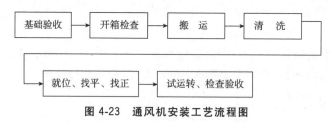

图 4-23 通风机安装工艺流程图

1. 基础验收

风机安装前应根据设计图纸对设备基础进行全面检查,坐标、标高及尺寸应符合设备安装要求。在基础表面铲出麻面,以使二次浇灌的混凝土或水泥能与基础紧密结合。

2. 设备开箱检查及运输

按设备装箱清单,核对叶轮、机壳和其他部位的主要尺寸,进、出风口的位置方向是否符合实际要求,做好检查记录。叶轮旋转方向应符合设备技术文件的规定。进、出风口应由盖板严密遮盖。检查个切削加工面,机壳的防锈情况和转子有无变形或锈蚀、碰损的现象。

搬运设备应有专人指挥,使用的工具及绳索必须符合安全要求。

3. 设备清洗

通风机安装前,应将轴承、传动部位及调节机构进行拆卸、清洗,使其转动灵活。现场组装式通风机的润滑、密封、液压和冷却系统的管道应进行清洗,并按产品说明书要求进行严密性试验。

用煤油或汽油清洗轴承时严禁吸烟或用火,以防发生火灾。

4. 通风机安装

（1）离心通风机安装

离心通风机安装形式主要有：在混凝土基础（凸台）上安装、钢结构支座上安装、墙体载埋支架上安装以及抱柱支架上安装。

1）小型离心风机安装

整体式小型通风机在混凝土基础上安装如图4-24所示。安装时首先将地脚螺栓置放于清理过的地脚螺栓预留孔洞中,并在基础平面上放上减振橡胶板条,将风机抬起使电动机底座四孔对正基础孔洞落下,地脚螺栓穿过橡胶垫及电动机底座孔后,再放平垫与弹簧垫并带上螺母,使丝扣高出螺母1~2扣。用撬杠把风机拨正,用垫铁把风机垫平,然后用水泥砂浆浇注地脚螺栓孔,待水泥砂浆凝固后,再上紧螺母。安装后的风机应保持出风口水平,进风口垂直,底座水平。

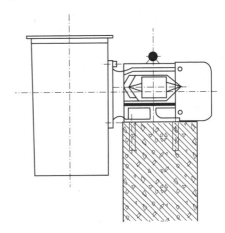

图4-24　小型离心风机在混凝土基础上安装

在墙体或柱支架上的安装形式如图4-25所示,为保证安装紧固电动机底座与风机出口法兰螺栓的便利,Ⅰ、Ⅱ形式电动机断面距墙面或柱面应≥100mm；Ⅲ形式安装机壳距墙面或柱面应＞50mm；Ⅳ形式风机出风口法兰边缘距墙或柱应＞150mm。

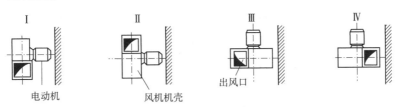

图4-25　小型风机在墙体或柱支架上安装

2)中型离心风机安装

风机轴与电机轴分开,采用联轴器或三角皮带传动,在混凝土基础上的安装如图4-26所示。

整体安装的风机,搬运和吊装的绳索不得捆绑在转子和机壳或轴承盖的吊环上。风机吊至基础上后,有垫铁找平,垫铁一般应放在地脚螺栓两侧,斜垫铁必须成对使用。风机安装好后,同一组垫铁应点焊在一起,以免受力时松动。

风机安装在无减振器的支架上,应垫上4～5mm厚的橡胶板,找平找正后固定牢。风机安装在有减振器的

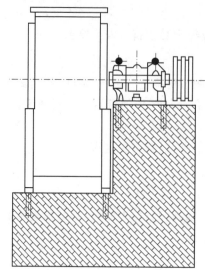

图4-26 中型离心风机在混凝土基础上安装

机座上时,地面要平整,各组减振器承受的荷载压缩量应均匀,不偏心,安装后采取保护措施,防止损坏。

通风机的机轴应保持水平,水平度允许偏差为 0.2/1000;风机与电动机用联轴器连接时,两轴中心线应在同一支线上,两轴芯径向位移允许偏差为 0.05mm,两轴线倾斜允许偏差为 0.2/1000。

通风机与电动机用三角皮带传动时,应对设备进行找正,以保证电动机与通风机的轴线平行,并使两个皮带轮的中心线相重合。三角皮带拉进程度控制在可用手敲打已安装好的皮带中间,宜少有弹性为准。

安装通风机与电动机的传动皮带轮时,操作者应紧密配合,防止将手碰伤。挂皮带轮时不得把手指插入皮带轮内,防止事故发生。

风机的传动装置外露部分应安装防护罩,风机的吸入口或吸入管直通大气时,应加装保护网或其他安全装置。

通风机出口的接出风管应顺叶轮旋转方向接出弯管。在现场条件允许的情况下,应保证出口至弯管的距离 A 大于或等于风口出口长边尺寸1.5～2.5倍(图4-27)。如果受现场条件限制达不到要求,应在弯管内设倒流叶片弥补。

现场组装风机,绳索的捆缚部的损伤机件表面,转子、轴径和轴封等处均不应作

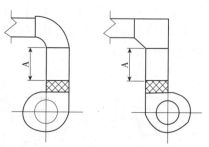

图4-27 通风机接出风管弯管示意图

为捆缚部位。

(2)轴流风机安装

轴流式通风机的传动方式有直联式和皮带传动2种。直联式风量较小,一般安装在风管间、墙洞内、窗上或单独支架上。皮带传动为大型风机,在纺织行业中应用较多。

1)风管间及支架上安装

安装见图4-28,支架位置和标高应符合设计要求,支架螺孔尺寸应与风机底座螺孔尺寸相符。支架安装牢固后把风机吊放在支架上,支架与底座间垫厚为3~5mm的橡胶板,穿上螺栓,找正、找平后,上紧螺母。连接风管时,风管中心应与风机中心对正,再将风机两端面与风管连接。为检查和接线方便,风管应设检查孔。

2)墙洞内安装

要求墙厚≥240mm,安装前应预留孔洞并预埋挡板框和支架,把风机放在支架上,上紧底脚螺栓的螺母并连接挡板,墙外侧应装45°防雨雪弯头,如图4-29所示。

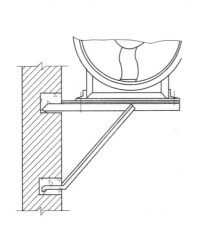
图4-28 轴流风机在支架上安装

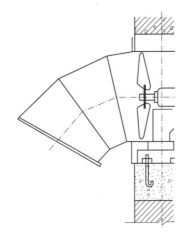
图4-29 轴流风机在墙洞里安装

二、空调机组安装

空调机组主要由过滤器、换热器和送风机等组成。常见的空调机组有组合式空调机组、新风机组、柜式空调机组等,按照布置方式分有立式、卧式和吊顶式空调机组等。本节所涉及的空调机组是指由外界提供冷源和热源的设备。

空调机组安装工艺流程如图4-30所示。

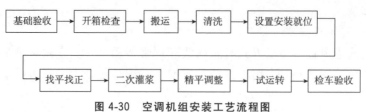

图 4-30 空调机组安装工艺流程图

1. 设备基础的验收

根据安装图对设备基础的强度、外形尺寸、坐标、标高及减振装置进行认真检查。

2. 设备开箱检查

(1) 开箱前检查外包装有无受损或受潮。开箱后认证和对设备及各段的名称、规格、型号、技术条件是否符合设计要求。产品说明书、合格证、随机清单和设备技术文件应齐全。逐一检查主机附件、专用工具、备用配件等是否齐全,设备表面应无缺陷、缺损、损坏、锈蚀、受潮的现象。

(2) 取下风机段活动板或通过检查门进入,用手盘动风机叶轮,检查有无与机壳相碰、风机减振部分是否符合要求。

(3) 检查表冷器的凝结水部分是否畅通、有无渗漏,加热器及旁通阀是否严密、可靠,过滤器零部件是否齐全、滤料级过滤形式是否符合设计要求。

3. 设备运输

空调设备在水平运输和垂直运输之前尽可能不要开箱并保留好底座。现场水平运输时,应尽量采用车辆运输或钢管、跳板组合运输。室外垂直运输一般采用门式提升架或吊车,在机房内采用滑轮、倒链进行吊装和运输。整体设备允许的倾斜角度参照说明书。

4. 一般装配式空调安装

装配式空调机组是集中式全空气空调系统中,根据全年或夏、冬季空气处理过程的需要,选择若干个具有不同空气处理功能的预制单元组装而成的空调设备。通常,空气处理各功能段主要沿水平方向布置,一般为卧式,在施工现场按设计图纸进行安装,整体部位应横平竖直。风机箱示例见图 4-31,组合式空调机示例见图 4-32。安装操作要点如下:

图 4-31 风机箱

图 4-32 组合式金属空调机

(1)安装前进行外观检查,在规定其内外表面又无损伤时,安装前可不做水压试验,否则应做水压试验。试验压力等于系统最高工作压力的1.5倍,且不低于0.4Mpa,试验时间为2~3min;压力不得下降。空调器内挡水板,可阻挡喷淋处理后的空气夹带水滴进入风管内,使空调房间湿度稳定。挡水板安装时前后不得装反。要求机组清理干净,箱体内无杂物。

(2)现场有多套空调机组安装前,将段体进行编号,切不可将段位互换调错,按厂家说明书,分清左式、右式,段体排列顺序应与图纸吻合。

(3)从空调机组的一段开始,逐一将段体抬上底座就为找正,加衬垫,将相邻两个段体用螺栓连接牢固严密,每连接一个断体前,将内部清洗干净。组合式空调机组各个功能段间连接后,整体应平直,检查门开启要灵活,水路畅通。

(4)加热段与相邻段体间应采用内热材料作为垫片。

(5)喷淋段连接处要严密、牢固可靠,喷淋段不得渗水,喷淋段的检视门不得漏水。积水槽应清理干净,保证冷凝水畅通不溢水。凝结水管应设置水封,水封高度根据机外余压确定,防止空气调节器内空气外漏或室外空气进来。

(6)安装空气过滤器时方向应符合要求。

框式及袋式粗、中效空气过滤器的安装要便于拆卸及更换滤料。过滤器与框架间、框架要平整,框架与空气处理室的维护结构间应严密。

自动浸油过滤器的网子应清扫干净,传动应灵活,过滤器间接缝要严密。

卷绕式过滤器安装时,框架要平整,滤料应松紧适当,上下筒平行。

静电过滤器的安装应特别注意平稳,与风管或风机相连的部位设柔性短管,接地电阻要小于4Ω。

亚高效、高效过滤器的安装应符合以下规定:按出场标志方向搬运、存放,安置于防潮洁净的室内。其框架端面或刀口端面应平直,其平整度允许偏差为$\pm 1mm$,其外框不得改动。洁净室全部安装完毕,并全面清扫擦净。系统连续试车12h后,方可开箱检查,不得有变形、破损和漏胶等现象,合格后立即安装。安装时,外框上的箭头与气流方向应一致。用波纹板组合的过滤器在竖向安装时,波纹板垂直地面,不得反向。过滤器与框架间必须加密封垫料和涂抹密封胶,厚度为6~8mm。定位胶贴在过滤器边框上,应梯形或榫形拼接,安装后的垫料的压缩率应大于50%。采用硅橡胶密封时,先清除边框上的杂物和油污,在常温下挤抹硅橡胶,应饱满、均匀、平整。采用液槽密封时,槽架安装应水平,槽内保持清洁无水迹。密封液宜为槽深的2/3。现场组装的空调机组,应作漏风量测试。

(7)安装完的空调机组静压为700Pa,在室内洁净度低于1000级时,漏风率不应大于2%;洁净度高于或等于100级时,漏风量不应大于1%。

5. 整体式空调机组安装

整体式空调机组是集中式全空气空调系统的空气处理机，它将各种空气处理设备和风机集中设置在一个箱体内。安装程序和要求如下：

(1) 机组安装前，首先检查外部是否完整无损，检查风机转动是否灵活。

(2) 与冷热交换器连接的水管采用"下进上出"的安装方式，以便换热器内空气排出。由于风机吸入段为负压，为使冷凝水能畅通地排至机外并防止机外空气进入，冷凝水排出管应接水封后再排入明沟或下水道，水封的高度取 80～100mm。

(3) 进出水管应安装阀门以调节冷（热）媒水流量或检修时切断水源。进出水管应保温。

(4) 待机外管路冲洗干净后，方可与机组进出水管连接，以保证换热器清洁和水路畅通。

(5) 机组进出水管的高处应安装放气阀，低处应装泄水阀。通水时打开放气阀排气，排完气后将阀门旋紧。需要放掉换热器内积水时，打开泄水阀。

(6) 机组的安装要平稳，与机组连接的风管和水管的质量应由自身的支、吊架来承担，不得由机组来承受。机组进、出风口与风管间用软接头连接，以减弱机组运行振动的传播。

(7) 在接通电源后应检查风机旋转方向是否正确。机组的电机应接在有保护装置的电源上，且机壳应可靠接地。

三、消声器安装

阻性消声器的消声片和消声塞、抗性消声器的膨胀腔、共振性消声器中的穿孔板孔径和穿孔率、共振腔、阻抗复合消声器中的消声片、消声壁和膨胀腔等有特殊要求的部位均应按照设计和标准图进行制作加工、组装，如图 4-33、图 4-34、图 4-35 所示。

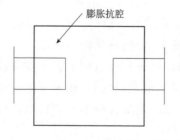

图 4-33 抗性消声器示意图

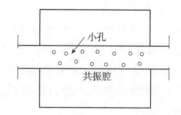

图 4-34 共振性消声器示意图

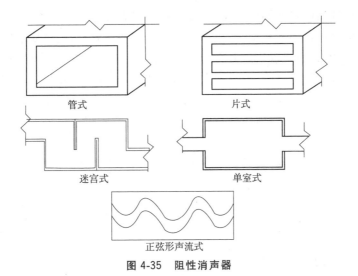

图 4-35 阻性消声器

消声器一般安装在风机出口水平总风管上,用以降低风机产生的空气动力噪声,也有将消声器安装在各个送风口前的弯头内,用来阻止或降低噪声由风管向空调房间传播。消声器在运输和吊装过程中,应力求避免振动;安装前应保持干净;安装时应单独设支、吊架;消声器支架的横担板穿吊杆的螺孔距离应比消声器宽 40~50mm;为便于调节标高,可在吊杆端部套 50~80mm 的丝扣,以便找平、找正用,并加双螺母固定;安装方向必须正确;与风管或配件、部件的法兰连接应牢固、严密;当空调系统有恒温、恒湿要求时,消声器外壳应和风管同样作保温处理。

四、风机盘管安装

风机盘管主要由风机和换热器组成,同时还有凝结水盘、过滤器、出风格栅、吸声材料、保温材料等。其安装形式有立式明装、暗装、卧式明装、暗装、卡式和立柜式等。风机盘管安装示意图见图 4-36。

风机盘管安装前应进行水压试验,并检查风机盘管接管预留管口位置标高是否符合要求;安装卧式机组,应合理选择吊杆和膨胀螺栓,并使机组的凝水管保持一定坡度(一般为 5°);机组进出水管与外接管路连接要求严密,连接时最好

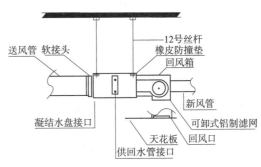

图 4-36 风机盘管安装示意图

采用挠性接管(软接)或铜管连接,连接时切忌用力过猛造成管子扭曲而漏水;安装时应保护换热器翅片和弯头;机组进出水管应加保温层,以免夏季使用时产生凝结水;暗装卧式风机盘管应留有活动检查门,便于机组能整体拆卸和维修。

冷热水管与风机盘管、诱导器宜采用长度300mm的不锈钢软管相接。凝结水管宜用长度不大于300mm材质宜用透明胶管,并用喉管紧固严禁渗漏,坡度应正确,凝结水管应畅通地流到指定的位置,水盘应无积水现象。

第五节 空调制冷系统安装

一、制冷设备安装

1. 活塞式制冷机组安装

活塞式制冷机组如图4-37所示。因其成本低,生产规模大,已广泛用于空调制冷系统中。

图4-37 活塞式制冷机组

(1)基础检查验收

会同土建、监理和建设单位共同对基础质量进行检查,确认合格后进行中间交接,检查内容主要包括:外形尺寸、平面的水平度、中心线、标高、地脚螺栓的深度和间距、埋设件等。

(2)就位找正和初平

1)根据施工图纸按照建筑物的定位轴线弹出设备基础的纵横向中心线,利用铲车、人字拔杆将设备吊至设备基础上进行就位。应注意设备管口方向应符合设计要求,将设备的水平度调整到接近要求的程度。

2)利用平垫铁或斜垫铁对设备进行初平,垫铁的放置位置和数量应符合安装要求。

(3)精平和基础抹面

1)设备初平合格后,应对地脚螺栓孔进行二次灌浆,所用的细石混凝土或水泥砂浆的强度等级,应比基础强度等级高1～2级。灌浆前应清理孔内的污物、泥土等杂物。每个孔洞灌浆必须一次完成,分层捣实,并保持螺栓处于垂直状态。待其强度达到70%以上时,方能拧紧地脚螺栓。

2)设备精平后应及时电焊垫铁,设备底座与基础表面间的空隙应用混凝土填满,并将垫铁埋在混凝土内,灌浆层上表面应略有坡度,以防油、水流入设备底座,抹面砂浆应密实、表面光滑美观。

3)利用水平仪法或铅垂线法在气缸加工面、底座或与底座平行的加工面上测量,对设备进行精平,使机身纵、横向水平度的允许偏差为1/1000,并应符合设备技术文件的规定。

(4)拆卸和清洗

1)用油封的制冷压缩机,如在设备文件规定的期限内,且外观良好、无损坏和锈蚀时,仅拆洗缸盖、活塞、气缸内壁、曲轴箱内的润滑油。用充有保护性气体或制冷工质的机组,如在设备技术文件规定的期限内,臭气压力无变化,且外观完好,可不做压缩机的内部清洗。

2)设备拆卸清洗的场地应清洁,并具有防火设备。设备拆卸时,应按照顺序进行,在每个零件上做好记号,防止组装时颠倒。

3)采用汽油进行清洗时,清洗后必须涂上一层机油,防止锈蚀。

2. **螺杆式制冷机组安装**

螺杆式制冷机组如图 4-38 所示。它以一对相互啮合的转子在转动中产生周期性的容积变化,实现吸气、压缩和排气过程,主要由机壳、螺杆转子、轴承、能量调节装置等组成。螺杆压缩机具有结构简单、工作可靠、效率高和调节方便等优点。

图 4-38 螺杆式制冷机组

(1)螺杆式制冷机组的基础检查、就位找正初平的方法同活塞式制冷机组,机组安装的纵向和横向水平偏差均不应大于1/1000,并应在地坐或底座平行的加工面上测量。

(2)螺杆式制冷机组安装时,一般需要在地基上安装减振垫。随着技术的发展,机组的振动大大减少,有的机组已不需要安装减振垫,直接将机组安装在地基上紧固地脚螺栓即可。

(3)脱开电动机与压缩机间的联轴器,点动电动机,检查电动机的转向是否符合压缩机要求。

(4)设备地脚螺栓孔的灌浆强度达到要求后,对设备进行精平,利用百分表在联轴器的端面和圆周上进行测量、找正,其允许偏差应符合设备技术文件规定。

3. 离心式制冷机组安装

离心式制冷机组的主机是离心式制冷压缩机,如图4-39所示。由于介质是连续流动的,流量比容积式要大得多。为了产生有效的动量转换,其旋转速度很高,安装要求较高。离心式制冷压缩机吸气量一般为 $0.03\sim15m^3/s$,转速为 $1800\sim30000r/min$,吸气压力为 $14\sim700KPa$,排气压力小于2MPa,压缩比在 $2\sim30$,几乎可采用所有制冷剂。

图4-39 离心式制冷机组

(1)离心式制冷机组的安装方法与活塞式制冷机组基本相同,机组安装的纵向和横向水平偏差均不应大于1/1000,并应在地坐或底座平行的加工面上测量。

(2)机组吊装时,钢丝绳设在蒸发器和冷凝器的筒体外侧,不要使钢丝绳在仪表盘、管路上受力,钢丝绳与设备的接触点应垫木板。

(3)机组在连接压缩机进气管前,应从吸气口观察导向叶片和执行机构、叶片开度与指向位置,按设备技术文件的要求调整一致并定位,最后连接电动执行机构。

(4)安装时设备基础地板应平整,底座安装应设置隔振器,隔振器的压缩量应一致,如图4-40所示。

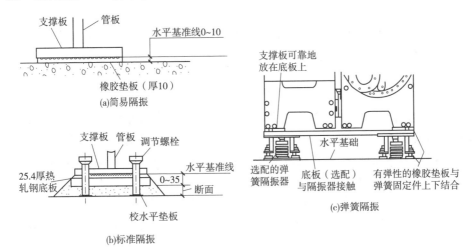

图4-40 隔振处理示意图

4. 溴化锂吸收式制冷机组安装

溴化锂吸收式制冷设备是利用溴化锂水溶液在常温下,特别是在温度较低时,吸收水蒸气的能力很强,而在高温下又能将所吸收的水分释放出来的特性,以及利用制冷剂水在低压下汽化吸收周围介质热量的特性实现制冷。双效吸收式制冷机组如图4-41所示。

图4-41 双效溴化锂制冷机组

(1)安装前,设备的内压应符合设备技术文件规定的出厂压力。

(2)机组在房间内布置时,应在机组周围留出可进行保养作业的空间。多台机组布置时,两极组建的距离应保持在 1.5～2m。

(3)溴化锂制冷机组的就位后得初平及精平方法与活塞式制冷机组基本相同。

(4)机组安装的纵向和横向水平偏差均不应大于 1/1000,并应在设备技术文件规定的基准面上测量。水平偏差的测量可采用 U 形管法或其他方法。

二、附属设备安装

制冷系统中的附属设备包括冷凝器、贮液器、蒸发器、油分离器等,均属于受压容器,安装前应进行强度试验和严密性试验。当设备在制造厂已做过强度试验,无损伤和锈蚀现象,并在技术文件规定的期限内安装,可只做严密性试验。

强度试验采用水压试验,试验压力应按技术文件规定确定,技术文件未明确的,可参照表 4-20 确定。严密性试验是以干燥空气或氮气为介质,可参照系统的严密性试验进行。对于卧式壳管式冷凝器,作严密性试验时,应将筒体两端的封盖拆下以便检漏。

表 4-20　强度试验压力值

工作压力 P	试验压力 P_s
<0.6	$1.5P$
$0.6\sim1.2$	$P+0.3$
>1.2	$1.25P$

(1)立式冷凝器安装

立式冷凝器一般安装在室外冷却水池上的槽钢支架上或不完全封顶的钢筋混凝土水池盖上。

立式冷凝器与水池的连接方法较多,最常见的是预埋锚铁或埋地脚螺栓,如图 4-42 所示。水池上的顶埋锚铁是焊有螺纹钢锚钩的制板,在浇注水池时将其埋在水池上表面。安装时,冷库立式冷凝器与水池的过渡连接件常用槽钢制作。

如果冷库立式冷凝器基础是预埋地脚螺栓,则在安装以前必须认真复核地脚螺栓的间距和对角线的距离,确认无误后才能安装。在冷库立式冷凝器安装前,应根据设备布置图确认冷库立式冷凝器安装的管口方位,清除水池上表面凸瘤,预埋钢板水池应弹出对中墨线,并刮净锚板。准备若干厚薄不等的垫板,根据冷库立式冷凝器的尺寸,准备相应的起重机具。

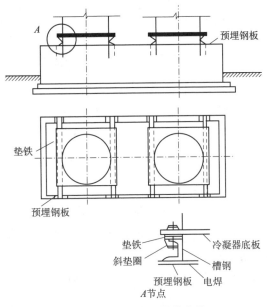

图 4-42 立式冷凝器的安装

立式冷凝器安装应垂直。允许偏差不得大于 1/1000。测量偏差的方法是在冷凝器顶部吊铅垂线,测量筒体上、中、下 3 点距垂线的距离,x、y 方向各测 1 次。如图 4-43,a_1,a_2,a_3 差值不大于 1/1000。

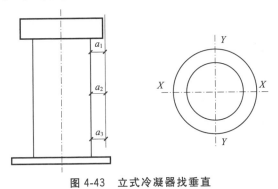

图 4-43 立式冷凝器找垂直

(2)卧式冷凝器与贮液器的安装

卧式冷凝器与贮液器一般安装于室内,为满足两者的高差要求,卧式冷凝器可安装于钢架上,也可直接安装于高位的混凝土基础上。为节省机房面积,通常是将卧式冷凝器与贮液器一起安装于垂直于地面的钢架上,如图 4-44 所示。当集油罐在设备中部或无集油罐时,卧式冷凝器与贮液器应水平无坡安装,允许偏差不大于 1/1000;当集油罐在一端时,设备应设 1/1000 的坡度,坡向集油罐。

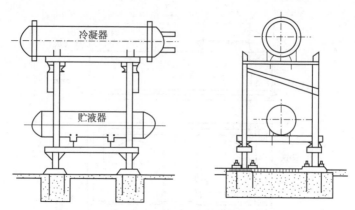

图 4-44　卧式冷凝器与贮液器的安装

当冷库卧式冷凝器与储液器叠加安装时,应先安装储液器,吊装时可利用支架挂葫芦,并将储液器就位于其上。冷库卧式冷凝器的吊装可用人字抱杆葫芦吊装,安装后两设备的水平度应符合有关技术文件规定。

第五章　燃气系统安装

第一节　室内燃气系统安装

一、室内燃气系统的组成

室内燃气管道系统由用户引入管、干管、立管、用户支管、燃气计量表、用具连接管和燃气用具组成，如图 5-1 所示。

二、室内燃气管道及阀门安装

1. 管材及连接方式

室内燃气管道常用管材有镀锌钢管、无缝钢管、焊接钢管、纯铜管、橡胶管等。

（1）金属管材

室内燃气管道多用镀锌钢管，镀锌钢管宜采用螺纹连接。管道加工后的螺纹应检查管壁厚度，以防渗漏与断裂。螺纹接口连接时，采用聚四氟乙烯密封带，不允许用铅油麻丝密封，以免漏气。无缝钢管与焊接钢管一般采用焊接或法兰连接。纯铜管或黄铜管的管径为 6～10mm，一般使用焊接或管件连接，管件使用铜制配件。

（2）胶管

胶管是用天然或人造橡胶与填料的混合物，经过加热后制成的挠性管子，广泛应用于连接燃气旋塞阀与燃具。为了安全供气，胶管须有足够的强度、耐气体渗透性、抗老化性和准确的内径。胶管有铠装胶管、带内棱的胶管、丝包螺旋管等。

铠装胶管（金属螺旋管加强的胶管）有 $\phi 10mm$

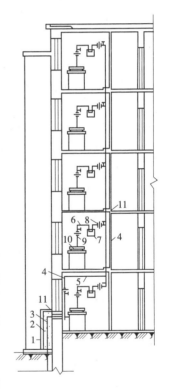

图 5-1　室内燃气系统
1-用户引入管；2-砖台；3-保温层；
4-立管；5-水平干管；6-用户立管；
7-燃气计量表；8-旋塞阀及活接头；
9-用具连接管；10-燃气用具；
11-套管

和 φ13mm 两种规格,可根据所需长度切断。切断后,应使中心胶管伸出一定长度与燃气旋塞阀直接连接。

带内棱胶管(图 5-2)在使用过程中如果被误折或误踩,燃气仍能从孔隙中通过,燃具不致熄火,但会增加燃气的压损。使用时,若直接与燃气旋塞连接,燃气会从凸起缝隙中漏出,所以需要另外增加胶制套管。

图 5-2 带内棱胶管的断面

安装胶管时,应把胶管插到旋塞阀接口,并用胶管卡子进行紧固,使其不易脱落。胶管卡安装要紧固均匀。胶管通常可用 3 年,但接近燃具一端温度较高,长期使用会失去弹性,易于拔脱或出现裂纹导致漏气。这时,可剪去用久了的胶管头继续使用。胶管出现裂纹时应更换。

2. 管道及阀门安装

(1)引入管安装

用户引入管与城市或小区低压分配管道连接,在分支管处设阀门。输送湿燃气的引入管一般由地下引入室内,当采取防冻措施时也可由地上引入。在非采暖地区输送干燃气且管径不大于 75mm 的,则可由地上引入室内。输送湿燃气的引入管应有不小于 0.005 的坡度,坡向城市或小区分配管道。

引入管最好直接引入用气房间(如厨房)内。不得敷设在卧室、浴室、厕所、易燃与易爆物仓库、有腐蚀性介质的房间、变配电间、电缆沟及烟、风道内。

当引入管穿越房屋基础或管沟时,应预留孔洞,加套管,间隙用油麻、沥青或环氧树脂填塞。管顶间隙应不小于建筑物最大沉降量,具体做法如图 5-3 所示。当引入管沿外墙翻身引入时,其室外部分应采取适当的防腐、保温和保护措施。

引入管进入室内后第一层处,应该安装严密性较好、不带手柄的旋塞,这样可以避免随意开关。

对于建筑高度 20m 以上的建筑物的引入管,在进入基础之前的管道上应设软性接头,以防地基下沉对管道的破坏。

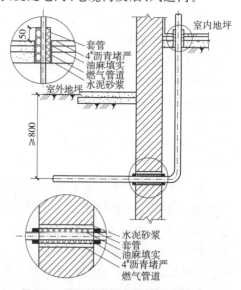

图 5-3 引入管穿越基础或外墙做法

(2) 立管安装

立管是将燃气由水平干管(或引入管)分送到各层的管道。立管一般敷设在厨房、走廊或楼梯间内。每一立管的顶端和底端带丝堵三通,做清洗用,其直径不小于25mm。当由地下室引入时,立管在第一层应设阀门。阀门应设于室内,对重要用户应在室外另设阀门。

立管通过各层楼板处应设套管,套管的规格应比立管大两号,见表5-1。套管高出地面至少50mm,底部与顶棚面平齐。套管与立管之间的间隙用油麻填堵,沥青封口。

表5-1 套管规格(mm)

立管直径	15	20	25	32	40	50	65	80	100	150
套管直径	32	40	32	50	65	80	100	125	150	200

立管在多层建筑中可以不改变管径,直通上面各层。

高层建筑的立管长、自重大,需要在立管底端设置支墩支撑。为补偿温差变形,需设置挠性管或波纹补偿装置,见图5-4。

(3) 干管安装

引入管连接多根立管时,应设水平干管。水平干管可沿楼梯间或辅助间的墙壁敷设,坡向引入管,坡度不小于0.002。管道经过的楼梯间和房间应有良好的通风。

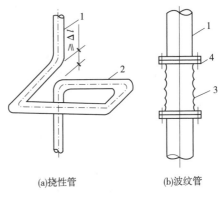

(a) 挠性管　　(b) 波纹管

图5-4 立管补偿措施

1-供气立管;2-挠性管;3-波纹管;4-法兰

干管通过门厅及楼梯间,距地面安装高度不小于2m。穿墙部分的燃气管道不允许有接头,管外应有穿墙套管。每隔4m左右装1个支架,干管中部不能有存水的凹陷地方,且距房顶的净距不小于150mm。

(4) 支管安装

由立管引向各单独用户计量表及燃气用具的管道为用户支管,管径一般15~20mm,用三通与立管相连。用户支管在厨房内的高度不低于1.7m,敷设坡度应不小于0.002,并由燃气计量表分别坡向立管和燃气用具。水平支管距厨房地面不小于1.8m,上面装有燃气表及表前阀门。每根支管两端应设托钩。支管穿墙时也应有套管保护。

室内燃气管道应明装敷设。当建筑物或工艺有特殊要求时,也可以采用暗装。但必须敷设在有人孔的闷顶或有活盖的墙槽内,以便安装和检修。

(5) 用户立管安装

用户立管安装。用户立管是水平支管与灶具之间的垂直管段。管径为 15mm,灶前下垂管上至少设 1 个管卡,若下垂管上装有燃气嘴时,需设 2 个管卡。

(6) 阀门安装

燃气系统的阀门应具有密封性好、强度可靠和耐腐蚀等特性。

1) 进户总阀门安装。管径 40~70mm 的采用球阀,螺纹连接,阀后装活接头。管径＞80mm 的采用法兰闸阀。总阀门一般装在离地面 0.3~0.5m 的水平管上,水平管两端用带丝堵的三通,分别与穿墙引入管和户内立管相连。总阀门也可装在离地面 1.5m 的立管上。

2) 表前阀安装。额定流量＜$3m^3/h$ 的家用燃气表,表前阀门采用接口式旋塞。安装在离地面 2m 左右的水平支管上。

3) 灶前阀的安装。用钢管与灶具硬连接时,可采用接口式旋塞。用胶管与灶具软连接时,可用单头或双头燃气旋塞。软连接的灶前燃气旋塞,距燃具台板不小于 0.15m,距地面不小于 0.9m。

4) 隔断阀安装。为了在较长的燃气管道上能够分段检修,可在适当位置设隔断阀。在高层建筑的立管上,每隔 6 层应设置 1 个隔断阀。一般选用球阀,阀后应设有活接头。需注意球阀及旋塞的阀体材料,一般采用灰口铸铁,材质较脆,机械强度不高,安装时应掌握好力度,达到既不漏气又不损坏阀门的要求。旋塞的阀体与阀芯的严密性是经过制造厂家对各个旋塞配合研磨而成,零件间不具备互换性。

3. 管道除锈和防腐

室内燃气管道采用无缝钢管或黑铁管时,为防止管道腐蚀穿孔而发生燃气泄漏事故,需做管道防腐。采用镀锌钢管时,除了特殊的美观要求外,可不做防腐。地下引入管采用焊接钢管时,需做防腐措施。

(1) 室内燃气管道除锈

管材在防腐之前,要根据表面锈蚀和污染程度及防腐材料的施工要求作表面处理。具体方法有:手工除锈、机械除锈、机械喷砂除锈及化学处理等。室内燃气管道,一般采用人工或机械除锈。要求露出金属本色,钢管表面干燥清洁。

(2) 室内燃气管道防腐

常用的防腐材料有油漆和沥青等,要求它们在金属表面形成连续无孔的膜,不透气,不透水,对金属表面有牢固的附着力,有一定的机械强度和弹性,有效地将金属表面与外界介质隔离开。

引入管地下部分用沥青防腐或者缠绕防腐胶带。防腐胶带有定型产品,使用方便,特别适用于零星管道焊口处的防腐。黑铁管或镀锌钢管表面的镀锌层剥落时应除锈、防腐。

三、燃气表和用气设备安装

1. 燃气表安装

燃气表宜安装在通风良好的非燃结构的房间内,严禁安装在卧室、浴室、危险物品和易燃物品存放及类似地方。

当室内燃气管道均已固定,管道系统严密性试验合格后,即可进行室内燃气表的安装,同时安装表后支管,见图 5-5。

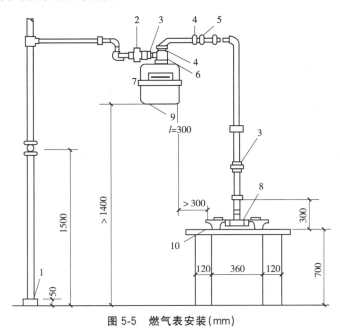

图 5-5　燃气表安装(mm)

1-套管;2-表前阀;3-活接头;4-塑料接头;5-管箍;6-塑料三通;7-燃气表;8-灶具;9-角铁支架;10-灶台板

燃气表安装应注意与室内其他设施保持一定的安全距离。与电气闸刀开关、电表盘等电气设备净距离应为 1m;与家用灶水平净距为 0.3m,与食堂灶为 0.7m;与开水炉净距为 1.5m;与煤火炉的垂直净距应保持 1m 以上;与砖砌烟囱净距为 0.3m,与金属烟囱净距为 0.6m;与相邻的燃气表的间距须保持 0.15m。

2. 燃气灶具安装

家用燃气灶常用的有单眼灶、双眼灶,一般家庭住宅配置双眼燃气灶。公共建筑可采用三眼灶、四眼灶、六眼灶等。

(1)民用灶具的安装

居民用户通常以厨房为用气房间。用气房间的高度不应低于 2.2m,装有热水器的房间不应低于 2.6m。安装灶具时,根据灶具连接管的材质分硬连接和软连接,硬连接的灶具连接管为钢管,软连接灶具连接管为金属可挠性软管或橡胶软管。灶具背面与墙净距不小于 0.1m,侧面与墙净距不小于 0.2~0.25m。若墙面为易燃材料时,必须加设隔热防火层,突出灶板两端及灶面以上不小于 0.8m,同一厨房安装一台以上灶具时,灶与灶之间的净距不小于 0.4m。安装灶具的平台应采用难燃材料,灶台高度一般为 0.65~0.7m,灶架应平稳牢固。

(2)公用灶具安装

公用燃气灶由灶体、燃烧器和配管组成。按用途分蒸锅灶、炒菜灶和西餐灶等;按结构材料分为砌筑型和钢结构炉灶。钢结构炉灶的灶体、燃烧器、连接管和灶前管一般均在出厂时装配齐全,安装现场把炉灶稳固后,仅需配置灶具连接管。

公用灶具的安装主要是燃烧器配管的安装,即燃烧器的管接头与灶具支管之间的灶具连接管、灶前管和燃烧器连接管的配管安装。砌筑型蒸锅灶和炒菜灶的燃烧器可采用高配管和低配管两种方式。高配管就是把灶前管安装在灶沿下方,从灶前管上开孔并焊一个带有外螺纹的管接头,垂直向下接燃烧器连接管,如图 5-6。低配管则是将炉前管安装在灶体的踢脚位置(或上方),向上连接配管。配管顺序依次是把灶具连接管和灶前管预先装配好,然后用活接头 2 与安装固定好的灶具支管进行连接,此过程称为锁灶。待室内管道压力试验合格后,用活接头 6 与燃烧器连接管连接,此过程称为锁燃烧器。

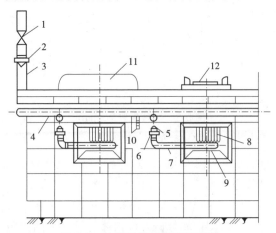

图 5-6 炒菜灶燃烧器高位配管

1-灶具控制旋塞;2-活接头;3-灶具连接管;4-灶前管;5-燃烧器旋塞;6-活接头;
7-燃烧器连接管;8-燃烧器;9-支架;10-点火旋塞;11-炮台灶框;12-锅支架

具有 2 个管接头的燃烧器应配接 2 根连接管和控制旋塞,如图 5-7 所示。对于蒸锅灶,其中一个燃烧器控制旋塞必须采用连锁型旋塞,连锁型旋塞中的主旋塞接燃烧器连接管,从副旋塞上接出一根 DN8 的小钢管通至燃烧器中心,小管末端垂直向上,管口略低于燃烧器火孔,此管口即为"长明"火孔。

3. 燃气热水器安装

燃气热水器是一种局部热水供应的加热设备，按其构造和使用原理可分为直流式和容积式两种。

直流式快速燃气热水器目前应用最多，其工作原理为冷水流经带有翼片的蛇形管时，被流过蛇形管外部的高温烟气加热，得到所需温度的热水。

容积式燃气热水器是一种能够贮存一定容积热水的自动加热器，其工作原理是与调温器、电磁阀及热电耦联合工作，使燃气点燃和熄火。

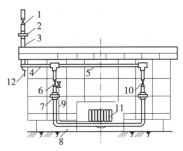

图 5-7 蒸锅灶燃烧器配管图
1-灶具控制旋塞；2-活接头；3-灶具连接管；
4-灶前管；5-燃烧器支管；6-连锁旋塞；
7-活接头；8-燃烧器连接；9-长明火座；
10-燃烧器旋塞；11-燃烧器；12-点火旋塞；
13-炮台灶框；14-锅支架

燃气热水器安装如图 5-8 所示。燃气表的出口一般装有三通把燃气分流到燃气灶和热水器。热水器前应装有阀门，阀后一般采用钢管与热水器连接。对于烟道排气式热水器和平衡式热水器，应有专用的烟道。

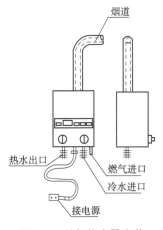

图 5-8 燃气热水器安装

热水器的冷水管上应装设阀门。热水器的安装高度以热水器的观火孔与人眼高度相齐为宜，一般距地面 1.5m，热水器应安装在耐火的墙壁上，与墙的净距应>20mm，与对面墙之间应有>1m 的通道，与燃气表和燃气灶的水平净距应>0.3m。顶部距天花板应>0.6m，上部不得有电力明线、电器设备和易燃物。其四周保持 0.2m 以上的空间，便于通风。热水器两侧的通风孔不要堵塞，以保证有足够的空气助燃。热水器不要装在灰尘多的地方，强风能吹到的地方，空间狭小、空气不流通的地方，其他灶具的上方及堆放易燃易爆有腐蚀性物质的地方。

严禁生产安装在浴室内的前制式燃气热水器，只允许生产安装在浴室外的后制式的燃气热水器。排烟道应用薄钢板制成。

第二节 室外燃气系统安装

一、室外燃气管道安装

燃气管道主要采用钢管、铸铁管和塑料管等。高压、中压管道通常采用钢管,中压和低压管道采用钢管或铸铁管,工作压力<0.4MPa的室外地下管道可以采用塑料管。

1. 埋地金属管道安装

埋地燃气管道安装工艺流程包括：测量定位放线、开挖沟槽、管道排放及对口连接、试压及检漏、除锈防腐和回填土等,如图5-9所示。

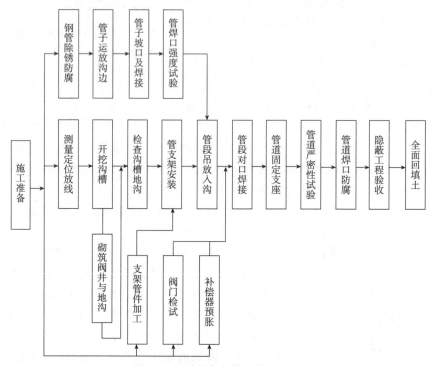

图5-9 埋地燃气钢管安装流程图

在沟槽施工完毕及管道下沟前,将管沟内塌方土、石块、雨水、油污和积雪等清除干净,检查管沟或涵洞深度、标高和断面尺寸应符合设计要求。对石方段的管沟,松软垫层厚度应≥300mm,且沟底应平坦、无石块,方可下管。下管方式可分为集中下管、分散下管和组合下管。集中下管是将管道集中在沟边某处统一下沟,再在沟内将管子运到需要的位置。分散下管是沿沟边顺序排列,依次下管。组合吊装是将几根管子在地面连接成一定长度,然后下管。

管道下沟的方法,可根据管子直径与种类、沟槽深度、现场环境及施工机具等情况确定。管径较大时,应尽量采用机械下管。机械下管时,必须用专用的尼龙吊具,起吊高度以1m为宜。将管子起吊后,转动起重臂,使管子移至管沟上方,然后轻放至沟底。起重机的位置应与沟边保持一定距离,以免沟边土壤受压过大而发生塌方。由人拉住管两端绑好的绳索,随时调整方向并防止管子摆动,缓慢放到沟里。当道路狭窄,周围树木、电线杆较多或管径较小时,可采用人工下管。

(1)钢管连接

钢管下管前,先在沟边进行组对焊接,将管道连接成一定长度的管段,再下地沟,以避免在沟内挖掘大量的接口操作坑。管道焊接通常采用滚动焊接,每段管长度由管径大小及下管方式决定,通常以30~40m长为宜,也不应在下管时管段弯曲过大而损坏管道或防腐层。由于煤焦油磁漆覆盖层防腐的钢管不允许滚动焊接,所以只能将每根钢管放在沟内采用固定焊接。管道焊接完毕,在回填前需用电火花检漏仪进行全面检查,并对电火花击穿处进行修补。

(2)铸铁管连接

铸铁管一般不在沟槽外预先连接,常采用单段管道下沟,沟内做接口连接。铸铁管下沟的方法与钢管基本相同,应尽量采用起重机下管。当人工下管时,多采用压绳法下管。

当输送人工湿煤气时,管道敷设应具有一定坡度,并需设置排水器,以排放管内冷凝水。地下人工煤气管道的坡度规定,中压管不小于0.03,低压管不小于0.04。在市区地下管线密集地带施工时,如果取统一的坡度值,将会因地下障碍而增设排水器,故在施工时应根据设计燃气系统安装与地下障碍的实际情况,对管道的实际敷设坡度综合考虑,保持坡度均匀变化并不小于规定坡度要求。管道敷设坡度方向是由支管坡向干管,再由干管的最低点用排水器将水排出,所有管道严禁反坡。

2. 非金属管道安装

燃气管道用塑料管主要是聚乙烯(PE)管。埋地管道和管件应符合《燃气用埋地聚乙烯管材》和《燃气用埋地聚乙烯管件》的规定。目前,国内聚乙烯燃气管分为SDR11和SDR17.6系列。SDR11系列宜用于输送人工煤气、天然气、液化石油气(气态);SDR17.6系列宜用于输送天然气。

PE管只能埋地敷设,严禁用作室内地上管道。埋设在车行道下的,管顶最小覆土厚度应不小于0.8m;埋设在非车行道下时,应不小于0.6m;埋设在水田下时,宜不小于0.8m。当采取可靠的防护措施后,上述规定可适当降低。

PE管不得从建筑物和大型构筑物的下面穿越;不得在堆积易燃、易爆材料和具有腐蚀性液体的场地下面穿越;不得与其他管道或电缆同沟敷设;不宜直接穿越河底;与供热管之间、与其他建筑物、构筑物的基础或相邻管道之间的水平净距应满足有关规范要求;管道的地基宜为无尖硬土石和无盐类的原土层,当原土层有尖硬土石和盐类时,应铺垫细砂或细土。凡可能引起管道不均匀沉降的地段,其地基应进行处理或采取其他防沉降措施;管道不宜直接引入建筑物内或直接引入附属在建筑物墙上的调压箱内,当直接用 PE 管引入时,穿越基础或外墙以及地上部分的管道必须采用硬质套管保护。

二、室外燃气管道附件与设备安装

1. 阀门安装

阀门安装前应对阀门进行检查、清洗、试压、更换填料和垫片,必要时进行研磨。电动阀、气动阀、液压阀和安全阀等还需进行动作性能检验,合格后才能安装使用。埋地燃气管道阀门一般设置在阀门井内,以便定期检修和启用操作。阀门井有方形与圆形,常用砖或钢筋混凝土砌筑,底板常为钢筋混凝土,顶板通常为钢筋混凝土预制板。

燃气钢管上的阀门后一般连接波形补偿器,阀门与补偿器可预先组对,组对时应使阀门和补偿器的轴线与管道轴线一致,并用螺栓将组对法兰紧固到一定程度后,进行管道与法兰的焊接。最后加入法兰垫片把组对法兰完全紧固。

铸铁燃气管道上的阀门安装如图 5-10 所示。安装前应先配备与阀门具有相同公称直径的承盘或插盘短管,以及法兰垫片和螺栓,并在地面上组对紧固后,再吊装至地下与铸铁管道连接,其接口最好采用柔性接口。

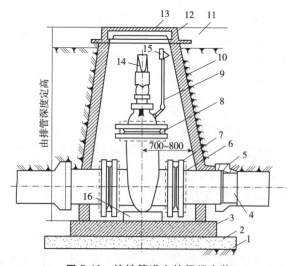

图 5-10 铸铁管道上的阀门安装

1-素土层;2-碎石基础;3-钢筋混凝土土层;4-铸铁管;5-接口;6-法兰垫片;7-盘插管;8-阀体;9-加油管;
10-闸井墙;11-路基;12-铸铁井框;13-铸铁井盖;14-阀杆;15-加油管阀门;16-预制钢筋水泥垫块

2. 补偿器安装

室外燃气管线上所用的补偿器主要有波形补偿器和波纹管 2 种,在室外架空管道上也常用方形补偿器。

安装波形补偿器注意应从注入孔灌满 100 号甲道路石油沥青,安装时注油孔应在下部,如图 5-11 所示;水平安装时,套管有焊缝的一侧,应安装在燃气流入端,垂直安装时应置于上部;补偿器与管道应保持同心,不得偏斜。安装前不应将补偿器的拉紧螺栓拧得太紧,安装完时应将螺母松 4~5 扣,安装补偿器 B 寸,应按设计规定的补偿量进行预拉或预压。

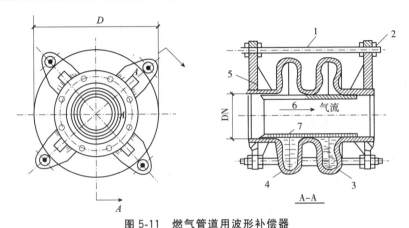

图 5-11　燃气管道用波形补偿器
1-螺杆;2-螺母;3-波节;4-石油沥青;5-法兰;6-套管;7-注入孔

第六章 供热锅炉及辅助设备安装

第一节 整装锅炉安装

一、施工准备

1. 材料、设备要求

(1)工程所用材料、成品、半成品、配件和设备,应具有质量合格证明文件;其规格、型号及性能检测报告,应符合国家技术标准和设计要求。

(2)工程所用材料、成品、半成品、配件和设备的包装良好,表面无损坏;包装上应标有批号、数量、生产日期和检验代码。

(3)主要器具和设备,应有完整的安装和使用说明书。

(4)锅炉辅助设备和锅炉房管道、管件等,应具有质量合格证明文件;规格、型号及性能检测报告,应符合国家技术标准和设计要求。

(5)锅炉辅助设备和锅炉房管道、管件等,包装应良好、表面无损坏;包装上应标有批号、数量、生产日期和检验代码,主要设备应有完整的安装和使用说明书。

(6)分汽缸和储油罐等一、二类压力容器,应具有产品合格证、压力试验报告、材质证明文件;产品上应有铭牌,铭牌应标明生产厂家、试验压力、材质、生产日期等内容。

(7)吊装烟囱的木桅杆和厚木板全部到场,且质量符合要求。

(8)安全防护设施搭设所用的架管、密目网、架板、扣件等全部到场,并有合格证,且质量符合要求。

(9)安全阀、压力表、液位计的型号、规格和材质等符合设计规定,并有出厂合格证。

(10)安全阀、压力表应送到有资质的单位进行检定,且检定合格。

(11)压力表、水位计等易碎物品应妥善保管。

(12)设备维护用润滑油的品种、质量,均应符合设备使用说明书和设计要求。

(13)锅炉的燃油、燃气的成分、发热量,符合设计要求。

(14)木材、煤、油、棉、纱等燃烧物应足量,且不含铁钉、螺栓等铁件。
(15)锅炉煮炉的化学药品与试剂,应符合规定要求。

2. 作业条件

(1)施工现场已具备开工条件,水、电、路等已通。
(2)锅炉设备基础的混凝土强度已达到设计要求,并办理基础验收交接手续。
(3)安全防护设施搭设所用的架管、密目网、架板、扣件等已全部到场;应有合格证,且质量符合要求。
(4)锅炉吊装用的三脚架、滚杠等已全部到位,且质量符合要求。

二、整装锅炉本体安装

整装锅炉本体安装施工工艺流程如图 6-1 所示。

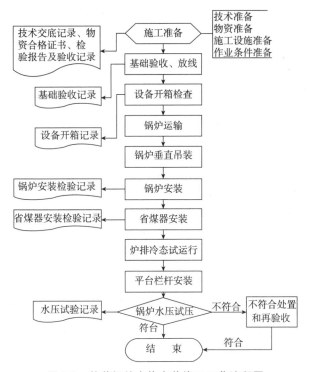

图 6-1 整装锅炉本体安装施工工艺流程图

1. 基础验收、放线

锅炉的混凝土基础施工完成后,应按有关规定进行验收,然后再根据设计要求在基础上放线,确定锅炉与锅炉房的相对位置。

基础验收包括四个部分:外观检查验收;相对位置及标高验收;基础本身几

何尺寸及预埋件的验收;基础抗压强度的检验。

(1)验收基础时,应根据土建提供的基础验收资料和锅炉本体基础图,对土建施工的基础进行检查。主要应复测土建施工时,确定的锅炉基础纵向与横向中心线是否与锅炉本体基础中心线及锅炉房其他设备基础的相对位置相符。

(2)用红铅油把已确定的基础纵向基准线从炉前到炉后划在基础上;然后,在炉墙前边缘划出一条与基础纵向基准线相垂直的直线,作为横向基准线,根据这两条纵横基准线确定锅炉平面安装位置;根据施工总平面图确定基础绝对标高,作为基准标高。根据以上三条线定出:基础标高线、锅炉基础预埋锚板(含地脚螺栓)的轮廓线、辅助设备(减速机、风机、风烟道等)的基准线,如图 6-2 所示。划线完毕后,可根据锅炉基础图核对相关尺寸。

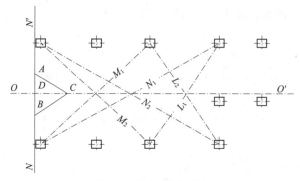

图 6-2 锅炉基础划线

划线完毕后,可根据锅炉基础图核对相关尺寸。为了确保混凝土达到预定强度,基础浇筑完毕后,不应立即进行施工,应至少养护 7 天以上。

2. 锅炉搬运

快装锅炉现场运搬时一般采用滚运的办法(图 6-3)。

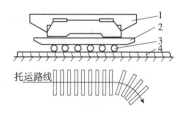

图 6-3 重设备滚运

锅炉运输前,应先搭好马道,疏通道路,确定地锚位置,稳定好卷扬机。用千斤顶将锅炉前端顶起,锅炉下方放入道木和滚杠(宜用钢管),用撬杠向前撬动;大型锅炉应用卷扬机牵引前进。锅炉运到基础上后、拆滚杠前,应保证锅炉纵横基准线与基础纵横基准线相吻合,允许偏差±5mm,撤除滚杠使锅炉就位。

3. 锅炉吊装

锅炉安装时,应配备必要的吊装工,对笨重部件实施吊装,配合安装,以保证施工安全。吊装可由独脚桅杆、卷扬机和吊车完成。

4. 锅炉安装

快装锅炉一般都是人工就位。就位前先在炉体上分别标出纵向中心线、横向基准线的基准点,再采用滚杠、千斤顶、枕木配合工作,将锅炉平稳地落在锅炉基础上,使锅炉上所标基准点对准锅炉基础上的基准线。锅炉炉排前轴中心线与基础前轴中心不超过±2mm,纵向中心线与基础几何中心线偏差不超过±10mm。

快装锅炉横向水平以锅筒为依据来找。当锅筒内最上一排管布置在同一水平线时,可打开锅筒上人孔将水平仪放在烟管上部进行测定,或打开前烟箱,用玻璃管水平测定水平线的两端点,误差应小于2mm。

快装锅炉纵向找坡:即使排污口位于锅炉的最低点,其前后高差为25mm,以便于沉积物排出;对出厂时考虑了排污坡度的锅炉,其基础应水平。

安装找平时,应采用垫铁。垫铁的每组间距以500mm~1000mm为宜。找平后,应采用电焊将垫铁点焊固定。

随快装锅炉一起附带的梯子、平台、栏杆等,应按锅炉随带图纸进行安装,将其就位后拧紧螺栓,爬梯下端的支架应焊在锅炉炉体上。

5. 省煤器

安装省煤器一般直接安装在基础上,也有安装于支架上的。直接安装在基础上的省煤器,其位置及标高应符合图纸尺寸。当烟管为成品时,应结合烟管实际尺寸进行找平和找正。装于支架上的省煤器应先安装支架,通过调整支架的位置和标高,使省煤器的进口位置与烟气出口位置尺寸相符,然后将地脚螺栓浇筑混凝土固定。

对于现场组装的省煤器,组装完成后,应做水压试验,试验压力为锅炉工作压力的1.25倍再加0.5MPa。

6. 除渣机安装

快装锅炉常用的除渣机有螺旋除渣机(图6-4)和刮板除渣机。一般是将电机、减速机、螺旋轴(或链条、刮板)、机壳及渣斗等一起组装为整体后出厂。安装前,应先检查零部件是否齐全,外壳是否有凹坑及变形;核对除渣机法兰与炉体法兰螺栓孔位置是否正确,不合适时应进行修正。

安装螺旋除渣机的步骤

(1)先将除渣机从安装孔斜放在基础坑内,然后将漏灰接板安装在锅炉底板的下部,安装锥形渣斗,并上好连接漏灰接板与渣斗之间的螺栓,吊起除渣机的筒体与锥形渣斗连接好,锥形渣斗下口的长方形法兰与除渣机筒体的长方形法兰之间应加橡胶垫或油浸石棉盘根密封,不应漏水,将自来水接入渣斗内。

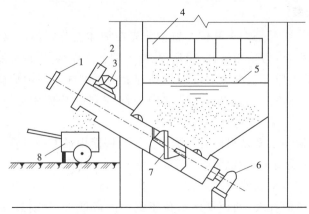

图 6-4　螺旋除渣机
1-链轮；2-变速箱；3-电动机；4-老鹰铁；5-水封；6-轴承；7-螺旋轴；8-渣车

(2) 安装除渣机的吊耳和轴承底座。在安装轴承底座时，要使螺旋轴保持同心并形成一条直线。

(3) 调好安全离合器的弹簧，用扳手转蜗杆，使螺旋轴转动灵活。

(4) 安装后，接通电源，检查旋转方向是否正确，离合器的弹簧是否跳动。冷态试车 2h，无异常声音，不漏水为合格，并做好试车记录。

(5) 安装时，在坑内操作，吊装要稳妥，注意安全。当除渣机的送渣距离较长时，除渣机要加设支架或悬吊于锅炉本体钢架上。

三、整装锅炉辅助设备及管道安装

1. 炉排变速箱安装

炉排变速箱安装前应打开端盖，检查齿轮、轴承及润滑油脂情况，发现异常应及时处理，油脂变质或积存污物时应清洗换油。炉排安装并找正后，将变速箱吊到基础上。对于链条炉排，根据炉排传动轴位置调整变速箱的位置和标高，以保证炉排轴与变速箱轴同心。合格后进行预埋螺栓的二次灌浆，混凝土凝固后，拧紧地脚螺母，并复查变速箱标高及水平度。

安装往复炉排的变速箱时应注意使偏心轮平面与拉杆中心线平行，以保证其正常运转。

2. 引风机安装

锅炉引风机安装前，应核对风机的规格、型号，叶轮、机壳和其他部位的主要安装尺寸是否与设计相符；清理内部杂物，检查叶轮旋转方向是否正确；检查叶轮与机壳轴向与径向间隙，用手转动叶轮时，不应与机壳有摩擦及碰撞现象；检查轴承是否充满润滑脂、冷却水管路是否通畅；检查风机入口调节阀转动是否灵活,发现锈死,应清洗加油。

(1)基础验收合格后,安装垫铁,将送风机吊装就位(带地脚螺栓);找平、找正后,进行地脚螺栓孔灌浆;待混凝土强度达到75%以上时,再复查风机是否水平;地脚螺栓紧固后,进行二次灌浆。混凝土的标号应比基础标号高一级,灌筑捣固时,不应使地脚螺栓歪斜,灌筑后要养护。

(2)安装烟道时,应使之自然吻合,不应强行对接,更不应将烟道重量压在风机上;当采用钢板风道时,风道法兰连接要严密;当采用砖砌地下风道,风道内壁用水泥砂浆抹平,表面光滑,严密;风机出口与风管之间,风管与地下风道之间连接要严密,防止漏风。

(3)安装调节风门时,应注意不要装反,应标明开、关方向。

(4)安装冷却水管,冷却水管应干净通畅;排水管应安装漏斗以便观察出水的大小,出水大小可用阀门调节;安装后,应进行水压试验,水压试验压力为工作压力的1.5倍且不低于0.6MPa。

(5)轴承室应拆卸、清洗、加润滑油。

(6)室外风机的电机应安装安全和防雨的防护罩;防护罩固定支架应在混凝土基础上生根,与支架采用螺栓连接,加弹簧垫片后拧紧。

引风机安装完毕、经检查符合要求后,应进行试运行。试运行前,用手转动风机,检查是否灵活;试运行时,应先关闭出风管上的调节阀,通电进行点试,检查风机转向,有无摩擦和振动现象;待风机启动后,稍开大调节阀,调节门的开度应使电动机的电流不超过额定电流;运转时,应对电机和轴承温升、风机振动情况、轴承润滑情况、冷却水情况、螺栓紧固情况等风机各项指标进行检查。运行时间不应低于2h。

3. 鼓风机安装

鼓风机安装,为了减少振动,风机应采用垫铁找平。鼓风机吸入口侧,应安装带调节阀及过滤网的短管,调节阀可调整鼓风量,过滤网可防止地面纸屑等物吸入风机壳内;风管或地下风道沟的内壁光滑,接缝严密。

鼓风机安装完毕,接通电源进行试运行,其检查内容及要求与引风机基本相同。

4. 除尘器安装

用于锅炉上的除尘器种类较多,这里仅以常用的旋风除尘器来说明此类设备的安装。

安装前,先检查支架混凝土基础上的地脚预留孔(或预埋铁件)是否正确,再按照设计尺寸进行放线,安装支架。除尘器的支架一般是由角钢组焊而成,型材相交处最好利用节点板焊接,这样不仅节点焊接牢靠,而且型材不易变形。支架基本装好后,可将除尘器吊装到支架上,拧好除尘器与支架的连接螺栓(图 6-5),同时安装从省煤器的出口或锅炉后烟箱的出口至除尘器之间的烟管和除尘器的扩散管。如果除尘器扩散管的法兰与除尘器进口法兰位置不合适,可适当调整除尘器支架的位置和标高。烟管法兰间用 $\phi 10mm$ 石棉绳作垫料,连接要严密。

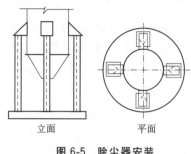

图 6-5 除尘器安装

除尘和烟道安装好后,检查除尘器及支架的垂直度,垂直度偏差不大于 1/1000。合格后将地脚螺栓浇筑混凝土或与预埋铁件焊牢。

除尘器的锁气器是除尘器的主要部件,是保证除尘效果的关键之一。锁气器的连接要严密。翻板式锁气器的舌板应有橡胶板,所加配重要合适。

5. 烟囱安装

小型锅炉的烟囱通常是用钢板卷制而成的,分节制作,各节之间可在现场组焊在一起或采用法兰连接。烟囱应安装于独立的基础或金属支架上。烟囱下部 1.5~2m 以下应适当加粗,底部设有清灰门(也可使独立基础高出地面,将清灰门设于其中)。不得将烟囱支撑于风机的机壳上,以免对引风机的维修与更换带来不便;也可防止机壳变形,造成风机叶轮扫膛以致卡死;同时也会避免烟灰在机壳底部沉积而难清理。

烟囱吊装前,应将每节烟囱在地面上组装好,用石棉绳填实密封,法兰连接的烟囱要进行调直,连接螺栓要上全拧紧,且螺母安装在同一侧,螺栓外露长度以螺栓直径的 1/2 或外露丝扣 2~3 丝为宜。烟囱吊装应尽量采用吊车进行吊装。如在混凝土屋面上,可立木桅杆方法吊装。烟囱就位后用缆风绳固定,二者连接处焊加型钢箍圈,缆风绳连接于箍圈上,缆风绳不得少于 3 根,沿圆周均布,并有可靠的地锚。缆风绳采用 $\phi 6\sim 8mm$ 圆钢或钢绞线,最好每根绳上能加花篮螺栓,既可调节绳的松紧度,也可调整烟囱的垂直度。

引风机出口烟道要顺着风机旋转方向斜向上与烟囱相连接。

6. 排污阀及排污管的安装

锅炉安装时应按锅炉图纸的要求,在指定的排污管接口处安装定期排污阀。排污阀宜选用快速排污阀,排污阀的规格应不小于 $DN40$。排污阀的开关手柄应在外侧,确保操作方便。

定期排污是在短时间内通过较大流量的快速排污,以便冲走锅炉下部的沉渣,并能部分地调整炉水的含盐量。定期排污阀一般由 2 个排污阀串联使用。

每台锅炉都应安装独立的排污管。排污管应尽量减少弯头,保证排污畅通,一般接至排污降温池。几台锅炉的定期排污如合用一个总排污管时,一定要有妥善的安全措施,并保证检修其中任何一台锅炉时,其他锅炉的排污水不得串入检修的锅炉。

7. 给水系统安装

(1) 水处理设备安装

快装锅炉的炉水处理一般采用钠离子交换器进行水处理。

1) 钠离子交换器安装。将钠离子交换器吊装就位,找平、找正。吊装时,防止损坏设备,视镜应安装在便于观看的方向,交换器筒体安装应垂直,垂直度允许偏差为筒高的1‰。钠离子交换器的支架应安装牢固。

2) 设备配管。为了防止腐蚀,盐水管道及还原泵宜采用塑料材质,管道一般采用塑料管或复合管,所有阀门安装的标高和位置应便于操作,配管支架不应焊在罐体上。配管完毕后,根据说明书进行水压试验。检查法兰、视镜、管道接口等,以无渗漏为合格。

3) 管道和设备水压试验合格后,进行交换剂的填充。对新购入的交换剂进行质量检查,并按产品说明的要求进行预处理,洗去树脂表面可溶性杂质和树脂在制造过程中所夹杂的金属离子,提高树脂的稳定性和出水质量。树脂层装填高度,应按设备说明书要求进行。

(2) 给水设备安装

常用的锅炉给水设备有:离心式给水泵、蒸汽往复式水泵和注水器。

水泵安装前,应进行外观质量检查。水泵就位、找平和找正后,对轴承箱进行清洗、加油。注水器与锅炉之间应装逆止阀,注水器与逆止阀位置安装应保持在150～300mm的范围内。

(3) 给水管道安装。给水管道不仅必须保证安全可靠地向锅炉供水,而且要能在不停止供水的情况下进行给水设备的检修工作。管路应有与水流方向相反的坡度;管路最高、最低点处应分别装设放气阀和放水阀。

(4) 给水管道阀门的布置。锅炉给水泵的出水管侧应装设截止阀(以便调节出水量,且能迅速关闭),同时也应装设止回阀,且水应先流经止回阀再流经截止阀;每台锅炉的进水口处都应装设启闭阀门(截止阀或闸阀)以及止回阀,此处的截止阀或闸阀一般只作启闭之用,只在特殊情况下才作调节用,所以一般为闸阀。

8. 蒸汽系统安装

(1) 蒸汽管道的布置。数台锅炉的主汽管汇集于一根蒸汽总管时,该总管称为蒸汽母管,蒸汽母管通往分汽缸。每台锅炉的主汽管和蒸汽母管之间的管道上一般应装2个阀门(以防某台锅炉停炉检修时,蒸汽从关闭失灵的阀门倒流而入),一个装在紧靠锅筒出口处,另一个装在紧靠蒸汽母管便于操作的地方;单台锅炉可只装 1 个阀门。工作压力不同的锅炉应有各自的蒸汽管路;通往各热用户、换热设备和锅炉自用汽管,应自分汽缸接出,以尽量避免蒸汽母管上开孔过多。蒸汽管道在锅炉房中采用支架或吊架支承,并尽量沿墙布置,管道应有与蒸汽流向一致的坡度,坡度为 2‰。管路最高点应设放气阀,以便水压试验时排出系统空气;在最低点应设疏水器和放水阀,以便疏水。

(2)分汽缸安装。分汽缸是将锅炉蒸汽汇集于一处,又分送至各用户的调节设备。分汽缸是承受高温、高压的设备,属于压力容器。分汽缸上的进气管和出气管都必须从上部接出,底部设有疏水器接管(见图 6-6a)。分汽缸应装在便于管理和控制的地方,分汽缸前应留有足够的操作空间;靠墙布置时,靠墙一面应留有一定距离,以便安装和检修;其安装高度应使阀门手柄距地面 1.2~1.5m 高,并用圆钢 U 形卡固定在支座上(见图 6-6b)。接至分汽缸的蒸汽管可以不设阀门,但自分汽缸接出的蒸汽管均应装阀门;分汽缸上可以不设安全阀,但应装压力表,过热蒸汽管上应装温度计。

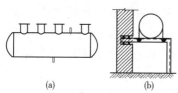

图 6-6　分汽缸外形及安装示意

(3)换热器安装。换热器被广泛用于在锅炉房、热力站和用户热力点等处加热热网系统循环水和锅炉给水。卧式壳管式汽-水换热器一般安装在混凝土基座上;螺旋螺纹管换热器是一种立式壳管式汽-水换热器,其换热效率高、体积小,它和板式换热器都多以机组形式组合在钢制支座上,现场安装比较简单,只需用地脚螺栓将机组支座固定并找平即可;壳管式水-水换热器一般安装在墙面的支架上,用 U 形卡固定。

四、整装锅炉安全附件安装

1. 安全阀安装

安全阀是一种自动阀门,它能不借助任何外力而只利用介质本身的压力来排出额定数量的流体,以防止系统内压力超过预定的安全值,当压力恢复正常后,再自行关闭并阻止介质继续流出的一种阀门。它有 2 个作用:一是当锅炉压力达到预定限时,自动开启放出蒸汽,警告司炉人员及时采取措施;二是安全阀开启后能迅速泄放出足够多的蒸汽,使锅炉压力下降。因此,安全阀是锅炉上必不可少的安全附件之一。锅炉本体上一般应装 2 个安全阀,在过热器的出口、省煤器的进口或出口都必须安装安全阀。全启式安全阀的阀芯上有较大托盘(见图 6-7),锅炉超压时可产生较大的上托力,阀芯升高较多,回座时对阀座的打击力小,不易损伤密封面;全启式安全阀的密封面较微启式的宽,不易造成介质泄漏。

安全阀安装应注意以下事项:

(1) 安全阀应铅直安装，应装在锅筒（锅壳）、集箱的最高位置。在安全阀和锅筒（锅壳）之间或安全阀和集箱之间，不应装有取用蒸汽的管道和阀门。

(2) 对于额定蒸汽压力小于或等于 0.1MPa 的锅炉可采用静重式安全阀或水封式安全装置。水封装置的水封管内径不应小于 25mm，且不应装设阀门，同时应有防冻措施。

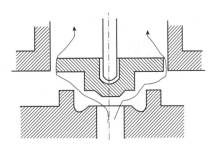

图 6-7　全启式安全阀开启示意

(3) 安全阀上，应有下列装置：杠杆式安全阀应有防止重锤自行移动的装置和限制杠杆越出的导架；弹簧式安全阀，应有提升手把和防止随便拧动调整螺钉的装置；静重式安全阀，应有防止重片飞脱的装置；控制式安全阀，应有可靠的动力源和电源；脉冲式安全阀的冲量接入导管上的阀门，应保持全开并加铅封；用压缩气体控制的安全阀应有可靠的气源和电源；液压控制式安全阀，应有可靠的液压传送系统和电源；电磁控制式安全阀，应有可靠的电源。

2. 压力表安装

压力表主要用来指示锅炉内介质的压力，是锅炉最重要的安全附件之一。锅炉上常用弹簧管式压力表，安装应满足以下要求：

1) 压力表安装的位置应便于观察和冲洗，表盘应向前倾 15°。

2) 压力表的表盘直径大小，应能保证司炉人员能够看清表上的压力指示值，一般不小于 100mm。

3) 压力表的量程宜为锅炉工作压力的 2 倍。

4) 压力表与锅筒之间应安装存水弯（见图 6-8），使蒸汽或热水在存水弯内冷却积存，避免由于高温影响造成读数误差。

图 6-8　压力表存水弯形式

5) 压力表与存水弯之间应装三通旋塞，以便冲洗管路和检查校验、拆换压力表。

3. 水位计安装

维持锅筒中的水位在一定范围内是保证锅炉安全运行的必要条件。水位计是一种反映液位的测量仪表,用来指示锅炉水位的高低,帮助司炉人员监视锅炉水位动态,以便控制水位,它是锅炉的主要安全附件之一。每台锅炉至少应装2个彼此独立的水位表。锅炉上常用的水位计有玻璃管式、平板式和低地位式3种。

(1)玻璃管水位计的安装

玻璃管水位计构造简单,主要由一组旋塞阀(俗称考克阀)和玻璃管组成,如图6-9所示。

考克阀由装在上部的汽旋塞及装在下部的水旋塞、放水旋塞组成,其中水旋塞和放水旋塞为一体。容量较小的快装锅炉多采用玻璃管水位计。

玻璃管用耐热玻璃制成,通常有两种规格内径:15mm和20mm。玻璃管水位计旋塞与锅筒的连接方式有螺纹和法兰2种连接形式。法兰连接时,密封面垫片应采用耐压石棉橡胶垫板;螺纹连接时,旋塞螺纹上应缠绕密封带,防止泄漏,同时应保证上、下2个旋塞装玻璃管的接孔中心在同一轴线上,以避免玻璃管受扭曲而损坏。安装玻璃管时,先将汽水旋塞的压盖分别套在玻璃管上,再装入玻璃管,并在靠近旋塞处的管上缠绕石棉绳,然后慢慢拧紧压盖,边紧压边观察,达到既不损坏玻璃管又不泄漏。

图6-9 玻璃管水位计

(2)平板水位计的安装

如图6-10所示,平板水位计一般是在生产厂就装配成整体,安装前须检查各汽水通道是否畅通,旋塞应开关灵活,严密不漏。将水位计的汽水阀的法兰盘用螺栓分别和锅筒的2个法兰盘连接起来,接合面加紫铜垫片,然后拧紧。再在水位计的罩壳上准确标明"最高水位"、"最低水位"和"正常水位"的标记。

(3)双色水位计的安装

双色水位计是我国在平板水位计基础上研制的。它解决了汽水界线不清的缺点,在汽水共存时,水绿汽红(或汽绿水红),界限分明,便于远距离和夜间观察。双色水位计的种类很多,主要有透射式双色水位计(又称透射折射式)、透反射式双色水位计等,其安装方式可参见水位计的随带说明书。

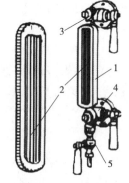

图6-10 平板水位计
1-金属框;2-槽纹玻璃板;3-汽旋塞;4-水旋塞;5-放水旋塞

4. 温度计安装

锅炉系统中主要使用水银温度计、热电阻和热电偶温度计,其安装部位主要有：给水管、主汽管、空气预热器及省煤器出口管、烟道。

与空气（烟气）、给水、蒸汽等工艺管道垂直安装，应保证测温元件的轴线与工艺管道的轴线垂直相交。在工艺管道的转弯处安装，应保证测温元件的轴线与工艺管道的轴线相重合并逆着流向。与工艺管道倾斜安装，应保证测温元件的轴线与工艺管道的轴线相交并逆着流向。

第二节　散装锅炉安装

容量较大锅炉的本体体积都比较庞大，加上砌体结构，质量很大，往往受到运输等条件的限制，锅炉大都是以散件形式出厂，锅炉制造厂家提供总装图纸和零、部件，施工现场进行总装、检验及试运行工作。因此，锅炉安装实际上是锅炉制造过程的延续。

工业锅炉结构如图 6-11 所示。

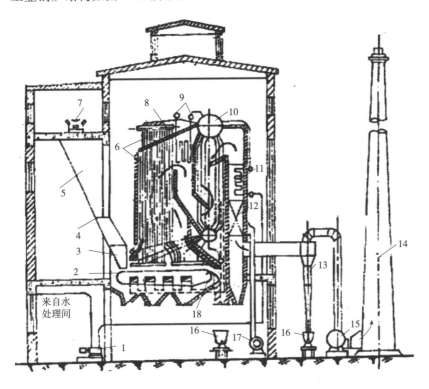

图 6-11　工业锅炉结构示意图

1-锅炉给水泵；2-链条炉排；3-加煤斗；4-煤闸门；5-煤仓；6-水冷壁；7-给煤皮带机；8-过热器；9-过热器集箱；10-锅筒；11-省煤器；12-空气预热器；13-除尘器；14-烟囱；15-引风机；16-灰车；17-鼓风机；18-挡渣器

一、锅炉受热面安装

1. 锅炉基础验收及划线

锅炉的混凝土基础施工完成后,应按有关规定进行验收,然后再根据设计要求在基础上放线,确定锅炉与锅炉房的相对位置。

基础验收包括四个部分:外观检查验收;相对位置及标高验收;基础本身几何尺寸及预埋件的验收;基础抗压强度的检验。

划线均以锅炉基础图的尺寸为准。首先划出锅炉本体的三条安装基准线。

划出基础纵向中心线,从炉前至炉后划在基础上。然后在炉前划上前柱中心线,与锅炉基础纵向基准线相垂直的直线,作为横向基准线。再找出土建施工时规定的标高,并引到适当的位置做好标记,作为基准标高。

以三条基准线为依据,将锅炉钢架及其辅助设备的安装坐标位置,按施工图要求全部划在基础上。划线时,要注意各线之间的垂直与水平关系,要划得清晰准确。

各部位尺寸的检查。首先检查横向基准线与纵向中心线的垂直度;检查总尺寸的正确度,检查对角线的正确度,然后检查各分尺寸,最后检查钢架各柱子与炉排及进风管的安装尺寸,确保相互间正确的安装位置。

如图 6-12 所示,在基础上划线,用等腰三角形法,检查纵向基准线 OO' 与横向基准线 NN' 是否互相垂直。用拉对角线的方法,检查放线的准确度。如果 $M_1=M_2$,$N_1=N_2$,$L_1=L_2$……说明所划的线是正确的。

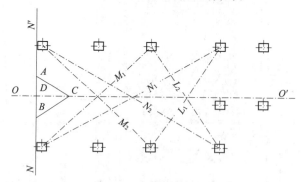

图 6-12 锅炉基础划线

2. 锅炉钢架安装

锅炉钢架是整个锅炉本体的骨架,不仅几乎承受着锅炉的全部质量,而且决定锅炉的外形尺寸,同时也是锅炉本体和其他设备安装找正的依据。锅炉钢架由立柱、横梁、联梁等组成(如图 6-13 所示)。钢架安装一般采用组装法和散装法两种,而以组装法为主,并借助于台灵扒杆吊装就位见图 6-14 所示。

图 6-13 锅炉钢架

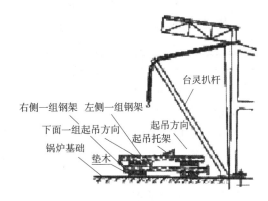
图 6-14 钢架组装

钢架立柱与基础的连接固定方式有 3 种:一是用地脚螺栓灌浆固定;二是立柱底板与基础预埋钢板焊接固定;三是立柱与预埋钢筋焊接固定,要求将钢筋加热弯曲靠紧在立柱上,钢筋长度和焊缝尺寸均不应低于设计规定,钢筋弯折处不应有损伤。

立柱的标高可用水准仪或水连通器(一根乳胶管两端分别接一个玻璃管组成)进行检测,如果有出入,用增减垫铁的方法调整;立柱的垂直度可先在立柱顶部相互垂直的两个面上,向下各挂一个线坠,在立柱上、中、下部位,用钢直尺测量铅垂线和立柱间的距离。凡已调整符合要求的柱、梁等,应先点焊固定,待全部调整合格,并检查无误后先将立柱固定之后,再对各构件进行焊接固定。锅炉钢架的安装尺寸应符合《规范》要求。

3. 锅筒、集箱安装

(1)安装前的准备

1)锅筒、集箱的检查:

锅筒、集箱外表面有否因运输而损坏的痕迹,特别是短管焊接处;锅筒、集箱两端水平和铅垂中心线的标记位置是否准确,必要时应根据管孔中心线重新标定或调正。胀接管孔表面不应有凹痕、边缘毛刺和纵向沟纹,环向或螺旋形沟纹的深度不应大于 0.5mm,宽度不应大于 1mm,沟纹至管孔边缘距离不应小于 4mm(一般采用游标卡尺检验沟纹的深度)。

锅筒、集箱直径、椭圆度、弯曲度应符合图纸或技术文件的规定。

2)锅筒与集箱的划线

为保证锅筒、集箱就位准确,须先在其上划出相关的标志线。锅筒在制造厂加工时都有用样冲打出的冲眼(定位标记),按照锅筒总装位置图,连接锅筒外壁面上标记点作为纵向基准线,再以两端的标记点沿锅筒圆周方向得出 2

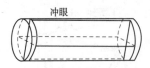

图 6-15 锅筒划线示意

个圆,并在 2 个圆上分别划出上、下、左、右 4 个等分点。把锅筒上相应的等分点连接起来(见图 6-15),便得出了锅筒的四等分线,再找出各有关安装测量点(如纵向中心线、横向中心线等)的位置,并做出清晰、明显的标记。

3)锅筒、集箱支座的安装

单锅筒锅炉的锅筒可用支座或吊环来固定;双锅筒锅炉,往往是一个锅筒支承在鞍座上或用吊环固定,而另一个锅筒则靠管束支撑或吊挂。安装时,对后者先用临时支座固定(见图 6-16),以保证其安装位置的正确性,便于锅筒找正、装管和胀管。待胀管结束后再拆掉临时支座(拆时不要强力拆出和用锤击,以免管子胀口受力松动)。

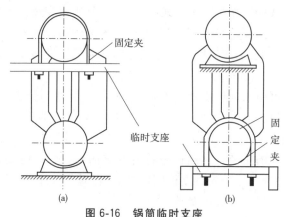

图 6-16 锅筒临时支座

(a)下锅筒固定;(b)下锅筒固定

锅筒、集箱的支座是放置在钢架横梁上的。先在横梁上划出支座位置的纵、横中心线,并用对角线法核对其平行度,对角线长度偏差不得超过 2mm。把经检查并划好中心线的支座吊装到横梁上,按划线调整其进行位置、标高。合格后,将支座与横梁的连接螺栓紧固,并用弧形样板检查支座与锅筒接触面的吻合情况。

(2)锅筒、集箱安装

1)锅筒吊装

锅筒吊装时,要绑扎牢固,钢丝绳的绑扎位置不得妨碍锅筒就位,与短管也要保持一定的距离,以防钢丝绳滑动碰弯短管,严禁将钢丝绳穿过锅筒上的管孔。起吊时,应由专人负责指挥,当锅筒吊离地面约 100mm 时,暂停上升,进行一次全面检查,看是否有异常现象,在确认安全可靠后再起吊。为了防止锅筒在起吊过程中碰撞钢架,故在锅筒一端扎一根牵引绳,绳子的一端有专人控制,以帮助调整锅筒起吊过程的方位。当锅筒提升到预定高度时,应缓缓下降,在起重工的配合下,使锅筒准确地就位在支座上。

2)锅筒找正

锅筒找正必须在起重工的配合下进行。

锅筒纵向中心线,横向中心线的找正应在锅筒的纵横中心线的两端挂线锤,线锤的尖端略离开基础面,测量线锤在基础面上的投影点与纵、横基准线力求重合,其距离偏差应符合规范要求,见图 6-17 所示。

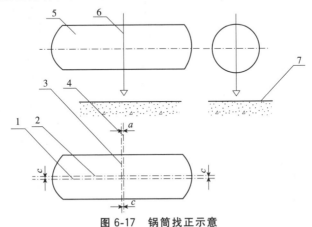

图 6-17 锅筒找正示意

1-基础横向中心线;2-锅筒纵向中心线;3-基础纵向中心线;
4-锅筒横向中心线;5-锅筒;6-线锤;7-基础平面

调正锅筒的水平度时,可用软管水准器测量,检查锅筒两个侧面的水平中心线上四点"样冲"记号,应在同一水平上(见图 6-18)。如不在同一水平面上时,应转动锅筒进行调整。

调整锅筒的标高,方法如图 6-19 所示。当锅筒中心标高低于图纸要求时,可在锅筒两端支座下垫铁皮。

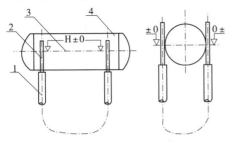

图 6-18 锅筒找平示意

1-软管;2-玻璃管;3-锅筒中心线;4-锅筒

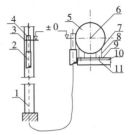

图 6-19 锅筒安装位置标高调整示意

1-锅炉钢架;2-软管水准器;3-锅筒基准标高线;
4-玻璃管;5-锅筒;6-锅筒中心线;7-石棉绳;
8-支座;9-调整片;10-钢架;11-螺栓

3)集箱找正

首先找出集箱两端侧面上的中心线,根据图纸及技术文件的要求,对集箱标高、纵、横向水平度中心线找正,见图6-20。

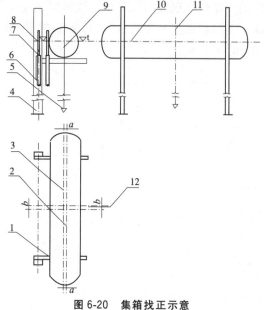
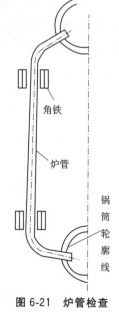

图6-20 集箱找正示意

1-集箱支架;2-集箱纵向中心线;3-集箱纵向基础中心线;
4-钢架;5-线锤;6-软管水准器;7-玻璃管;8-集箱基准标高线;
9-集箱纵向中心线;10-集箱中心线;11-集箱横向中心线;
12-集箱横向基础中心线(a、b)间距应在规范内

图6-21 炉管检查

4. 锅炉受热面安装

（1）受热面管检查

管子校验前要对管排分类编号,并标记出管子的上下端,防止安装时位置颠倒。受热面管子的检查、校正是在放样平台上,通过与样板比较来进行的。根据受热面水管的系统图画出锅炉受热面剖面图,将锅筒、集箱、对流管、水冷壁管的几何尺寸、相对位置按1∶1比例准确地绘制出来。在每根管的轮廓线上下部位各点焊一对短角铁,以此为样板槽按编排好的类别对受热面管子一一进行检查(见图6-21),凡容易放入样板槽内的并与大样的轮廓线重合的管子为合格。

受热面管子不应重皮,外表面不应有裂纹、压扁、严重锈蚀等缺陷。胀接管子的壁厚偏差、胀接管口的端面倾斜度f(见图6-22)、弯曲管的外形偏差、弯曲管的不平度a(见图6-23)等都应符合规范要求。

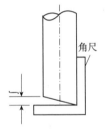
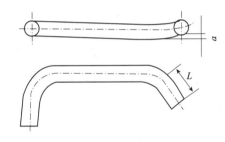

图 6-22　管端斜度检查　　　　图 6-23　弯曲管不平度

锅炉本体受热面管子应作通球试验,需要矫正的管子的通球试验应在矫正后进行。试验用球一般用钢材或木材制成,不应采用易产生塑性变形的材料,其直径应符合要求。对过热器蛇形管做通球试验时,要用压实验用球应有编号。通球试验要由专人负责进行并填写试验记录。

(2) 对流管束的安装

对流管束与锅筒的连接多为胀接,也可采用焊接,应根据设计要求确定,并且均采用单根方式安装。

(3) 水冷壁管安装

水冷壁管的吊装一般采用单根吊装。管道对接时使用夹具固定,然后进行点焊,如图 6-24 所示。

水冷壁管安装方法是先装集箱后装管子,然后进行焊接固定。此法适用于一端是锅筒一端是集箱的水冷壁,也适用于两端都是集箱的水冷壁。

水冷壁管安装前应先清除集箱内杂物及管子与管孔的锈蚀油污;复查管子的外形和长度是否符合要求;复核锅筒、集箱安装的中心位置、标高、水平度和相对位置。

水冷壁管分为单排管束和多排管束。单排管束集箱的排管焊接时采用跳焊法(见图 6-25),可使焊接力量分散,减少集箱变形。多排管束集箱的排管焊接时应先焊Ⅰ排,再焊Ⅱ排,最后焊Ⅲ排(见图 6-26)。每排的焊法同单排管束。

当水冷壁管一端为胀接,另一端为焊接时,应先焊后胀。

水冷壁管、连接管组对焊接完毕后,调整拉钩使水冷壁管排列整齐,间距均匀,并保持在同一个平面内。然后将集箱的临时支承去掉,调整集箱的紧固螺栓使其符合设计要求。

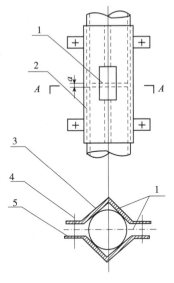

图 6-24　水冷壁管对接示意
1-点焊孔;2-钢管;3-角钢;4-螺栓;
5-扁铁;a-管子对接间隙

图 6-25　单排管束焊接顺序

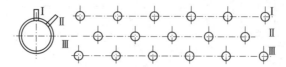

图 6-26　多排管束焊接顺序

5. 受热面管与锅筒连接

锅炉的受热面管子与锅筒的连接方式有焊接和胀接 2 种。采用焊接方式，可以得到高强度和良好的接头，但焊接后应力集中，抵抗疲劳的性能较差，更换管子也比较困难。焊接方式多用于高温高压的大型锅炉上。

胀接方式是将受热面管子插入锅筒的管孔内并对管端进行冷态扩张，利用管端塑性变形和锅筒管孔壁弹性的变形，使其连接起来。采用胀接也能够得到较好的强度和严密性，且更换管子方便。对于工业锅炉，由于腐蚀和结垢影响，往往会发生炉管爆管的事故，采用胀接方式容易更换炉管。

(1) 胀管工具

受热面胀接的工具为胀管器，可采用手工胀接或电动胀接方法进行胀接。

胀管器的种类较多，常用胀管器为自进式固定胀管器和自进式翻边胀管器，见图 6-27。胀管器的中心轴称为胀杆，是锥度为 1/25 的圆锥体。胀杆的四周均匀地装置有 3~5 个圆锥体的胀珠。胀杆和胀珠在装配时，锥度方向是相反的，从而保证胀接后管子扩张段仍是圆柱形。每一胀珠与胀杆的中心线之间有 1.5°~2.0° 的交角。将胀管器插入管孔中，然后推进胀杆，使胀杆与胀珠、胀珠与管内壁相互贴紧。当转动胀杆作顺时针方向旋转时，胀珠则在胀珠巢内反方向转动，并同胀管、器一起进入管子内壁，沿管内壁滚动，同时胀杆也从胀管器外套的内孔向里推进，着力挤压胀珠，从而使管壁受到不断挤压和扩张。

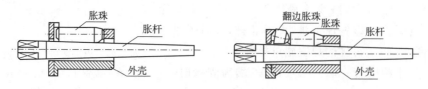

图 6-27　胀管器

(2) 胀管率

胀管率按下式计算：

$$H = \frac{d_1 - d_2 - \delta}{d_3} \times 100 \qquad (6\text{-}1)$$

式中：H——胀管率，%；

d_1——管子胀完后的最终内径(mm)；

d_2——未胀时的管子实测内径(mm)；

d_3——未胀时的管孔实测直径(mm)；

δ——未胀时管孔实测直径与管子实测外径之差(mm)。

(3)胀管施工工艺

1)胀接前的准备工作

①锅筒管孔清洗、检查、编号。锅筒管孔与管子之间有油垢等污物，将会严重影响胀接严密性和胀接强度。因此，在管孔中安装管子前，应将管孔用汽油或清洗剂擦干净，直至发出金属光泽为止。

用内径千分表测量管孔的直径偏差、圆度、圆柱度(允许偏差见表 6-1)，并将测量的数值，填写在胀管记录表中或管孔展开图上，做到编号清楚，数据正确，以便选配胀管。

表 6-1 胀接管孔直径的允许偏差(mm)

管子公称外径		32	38	42	51	57	60	63.5	70	76	83	89	102
管孔直径		32.3	38.3	42.3	51.3	57.5	60.5	64.0	70.5	76.5	83.6	89.6	102.7
管孔允许偏差	直径	+0.34 0					+0.40 0					+0.46 0	
	圆度	0.14					0.15					0.19	
	圆柱度	0.14					0.15					0.19	

注：管径 $\phi 51$ 的管孔可按 $\phi 51.5^{+0.4}$ 加工。

②管端退火，采用如图 6-28 所示的管端退火炉直接加热退火，退火温度应有热电偶控制，选用含硫、磷较少的木炭或焦炭作燃料。管端在加热前，应将内外脏物清理干净，并保持干燥，另一端用木塞塞紧，防止管内的空气流动。将管端伸入炉内，加热长度约 150~200mm，另一端要稳妥地放在预先制备的架子上，待退火温度达到 600~650℃ 时，应给予保温。然后取出插入干燥的石灰或黄砂内，使管端温度缓慢冷却至常温，再取出，分类堆放。

③管端打磨

管端胀接面上的氧化皮、锈点、斑痕、纵向沟槽等，将会影响胀管的质量，故将退火的管端打磨干净，其长度应比管孔壁厚长出 50mm。

在采用手工打磨管端时，应沿圆周方向锉磨均匀，不能产生单边现象，管端

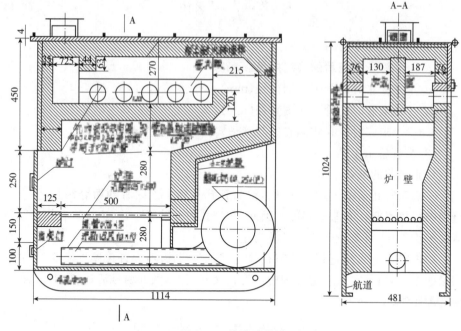

图 6-28　管端退火炉

表面最后需用砂布沿圆周方向精磨,呈现金属光泽,且不能有纵向沟痕和毛刺。经打磨后的管壁厚度不应小于公称壁厚的 90%。

当用机械打磨管端时,将管端插入打磨机盘内,磨盘上装有三块砂轮块,用机械夹持。当磨盘转动时,由于离心力的作用,重块向外运动,使砂轮块紧贴在管子上,打磨管子,操作人员停车检查,认为合格后取出,再用砂布沿圆弧方向精磨,直至全部呈现金属光泽为止。

④管子和管孔的选配

为了保证胀管质量,便于控制胀管率,使全部管子与管孔之间的间隙都比较均匀,使管端的扩胀量相差不大,必须进行管子与管孔选配工作。选配前,应先测量已磨光的管端外径、内径和管孔的直径。测量时用游标卡尺在外径、内径和管孔相垂直的两个方向测量,取各自两个方向的平均值,分别作为管端的外径、内径和管孔的直径。将管孔的直径数据记在管孔展开图上,管端外径和内径的数据也分别记录,然后根据数据统一进行选配。把同一规格中较大外径的管子配在相应管孔中较大的管孔上,较小外径的管子配在较小管孔上。然后把选定的管子编号记入管孔展开图上,胀管时,将管子按选定的编号插入管孔内进行胀接。

⑤试胀

管子在胀接前应进行试胀,试胀在制造厂供应的试胀板上进行。然后根据试胀所得出的结论,确定合理的胀管率,但一般胀管率宜在1‰~2.1‰内。

2)胀管

胀接顺序:应先锅筒后集箱;先上边后下边;先中间后旁边;先焊接后胀接。

胀管工作一般可分为二次胀管法和一次胀管法两种。二次胀管法即先固定胀管(初胀)后翻边胀管(复胀)两个工序。一次胀管法即使用翻边胀管器,把两个工序一次完成。胀接工作开始先将基准管固定,即锅筒两端横向排管基准管为锅炉各排管,各管号的基准。基准管排间距应严格控制,然后从中间分向两边进行胀接,按基准管为基准控制各间距,防止锅筒移位。

一次胀接法是先胀锅筒两端的基准管排,然后在锅筒中心处平行于基准管排逐排对称向锅筒两端胀接;或者从中间一排纵向排管开始对称地逐排对纵向管排进行胀接,使形状完全相同的管排一次胀完。每排胀接时均采用反阶式顺序,如图6-29所示。由于先胀接锅筒两端基准管时,锅筒的固定情况较弱,应使基准管比预定的胀管值欠胀0.3mm,待整台锅炉胀完后,再对其补胀到要求值,这样可防止两端基准管超胀现象发生。对于其他各排管子可一次胀到预定的胀管率。此法适用于外径控制法胀管。

图6-29 单排反阶法

二次胀接法是先用固定胀管器对炉管扩张0.2~0.3mm,目的是将管子与管孔壁之间的间隙消除,并初步将管子固定在锅筒上,再进行二次胀接。为防止胀口松弛,宜采用反阶式的胀接顺序(见图6-30)。固定胀管后应尽快进行翻边胀接,防止胀口生锈影响胀接质量。

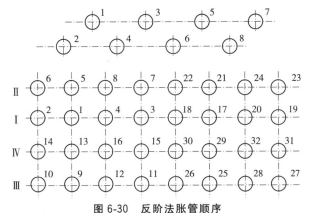

图6-30 反阶法胀管顺序

"一边推"胀接法的胀管顺序是从锅筒一端开始,横向逐排顺次推向另一端。将一个锅筒采取外部固定法固定,而对另一个锅筒采取前后固定,垂直方向不固定可自由升降,这样在胀接中既防止锅筒晃动、位移和扭转,又使每排管子因胀接而产生的形变应力可以由锅筒上下的位移来吸收而缓解减弱。

二、锅炉辅助受热面安装

1. 省煤器安装

省煤器是锅炉的后部受热附件。省煤器分铸铁肋片管式和蛇形钢管式两种。

(1)铸铁肋片管式省煤器安装(图 6-31)。

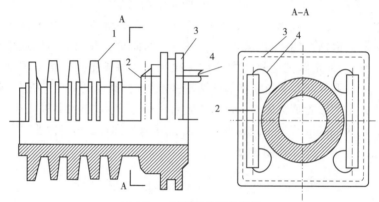

图 6-31 省煤器的螺栓焊接
1-省煤器管;2-圆钢;3-法兰;4-螺栓

铸铁肋片式省煤器组装前应检查每根肋片管上有破损的肋片数不应多于总肋片数的 10%,整个省煤器中有破损肋片的管数不应多于总管数的 10%。检查省煤器及弯头的密封面,有无径向沟槽、裂纹、歪斜、坑凹及其他缺陷,凡有缺陷部分都应清除。

安装铸铁省煤器应选择长度尺寸相近似的肋片管放在一起,使上、下、左、右两肋片管之间的偏差保持在一毫米内。相邻两肋片管的各个肋片应按图纸要求对准或交叉。装配时,需将螺栓由里向外装入孔内,然后用 10mm 的圆钢,将两个螺栓相点焊,以免脱落或拧紧时打滑。省煤器肋片管的方法兰四周槽内应嵌入石棉绳,以保证两相邻法兰之间的严密性。在肋片管和弯头的法兰之间,要垫以涂上石墨粉的石棉橡胶板。组装结束应进行省煤器的水压试验,试验压力为 $1.25P+5(1.25P+4.9\times10^4\mathrm{Pa})$。

注:P——锅炉工作压力。

(2)蛇形钢管式省煤器安装

蛇形钢管式省煤器一般是已组装到货的。安装前应进行外观检查,有无变形或损坏现象。如有变形及损坏需要进行修补。用压缩空气吹扫管内杂物,管路应畅通,并进行水压试验,试验压力与铸铁省煤器相同。合格后方能安装。

2. 过热器安装

过热器安装应在水冷壁管安装前进行。安装前应检查过热器的集箱,管座焊接质量,外形尺寸,蛇形管有无损坏及变形等。如不符合要求时,应作出记录,并会同有关部门解决。

过热器一般以集箱和蛇形管散件形式到货,中小型锅炉的过热器也有组合到货的。根据过热器的结构形式不同,安装方法有单件安装和组合安装。

过热器单件安装是指先将过热器集箱安装并找正之后,再进行蛇形管的组对与焊接安装。将集箱吊放到支承梁上就位,初步找正后进行固定,然后进行集箱位置的找正、找平工作。安装蛇形管时,先在过热器支承梁上设置临时支架,将蛇形管吊放到临时支架上,然后将蛇形管与集箱上的短管或管孔进行对口焊接。对口时先以边管为基准,调整蛇形管的管距,集箱上管座或管孔相符后先点后焊,不得有错口、强行组对现象。

经检查合格后,将管卡、夹板及吊钩等附件按设计要求逐件吊挂在炉顶钢架上(见图6-32),拆除临时支架。

3. 空气预热器安装

空气预热器布置在烟道中,位于省煤器的后面,其作用是充分利用锅炉的排烟热量,提高锅炉的热效率。工业锅炉常用管箱式空气预热器(图6-33)。

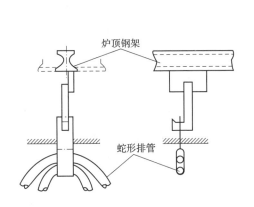

图 6-32 吊挂在炉顶钢梁上的过热器

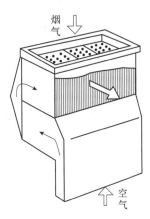

图 6-33 空气预热器

预热器安装时先在基础面上画出其投影的纵、横中心线作为找正的基准。按设计要求尺寸,首先在钢架立柱上确定预热器支承架的标高位置,焊接支承架托座,将支承架进行试装找正,符合要求后做好标记,将支承梁移到一边放好;再将预热器吊起,将支承梁放到托座上并按试装标记位置进行组装焊接;在支承架两侧放置好石棉垫片,然后将预热器缓缓落于支承梁上,按基础面上的基准线对其找正就位。就位在地面基础上的预热器,吊离地面300~500mm高度后,将基础表面按图纸要求处理好,缓缓就位,找正垫平。

预热器找正合格后,对其附件进行安装。先按设计要求将胀缩节与预热器对口焊接,按图纸要求安装进出风口和风管。进出风口安装时应垫好石棉绳,防止漏风。装好后可用压缩空气进行试漏工作。调整风压达到设计要求,用肥皂水涂在胀缩节接口、进出风口等连接部位,检查有无泄漏现象。

三、燃烧设备安装

锅炉的燃烧设备包括把燃料送入炉膛的燃料供应设备和燃料的燃烧场所,以及灰渣的排出设备等。对不同的燃料和燃烧方式,燃烧设备的构成也不同。

1. 炉排安装

层燃炉排的种类有固定炉排、固定双层炉排、链条炉排、往复炉排、滚动炉排、下饲炉排以及抛煤机等。其中以链条炉排使用最广泛。

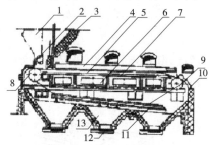

图 6-34 链条炉排结构示意

1-落煤斗;2-弧形挡板;3-煤闸板;4-防焦箱;
5-炉排;6-分段通风室;7-炉排墙板;8-主动轴;
9-从动轴;10-挡渣铁;11-炉底导轨;
12-出灰门;13-细灰斗

链条炉排按结构形式分,有链带式、横梁式和鳍片式。图 6-34 所示为链条炉排的结构,由主动炉排片和从动炉排片,用圆钢拉杆串联在一起,形成一条宽阔的链带,围绕在前链轮和后滚筒上。

图 6-35 所示为鳍片式炉排,通常由 4~12 根相互平行的链条(类似自行车链条结构)组成,炉排片通过夹板组装在链条上,前后交叠,相互紧贴,呈鱼鳞状,各相邻链条之间用拉杆与套管相连,使链条之间的距离保持不变。工作中,当炉排片行至尾部向下转入空程以后,便依靠自重反转过来,倒挂在夹板上,能自动清除灰渣并获冷却。

炉排的安装与炉排齿轮箱,进风管及加煤设备应配合进行。

图 6-35 鳍片式炉排的工作过程

(1) 下部导轨及支架墙板座的安装

安装前须按地基图检查尺寸和地脚螺栓孔之分布位置。将下部导轨的直线性进行检查,发现弯曲应予校正。

安装下部导轨及墙板座时,要以炉排中心线为基准。下部导轨与锅炉纵向中心线相平行,可采用拉钢丝线方法进行,同时要测量水平度,应用尺和水准仪检查后校正位置。在校正时,应撑住,防止移动,然后将基础面浇湿和清洗干净,放入地脚螺栓进行灌浆,灌浆后至少养护72h方可进行炉排上其他组件的安装。在支架墙板座安装时,必须注意墙板座的布置。

(2) 支架及侧密封件的安装

架及侧密封件在安装之前必须检查所有主要零件的直线性,炉排墙板、梁、上部导轨及隔板等如有弯曲进行校正。

墙板与梁及隔板的接合应紧密。墙板与梁及隔板固定后,应进行墙板的直线性、垂直度、平行性和标高的校正。

安装墙板时应注意靠炉排齿轮箱处是和墙板座固定的,其余是在墙板底面焊有扁钢的定位块插入墙板座上的方孔来定位的,安装上要保证定位块在方孔内膨胀移动的空隙。

上部导轨安装前,后部应检查其直线性和水平度,不符合质量要求者应进行校正。导轨安装后应校正其间距和水平度。

侧密封和防焦箱、水冷壁下集箱底面支承板之间必须垫以 $\phi 30mm$ 石棉绳二根,并使在任何情况下,防焦箱的重量不能落在侧密封上。

(3) 主动轴与从动轴的安装

主动轴和从动轴安装时,应测量和校正其水平度,校正时可在轴承下面垫以相应厚度的薄钢板。水平检查方法见图6-36所示。然后再检查两轴平行度和对角线,检查方法与检查墙板的平行度和对角线相同。

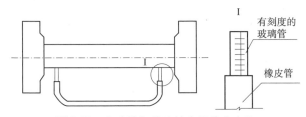

图6-36 主动轴与从动轴水平检查方法

安装后用手盘动轴旋转,检查有无卡住或转动不灵活现象。主动轴和从动轴的轴承系靠其下面之凹槽与支架墙板配合,安装后在齿轮箱另一边的轴承,其凹槽与导轨两侧应保证使轴膨胀的间隙(见图6-37)。从动轴上冷却进水管及出水管之连接,应保证轴能调节移动,最后主动轴与炉排齿轮箱出轴连接。

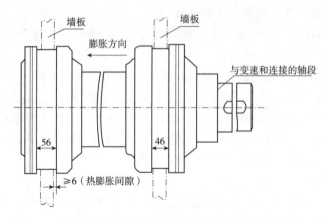

图6-37 主动轴(及从动轴)轴承与支架墙板配合示意图(mm)

(4)炉链的安装

装炉链前,必须把链条拉直摆放在平坦的地方,检查链条的长度。炉条如严重生锈应予刷净。

先将链条按图纸逐条装配,利用卷扬机的钢丝绳牵引拉进炉膛入位。装配时必须注意链条的环节上,一边开有V形的小缺口,是表示加工基准面的,其方向要朝装炉条这一边,每一根链条用螺栓销接。

链条入位后,装配滚柱,衬管和拉杆。装配滚柱等可在主动轴和前挡风门间进行。从主动轴下方装好滚柱等部分的链条,通过齿轮箱的转动带到炉排上面去,当炉链转动一周时,已将滚柱、衬管和拉杆安装完。

链条滚柱等全部装好后装配炉排片,装配炉排在炉排上面进行。装配时,由从动轴向主动轴,从一边(左边或右边)到另一边,装满一排再装一排。炉排片是5块一组,用两块炉条夹板夹好装到链条上的,装时一面炉条夹板先装在链条上,另一面的夹板夹好炉排片后再装入链条内。炉条夹板长的一端须朝着运行方向的反面。炉条夹板固定在链条上用的销子,其端部须朝向近链轮齿的一面。

(5)前挡风门的安装

前挡风门应在炉排装好,并经检查后进行安装。

(6)挡渣器的安装

挡渣器搁座可与下部导轨同时进行安装。在安装前先将搁座连接起来,放妥位置后检查安装尺寸,然后两端砌入到锅炉炉墙之内。挡渣铁在炉链全部装好,并进行检查,符合要求后再放上。

(7)加煤斗的安装

加煤斗是固定在炉排支架两边墙板上的。安装时应注意与炉墙接合处的密封,煤闸门上水冷却管进口及出口须用软管过渡连接水源及泄水处,以便煤闸门能上下升降。安装后检查煤闸门升降传动的灵活性及与炉排面的平行情况,最后进行水冷却装置的水压试验。

(8)炉排进风管的安装

炉排进风管安装时,要注意密封性及风室落灰门摇动的灵活性。

2. 其他设施安装

(1)按锅炉设计图纸的要求进行设备安装

①前拱吊砖架。

②煤闸门及其操纵机构、上煤斗、扇形挡板等上煤机构。

③炉排风管、挡风门、落灰门等。

④链条炉中的二次风管及喷嘴的安装应与筑炉工作配合。

(2)吹灰器安装

锅炉受热面被火或烟气加热的一侧容易积存烟灰,为了保持受热面清洁,提高锅炉传热效率,必须对易积灰的受热面,如对流管束、过热器、省煤器等进行定期除灰。吹灰方式有蒸汽吹灰、空气吹灰和药物清灰。

安装前应经过水压试验(试验压力与锅炉相同),炉墙砌筑达到一定的高度时,便可进行安装。安装时将吹灰器的底座按照图纸要求安放平稳,不得松动;套管与底座连接要密封严密;吹灰器各喷嘴应处在管排空隙的中间。还应注意与炉墙砌筑进度的配合。

四、筑炉与绝热

砌筑绝热是锅炉本体安装的最后作业,其质量的优劣,直接影响到锅炉安全运行、炉龄长短、能源消耗以及环境污染等。因此要求施工人员严格遵守工艺标准,保证施工质量。

1. 筑炉

筑炉就是砌筑锅炉的炉墙和炉拱等。筑炉工作应由专业筑炉工来承担。

炉墙是构成炉膛与烟道的外壁,阻止热量向外散失,并使烟气按照指定的方向流动。炉墙应有良好的绝热性、耐热性、严密性、抗蚀性和防震性,并有足够的机械强度和承受温度急剧变化的能力。炉墙材料有耐火砖(用于炉膛内衬墙和烟道中)、红砖(用于炉墙外层或低温烟道上),砌筑用耐火砂浆或耐火混凝土用耐火土、铬铁矿砂等调制。异型耐火砖一般由锅炉生产厂家提供,随锅炉散件一起到货。

炉墙按构造分为重型炉墙、轻型炉墙和管承式炉墙。组装式工业锅炉多采用重型炉墙,即炉墙砌筑在锅炉基础上,全部质量由基础承担。轻型炉墙也称钢架承托式炉墙,炉墙的质量由水平托架分层传递到锅炉钢架上。管承式炉墙的全部质量都均匀地分布在受热面管子上,然后由管子将质量传递到锅炉钢架上。炉拱是炉膛前、后墙的凸出部分,用于改善燃烧条件。炉拱一般用标准耐火砖或异型耐火砖砌筑,也有用耐火混凝土浇筑而成的。

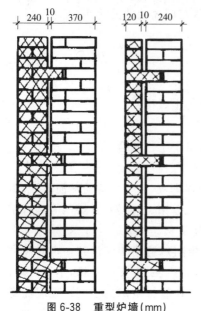

图6-38 重型炉墙(mm)

筑炉应注意的事项有:

①筑炉应在锅炉水压试验合格后进行,砌筑应按要求,横平竖直、错缝搭接、灰浆饱满。为增强炉墙的稳定性,沿高度方向每隔一定距离用耐火砖对内外层砖进行拉接(见图6-38)。

②需砌入炉墙的零部件、管子等应安装完毕,凡砌在炉墙内的柱、梁、炉门框、窥视孔、管子、集箱等与耐火砌体接触的表面均应铺贴石棉板和缠绕石棉绳。

③W焰墙(板)、拱板等用的异型挂砖应在受热面管子安装时就配合安放并进行临时固定。

④炉墙的四个角沿整个高度应留热伸缩缝,缝宽25mm,缝内填塞石棉绳并保证严密。

⑤红砖外墙砌筑时,应在适当部位埋入小20mm的短节钢管或暂留出一块丁砖不砌,作为烘炉的排气洞,烘炉完毕应将孔洞堵塞。

⑥炉墙砌筑完成后,须按要求进行养护。

2. 绝热层施工

在锅筒、集箱、金属烟道、风管和管道等部件的强度和严密性试验后进行。施工前应清除被绝热件表面的油污与铁锈,并按设计要求涂刷耐腐蚀涂料。采用成型绝热制品时,捆扎应牢固,接缝相错,里外层压缝,嵌缝饱满;采用胶泥状材料时,应涂抹密实,圆弧均匀,厚度一致,表面平整。绝热层施工时,阀门、法兰、人孔等可拆件的边缘应留出空隙,绝热层断面应封闭严密;支、托架处的绝热层不得影响活动面的自由伸缩。

五、烘炉、煮炉及热态严密性试验

1. 烘炉

烘炉是把炉墙中的水分慢慢地烘干,以免在运行时因墙内水分急剧蒸发而使炉墙出现裂缝。

(1) 作业条件

烘炉前应具备下列条件：

1) 锅炉及其附属装置全部组装完毕和水压试验合格；

2) 砌筑和保温结束,烟道内的杂物应清除干净；

3) 锅炉的热工仪表应该校验合格,并检查锅炉给水水源的可靠性,同时向锅炉进水至正常水位；

4) 烘炉所需的辅机试运转完毕,证实各部分工作有安全启动的条件；

5) 炉墙上应装好测温点或取样点。

(2) 烘炉方法

根据热源情况,可采用火焰、热风和蒸汽3种方法进行烘炉,工业锅炉应用最广泛的是火焰烘炉。火焰烘炉的程序为：

1) 注水

将锅筒上的放气阀和过热器的疏水阀打开,将经过处理的软化水注入锅内至最低安全水位并将水位表冲洗干净。省煤器内也应注满水。

2) 点火

在炉膛内架好木柴,用油棉纱将木柴引燃,利用自然通风使烟气缓慢流动,用烟道挡板(开启度约1/4)调节火焰。

3) 升温

烘炉温度应按过热器(或相当位置)后的烟气温度来控制,不同的炉墙结构,其温升速度不同。

重型炉墙,烘炉第一天温升不宜超过50℃,以后烟温每天上升不宜超过20℃,烘炉末期烟温不应超过220℃。砌筑轻型炉墙温升每天不超过80℃,后期烟温不应超过160℃。耐火混凝土炉墙,在正常养护期满后,方能开始烘炉。烘炉温升每小时不应超过10℃,后期烟温不应超过160℃,应在最高温度范围内持续时间不应少于1昼夜。如炉墙特别潮湿,应适当减慢升温速度。

4) 烘炉时间

应据炉墙结构、砌体干湿程度和自然通风干燥程度确定烘炉所需时间,宜为14～16天,整体安装的锅炉宜为2～4天。若炉墙潮湿,气候寒冷,烘炉时间还应适当延长。

烘炉时燃料应分布在炉膛中间,燃烧要均匀,不可时续时断、忽冷忽热；烘炉期间锅炉应保持不起压；尽量少开检查门,以防冷风浸入导致炉墙裂缝；经常检查膨胀指示器以及炉墙砌体的膨胀情况,出现异常时(如炉墙裂纹、变形等),应减慢升温速度或暂停烘炉,查明原因并采取相应措施。链条炉排还须定期转动,以防烧坏,燃料中不得有铁钉等金属物。

2. 煮炉

煮炉的目的是为了除掉锅炉内的污垢、铁锈等不洁物。煮炉最早可在烘炉末期,当炉墙红砖灰浆含水达10%以下时进行。药品应溶化成溶液加入锅炉内。加药时,炉水应在低水位,不可使碱水进入过热器内。

煮炉时的加药量应符合设备技术文件规定,如无规定时应符合表6-2的规定。

表6-2 煮炉加药量

药品名称	加药量(kg/m^3 水)	
	铁锈较薄	铁锈较厚
氢氧化钠(NaOH)	2~3	3~4
磷酸三钠(Na_3PO_4、$12H_2O$)	2~3	3~4

注:药品按100%的纯度计算。

缺乏磷酸三钠时,可加碳酸钠代替,数量为磷酸三钠的1.5倍。可以单独使用碳酸钠煮炉,其数量为$6kg/m^3$水。

煮炉分三个阶段。即:初期煮炉,一般为20h左右,压力为$29.42×10^4Pa$($3kgf/cm^2$)左右;中期煮炉,一般为12h左右,压力为$58.8×10^4Pa$($6kgf/cm^2$)左右;末期煮炉,一般为12h左右,压力为$98×10^4Pa$($10kgf/cm^2$)左右。

为了保证煮炉效果,在煮炉末期应使蒸汽压力保持在工作压力的75%左右,煮炉时间一般应为2~3天,如果在较低的蒸汽压力下煮炉,则应适当地延长煮炉时间。

煮炉时间应定期从锅筒和水冷壁下集箱取样,对炉水碱度进行分析,炉水碱度不应低于45毫克当量/升,否则应补充药品。

3. 锅炉严密性试验

烘炉、煮炉合格后,应按下列步骤进行蒸汽严密性试验。

①升压至0.3~0.4MPa,对锅炉范围内的法兰、人孔、手孔和其他连接螺栓进行一次热态下的紧固。

②继续升压至工作压力,检查人孔、手孔、阀门、法兰等处垫料的严密性,同时观察锅筒、集箱、管道和支架、支座等的热胀情况。

③有过热器的锅炉应用蒸汽吹扫过热器。吹扫时,锅炉压力宜保持在工作压力的75%左右,吹扫时间应不少于15min。

六、锅炉试运行

锅炉在附属设备(水处理、电气仪表、工艺管道、鼓风、引风系统、运煤系统等等)全部安装结束,调试合格,在煮炉结束后应全负荷连续试运转72h,经检查和试验各部件及附属设备运行正常时,便可签证验收。

(1)点火前的检查与准备

试运行前应做好检查工作,排气阀、总给水阀、省煤器再循环阀、疏水器等均应开启,排污阀等均应关闭;烟、风道上的挡板及传动机构动作应灵活,开度指示应正确;备足燃料。

(2)进水

锅炉进水一般由锅炉给水泵给入,进水应为软化水,进水温度不应超过90℃,以防止锅筒、集箱等因受热不均而产生过大的热应力,引起变形,甚至产生裂纹而漏水。锅炉的进水速度不能太快,开始阶段应缓慢。进水时间应根据水温、气候及锅炉类型而定。一般锅炉进水持续时间为1~1.5h,冬季进水时间应较夏季长。锅炉进水量应先控制在最低水位线处,因为锅炉点火后,锅水受热膨胀,水位会上升,甚至超过最高安全水位线。一旦出现这种情况,应通过排污来调整。

进水完毕,关闭给水阀,检查、校对水位。如发现水位下降,说明有漏水现象,应检查排污阀、放水阀等是否关紧;反之,水位上升,则可能给水阀未关严,应检查并予以消除。

(3)点火与升压

点火前先启动引风机,调整其挡板开度,维持一定的炉膛负压,使锅炉烟道强制通风5~10min,以驱除残留在炉内和烟道中的杂物。随后启动鼓风机,调整总风压使其维持在点火时所需风压。

锅内水温应逐渐上升,直到锅筒内部有蒸汽产生。当蒸汽从排气阀中冒出时,关闭排气阀,可适当加强通风和火力,准备升压。升压是指从锅炉点火到气压升至工作压力的过程。

升压过程中应对水位计、压力表弯管等进行冲洗;检查各连接处有无渗漏,对人孔盖、手孔盖及法兰的连接螺栓应拧紧1次;对给水设备和排污装置等进行检查。

锅炉在额定负荷下连续运行48h,整体出厂的锅炉为4~24h,在此期间如果没有发现不正常现象,并能保证在正常参数下工作,即可认为安装质量合格。安装单位与使用单位便可同时进行总体验收,办理锅炉的移交手续。

第七章 建筑电气系统安装

建筑电气系统是以电能、电气设备和电气技术为手段,创造、维持和改善室内外空间的电、光、热、声等环境,以利于提高人们的生活、工作和学习质量的一门科学,是建筑设备工程的重要组成部分。

第一节 建筑电气照明系统安装

一、线路的施工

1. 导线的敷设

导线的敷设方法主要有线管敷设、线槽敷设、钢索敷设、瓷夹板敷设等。建筑物内比较常用的是线管敷设。

(1)钢管配线

导线穿钢管敷设,适用于建筑物内明、暗敷设工程,不适用于具有酸、碱等腐蚀介质场所的配管工程。

钢管配线常使用的钢管有水煤气钢管(又称焊接钢管,分镀锌和不镀锌两种)、电线管(管壁较薄,管径以外径计算)、普利卡金属管和软金属管(俗称蛇皮管)等。

明管敷设施工程序:

施工准备→测量定位→预制加工→支、吊架安装→盒、箱固定→管路敷设→穿带线。

暗管敷设施工程序:

施工准备→测量定位→预制加工→盒、箱固定→管路敷设→穿带线。

1)施工准备。施工前,首先进行材料验收,要求工具配备、作业条件(土建混凝土结构钢筋绑扎过程中和土建砌体施工过程中)、技术条件(施工图纸和技术资料)等齐全。

2)测量定位。根据土建弹出的水平 500mm 线为基准,确定盒、箱实际位置和管路走向。

3)预制加工

配管弯曲半径一般不小于管外径的 6 倍,如有一个弯时,可不小于管外径的

4倍。钢管煨弯可采用冷煨法：

①冷煨法：一般管径为20mm及以下时，用手扳煨管器。先将管子插入煨管器，逐步煨出所需弯度。管径为25mm及以上时，使用液压煨管器，先将管子放入模具，扳动煨管器，煨出所需弯度。

②切管：管子切断常用钢锯、无齿锯、砂轮锯，将需要切断的管子长度量准确，放在钳口内卡牢切割，断口处应平齐不歪斜，管口刮锉光滑，无毛刺，清除管内铁屑。

③套丝：采用套丝板、套管机，根据管外径选择相应板牙。将管子用台虎钳或龙门压架钳紧牢，再把绞板套在管端，均匀用力，不得过猛，随套随浇冷却液，套丝不乱不过长，清除渣屑，丝扣干净清晰。管径20mm及以下时，应分二板套成；管径在25mm及以上时，应分三板套成。

4) 支、吊架安装（明装）。根据管路测量定位的弹线，确定支、吊架的固定点位置，一般先两头，后中间。固定方法有胀管法、预埋铁件焊接法、稳注法、剔注法、抱箍法等。

5) 盒、箱固定。暗装时，盒、箱固定要求混凝土饱满，平整牢固，坐标正确。安装要求见表7-1。明装时，将盒、箱固定在支、吊架上，安装牢固平整。

表7-1 盒、箱安装要求

实测项目	要求	允许偏差（mm）
盒、箱水平、垂直位置	正确	10（砖墙）30（大模板）
盒、箱1m内相邻标高	一致	2
盒子固定	垂直	2
箱子固定	垂直	3
盒、箱口与墙面	平齐	最大凹进深度10

6) 管路敷设

①明管敷设应注意以下几点：

a. 管路应畅通、顺直、内侧无毛刺，镀锌层或防锈漆完整无损。

b. 敷管时，先将管卡一端的螺丝拧进一半，然后将管敷设在内，逐个拧牢。使用支架时，可将钢管固定在支架上，不应将钢管焊接在其他管道上。

c. 水平或垂直敷设明配管允许偏差值，管路在2m以内时，偏差为3mm，全长不应超过管子内径的1/2。

②暗装敷设应注意以下几点：

a. 随墙（砌体）配管：砖墙、加气混凝土墙、空心砖墙配合砌墙立管时，管最好置于墙中心,管口向上者要堵好。为使盒子平整,标高准确,可将管先立至距盒200mm左右处,然后将盒子稳好,再接短管。短管入盒、箱端可不套丝,可用跨接线焊接固定,管口与盒、箱里口平。向上引管有吊顶时,管上端应煨成90°弯直进吊顶内。由顶板向下引管不宜过长,待砌隔墙时,先稳盒后接短管。

b. 模板混凝土墙配管:可将盒、箱固定在该墙的钢筋上,接着敷管。每隔1m左右,用铅丝绑扎牢。管进盒、箱要煨灯叉弯。向上引管不宜过长,以能煨弯为准。管入开关、插座等小盒,可不套丝,但应做好跨接线。

c. 现浇混凝土楼板配管:测好灯位,根据房间四周墙的厚度,弹出十字线,将堵好的盒子固定牢,然后敷管。有两个以上盒子时,要拉直线。管进盒长度要适宜,管路每隔1m左右用铅丝绑扎牢,如有吊扇、花灯或超过3kg的灯具应焊好吊钩。

d. 素土内配管可用混凝土砂浆保护,也可缠两层玻璃布,刷三道沥青油加以保护。在管路下先用石块垫起50mm,尽量减少接头,管箍丝扣连接处抹铅油缠麻拧牢。

7)管道连接

①镀锌和壁厚小于等于2mm的钢导管,必须用螺纹连接,紧定连接,卡套连接等,不得套管焊接连接,严禁对口熔焊连接。管口锉光滑平整,接头应牢固紧密。

②管路敷设应尽量减少中间接线盒,在管路较长或转弯时可加装接线盒;管路水平敷设时,高度不应低于2.0m;垂直敷设时,距地不低于1.5m(1.5m以下应加保护管保护)。管路超过下列长度,应加装接线盒,其位置应便于穿线。无弯时,30m;有一个弯时,20m;有两个弯时,15m;有三个弯时,8m。

8)变形缝处理

变形缝两侧各预埋一个接线箱,先把管的一端固定在接线箱上,另一侧接线箱底部的垂直方向开长孔,其孔径长宽度尺寸不小于被接入管直径的2倍。两侧连接好补偿跨接地线。

9)穿带线

管路安装完毕后,穿带线。用带线绑扎布条在线管内来回拉动,清扫管内灰尘、泥水、混凝土颗粒等杂物。导线穿管时,应先穿一根直径为1.2~2.0mm的铁丝作带线,在管路的两端均应留有10~15mm的余量。穿带线结束时,管口应带护口保护。

(2)塑料管配线

塑料管有硬塑料管、半硬塑料管、塑料波纹管、软塑料管等。硬质塑料管

(PVC管)适用于民用建筑或室内有酸、碱腐蚀性介质的场所,但环境温度在40℃以上的高温场所或经常发生机械冲击、碰撞、摩擦等易受机械损伤的场所不应使用;半硬塑料管适用于正常环境的室内场所,不应用于潮湿、高温和易受机械损伤的场所;混凝土板孔布线应用塑料绝缘电线穿半硬塑料管敷设;建筑物顶棚内,不宜采用塑料波纹管;现浇混凝土内也不宜采用塑料波纹管。

明管敷设施工程序:

施工准备→测量定位→预制加工→支、吊架安装→盒、箱固定→管路敷设→穿带线。

暗管敷设施工程序:

施工准备→测量定位→预制加工→盒、箱固定→管路敷设→穿带线。

1)施工准备。施工前,首先进行材料验收,要求工具配备、作业条件(土建混凝土结构钢筋绑扎过程中和土建砌体施工过程中)、技术条件(施工图纸和技术资料)等齐全。

2)测量定位。根据土建弹出的水平500mm线为基准,确定盒、箱实际位置和管路走向。

3)预制加工

预制管弯可采用冷煨法和热煨法。

①冷煨法:管径在25mm及以下可用冷煨法。

a. 使用手扳弯管器煨弯,将管子插入配套的弯管器内,一次煨出所需的弯度。

b. 将弯簧插入管内需煨弯处,两手抓住弯簧两端头,膝盖顶在被弯处,手扳逐渐煨出所需弯度,然后抽出弯簧。当弯曲较长管时,可将弯簧用铁丝或尼龙线拴牢一端,煨弯后抽出。

②热煨法:用电炉子、热风机等加热均匀,烘烤管子煨弯处,待管被加热到可随意弯曲时,立即将管子放在木板上,固定管子一头,逐步煨出所需弯度,并用湿布抹擦使弯曲部位冷却定型,不得因加热煨弯使管出现烤伤、变色、破裂等现象。

4)支、吊架安装(明装)。根据管路测量定位的弹线,确定支、吊架的固定点位置,一般先两头,后中间。固定方法有胀管法、预埋铁件焊接法、稳注法、剔注法、抱箍法等,同钢管明敷设方法。

5)盒、箱固定。暗装时,盒、箱固定要求混凝土饱满,平整牢固,坐标正确。安装要求同钢管配线要求;明装时,将盒、箱固定在支、吊架上,安装牢固平整。

6)管路敷设

①随墙(砌体)配管:砖墙、加砌气混凝土块墙、空心砖墙配合砌墙立管时,该管最好放在墙中心;管口向上者要堵好。为使盒子平整,标高准确,可将管先立

偏高 200mm 左右,然后将盒子稳好,再接短管。短管入盒、箱端可不套丝,可用跨接线焊接固定,管口与盒、箱里口平。往上引管有吊顶时,管上端应煨成 90°弯直进吊顶内。由顶板向下引管不宜过长,以达到开关盒上口为准。等砌好隔墙,先稳盒后接短管。

②大模板混凝土墙配管:可将盒、箱焊在该墙的钢筋上,接着敷管。每隔 1m 左右,用铅丝绑扎牢。管进盒、箱要煨灯叉弯。往上引管不宜过长,以能煨弯为准。

③现浇混凝土楼板配管:先找灯位,根据房间四周墙的厚度,弹出十字线,将堵好的盒子固定牢然后敷管。有两个以上盒子时,要拉直线。如为吸顶灯或日光灯,应预下木砖。管进盒、箱长度要适宜,管路每隔 1m 左右用铅丝绑扎牢。如有吊扇、花灯或超过 3kg 的灯具应焊好吊杆。

④预制圆孔板上配管,如为焦碴垫层,管路需用混凝土砂浆保护。素土内配管可用混凝土砂浆保护,也可缠两层玻璃布,刷三道沥青油加以保护。在管路下先用石块垫起 50mm,尽量减少接头,管箍丝扣连接处抹油缠麻拧牢。

⑤塑料管引出地面,应用钢管保护,或用专用过渡接头连接钢管与塑料管,由钢管引出地面,做法如图 7-1 所示。

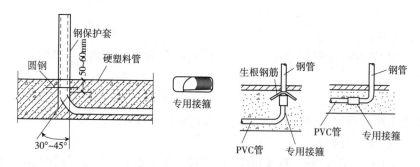

图 7-1 塑料管引出地面做法

7)管道连接

套管连接:套管长度为连接管径的 1.5～3 倍,套管口用专用塑料管黏结剂黏接。

插入连接:两个管径相同的管子,将一根管子端头加热软化后,把另一个端头涂胶的管子插入而连接。插入的长度为管径的 1.1～1.8 倍。

直管每隔 30m 应加装补偿装置,做法如图 7-2 所示。

管与盒、箱连接时,一般同材质的管、盒才能连接,应一管一孔,管口露出盒、箱应小于 5mm。管路进盒、箱应采用端接头与内锁母连接,做法如图 7-3 所示。

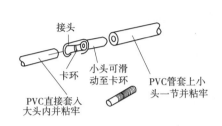
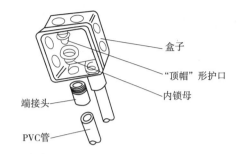

图 7-2　塑料管直管补偿装置安装示意图　　图 7-3　管与接线盒连接

8）穿带线

管路安装完毕后，穿带线。用带线绑扎布条在线管内来回拉动，清扫管内灰尘、泥水、混凝土颗粒等杂物。导线穿管时，应先穿一根直径为 1.2～2.0mm 的铁丝作带线，在管路的两端均应留有 10～15mm 的余量。穿带线结束时，管口应带护口保护。在管路较长或转弯较多时，可以在敷设管路的同时将带线穿好。穿带线受阻时，应用两根铁丝分别在两端同时搅动，使两根铁丝的端头互相钩绞在一起，然后将带线拉出。

(3) 线槽配线

线槽配线的工艺流程为：

测量定位→线槽敷设→槽内布线→导线连接→线路绝缘摇测。

1）测量定位

根据设计图确定出进户线、盒、箱、柜等电气器具的安装位置，从始端至终端先干线后支线，找好水平或垂直线，用粉线袋沿墙壁、顶棚和地面等处，沿线路的中心线弹线，按照设计图要求及施工验收规范规定，分匀档距并用笔标出具体位置。

根据设计图标注的轴线部位，将预制加工好的框架固定在标出的位置上，调直，待混凝土凝固，模板拆除后，拆下框架，并抹平孔洞口。

2）线槽敷设

选用线槽时应根据设计要求选择型号、规格相应的产品。敷设场所的环境温度不得低于 −15℃。

① 线槽固定

a. 塑料胀管固定线槽：墙体为混凝土、砖墙时，可采用塑料胀管固定塑料线槽。首先根据胀管选择相应规格的钻头，在已确定好的固定点上垂直钻孔。孔钻好后，把塑料胀管垂直插入孔中，使其外端与建筑物表面平齐。用平头木螺丝将线槽底板紧贴建筑物表面固定牢固，线槽底板应平直。用塑料胀管固定线槽的方法参见图 7-4，木螺丝规格尺寸见表 7-2。

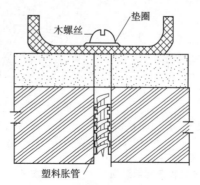

图 7-4 塑料胀管固定线槽

表 7-2 木螺丝规格尺寸(mm)

标号	公称直径 d	螺杆直径 d	螺杆长度 L
7	4	3.81	12~70
8	4	4.7	12~70
9	4.5	4.52	16~85
10	5	4.88	18~100
12	5	5.59	18~100
14	6	6.30	25~100
16	6	7.01	25~100
18	8	7.72	40~100
20	8	8.43	40~100
24	10	9.86	70~120

b. T形螺栓固定线槽:在石膏板墙或其他护板墙上固定塑料线槽时,可采用T形螺栓固定。将线槽的底板紧贴建筑物的表面,在固定点处钻好孔,把T形螺栓从线槽背后墙的另一面穿入线槽,用螺母紧固,线槽内露出的螺栓部分应加套塑料管。

c. 固定线槽时应先两端后中间。线槽的固定点最大间距符合表 7-3 的规定。

表 7-3 线槽固定点最大间距尺寸(mm)

固定点形式	槽板宽度			
	25	40	60	80
	固定点最大间距			
中心单列	500	800	—	—
双列	—	—	800	—
双列	—	—	—	800

②线槽连接:塑料线槽及附件连接处应平齐,没有缝隙。

a. 槽底和槽盖直线段对接时,槽底对接缝与槽盖对接缝错开并不小于20mm。

b. 线槽分支接头,以及线槽附件应采用相同材质的定型产品。

③线槽及线槽附件安装要求

a. 接线盒、各种附件角、转角、三通等固定点不应少于两点。

b. 接线盒、灯头盒应采用相应的插口连接件。

c. 在线路分支接头处应采用相应接线箱。

d. 线槽的终端应采用终端头封堵。

e. 线槽配线在穿过楼板或墙壁时,应用保护管,而且穿楼板处必须用钢管保护,其保护高度距地面不应低于1.8m;装设开关的地方可引至开关的位置。

f. 过变形缝时应做补偿处理。

3)槽内布线

①布线前,应先将线槽内的杂物清除干净。

②布线时,宜从始端到终端的顺序进行,干线放下面,支线放上面,导线应顺直,不拧绞,线槽内严禁有接头。

③线槽内敷设导线的线芯最小允许截面:铜导线为 $1.0mm^2$;铝导线为 $2.5mm^2$。

(4)钢索配线

钢索配线是由钢索承受配电线路的全部荷载,将绝缘导线、配件和灯具吊钩在钢索上。适用于大跨度厂房、车库和仓储等场所的使用。

钢索配线的工艺流程为:

预制加工工件→预埋铁件→弹线定位→固定支架→组装钢索→钢索吊金属(塑料)管→钢索吊磁柱(珠)→线路检查绝缘摇测→钢索吊护套线

1)预制加工

①加工预埋铁件:其尺寸不应小于120mm×60mm×6mm;焊在铁件上的锚固钢筋其直径不应小于8mm,其尾部要弯成燕尾状。

②根据设计图的要求尺寸加工好预留孔洞的框架;加工好抱箍、支架、吊架、吊钩、耳环、固定卡子等镀锌铁件。非镀锌铁件应先除锈再刷上防锈漆。

③钢管或电线管进行调直。切断、套丝、煨弯,为管路连接做好准备。

④塑料管进行煨管、断管,为管路连接做好准备。

⑤采用镀锌钢绞线作为钢索时,应按实际所需长度剪断,擦去表面的油污,预先将其抻直,以减少其伸长率。

2)预埋铁件

应根据设计图标注的尺寸位置,在土建结构施工时将预埋件固定好;并配合土建准确地将孔洞留好。

3)弹线定位

根据设计图确定出固定点的位置,弹出粉线,均匀分出档距,并用色漆做出明显标记。

4)固定支架

将已经加工好的抱箍支架固定在结构上,将心形环穿套在耳环和花篮螺栓上用于吊装钢索。固定好的支架可作为线路的始端、中间点和终端。

5)钢索组装

①将预先拉直的钢索一端穿入耳环,并折回穿入心形环,再用两只钢索卡固定两道。为了防止钢索尾端松散,可用铁丝将其绑紧。

②将花篮螺栓两端的螺杆均旋进螺母,使其保持最大距离,以备继续调整钢索飞松紧度。

③将绑在钢索尾端的铁丝拆去,将钢索穿过花篮螺栓和耳环,折回后嵌进心形环,再用两只钢索卡固定两道。

④将钢索与花篮螺栓同时拉起,并钩住另一端的耳环,然后用大绳把钢索收紧,由中间开始,把钢索固定在吊钩上,调节花篮螺栓的螺杆使钢索的松紧度符合要求。

⑤钢索的长度在 50m 以内时,允许只在一端装设花篮螺栓;长度超过 50m 时,两端均应装设花篮螺栓,长度每增加 50m,就应加装一个中间花篮螺栓。

6)安装保护地线

钢索就位后,在钢索的一段必须装有明显的保护地线,每个花篮螺栓处均应做跨接地线。

7)钢索吊装金属管

①根据设计要求选择金属管、三通及五通专用明装接线盒及相应规格的吊卡。

②在吊装管路时,应按照先干线、后支线的顺序操作,把加工好的管子从始端到终端按顺序连接起来,与接线盒连接的丝扣应该拧牢固,进盒的丝扣不得超过两扣。吊卡的间距应符合施工质量验收规范要求。每个灯头盒均应用两个吊卡固定在钢索上。

③双管并行吊装时,可将两个吊卡对接起来的方式进行吊装,管与钢索应在同一平面内。

④吊装完毕后应做整体接地保护,接线盒的两端应有跨接地线。

8)钢索吊装塑料管

①根据设计要求选择塑料管、专用明配接线盒及灯头盒、管子接头及吊卡。

②管路的吊装方法用于金属管的吊装,管进入接线盒及灯头盒时,可以用管接头进行连接;两管对接可用管箍粘接法。

③吊卡应固定平整,吊卡间距应均匀。

钢索吊装管配线的组装见图7-5。

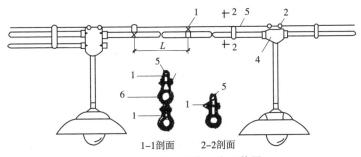

图7-5　钢索吊装管配线组装图
1-扁钢吊卡;2-吊灯头盒卡子;3-五通灯头;4-三通灯头;5-钢索;6-钢管或塑料管

9)钢索吊护套线

①根据设计图,在钢索上量出灯位及固定点的位置。将护套线按段剪断,调直后放在放线架上。

②敷设时应从钢索的一端开始,放线时应先将导线理顺,同时用铝卡子在标出固定点的位置上将护套线固定在钢索上,直至终端。

③在接线盒两端100～150mm处应加卡子固定,盒内导线应留有适当余量。

④灯具为吊链灯时,从接线盒至灯头的导线应依次编叉在吊链内,导线不应受力。吊链为瓜子链时,可用塑料线将导线垂直绑在吊链上。

钢索吊装塑料护套线组装见图7-6。

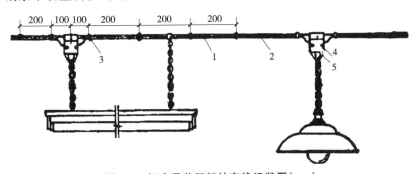

图7-6　钢索吊装塑料护套线组装图(mm)
1-塑料护套线;2-钢索;3-铝线卡;4-塑料接线盒;5-接线盒安装钢板

10)钢索吊装金属管(塑料管)穿线

干线导线可直接逐盒穿通,分支导线的接头可设在接线盒或器具内,导线不得外露。

2. 管内穿绝缘导线安装

管内穿绝缘导线施工流程为：

选择导线→扫管→穿带线→放线与断线→导线与带线的绑扎→管口带护口→导线连接→线路绝缘摇测。

(1)选择导线

1)应根据设计图要求选择导线。

2)相线、零线及保护地线的颜色应加以区分，用黄绿双颜色的导线做保护地线，淡蓝色为工作零线，红、黄、绿色为相线，开关回火线宜使用白色。

(2)穿带线

1)穿带线的同时，也检查了管路是否畅通，管路的走向及盒、箱的位置是否符合设计及施工图的要求。

2)穿带线的方法：

①带线一般均采用 $\phi 1.2 \sim 2.0$ mm 的铁丝或钢丝。先将铁丝的一端弯成不封口的圆圈，再利用穿线器将带线穿入管路内，管路的两端均应留有 100～150mm 的余量。

②在管路较长或转弯较多时，可以在敷设管路的同时将带线穿好。

③穿带线受阻时，应用两根铁丝分别在两端同时搅动，使两根铁丝的端头互相钩绞在一起，然后将带线拉出。

(3)清扫管路

清扫管路的目的是清除管路中的灰尘、泥水等杂物。

清扫管路的方法：将布条两端牢固地绑扎在带线上，两人来回拉动带线，将管内杂物清净。

(4)放线及断线

1)放线：

①放线前应根据施工图对导线的规格、型号进行确认。

②放线时导线应置于放线架或放线车上。

2)断线：剪断导线时，导线的预留长度应按以下四种情况考虑：

①接线盒、开关盒、插销盒及灯头盒内导线的预留长度应为150mm。

②配电箱内导线的预留长度应为配电箱体周长的1/2。

③出户导线的预留长度应为1.5m。

④共用导线在分支处，可不剪断导线而直接穿过。

(5)导线与带线的绑扎

1)导线根数较少，例如二至三根，可将导线前端绝缘层削去，然后将线芯直接插入带线的盘圈内并折回压实,绑扎牢固,使绑扎处形成一个平滑的锥形过渡部位。

2)导线根数较多或导线截面较大时,可将导线端部的绝缘层削去,然后将线芯斜错排列在带线上,用绑线缠绕绑扎牢固,使绑扎接头处形成一个平滑的锥形过渡部位,便于穿线。

(6)管内穿线

1)钢管(电线管)在穿线前,应首先检查各个管口的护口是否齐整,如有遗漏或破损,应补齐和更换。

2)管路较长或转弯较多时,要在穿线的同时往管内吹入适量的滑石粉。

3)两人穿线时,应配合协调,一拉一送。

4)穿线时应注意下列问题:

①同一交流回路的导线必须穿于同一管内。

②不同回路、不同电压和交流与直流的导线,不得穿入同一管内,但以下几种情况除外:

a. 标称电压为50V以下的回路;

b. 同一设备或同一流水作业线设备的电力回路和无特殊防干扰要求的控制回路;

c. 同一花灯的几个回路;

d. 同类照明的几个回路,但管内的导线总数不应多于8根。

③导线在变形缝处,补偿装置应活动自如。导线应留有一定的余量。

④敷设于垂直管路中的导线,当超过下列长度时应在管口处和接线盒中加以固定:

a. 截面积为50mm^2及以下的导线为30m;

b. 截面积为70~95mm^2的导线为20m;

c. 截面积在180~240mm^2之间的导线为18m。

⑤穿入管内的绝缘导线,不准接头、局部绝缘破损及死弯。导线外径总截面不应超过管内面积的40%。

(7)导线连接

1)导线连接应具备的条件:

①导线接头不能增加电阻值;

②受力导线不能降低原机械强度;

③不能降低原绝缘强度。

为了满足上述要求,在导线做电气连接时,必须削去绝缘层,除掉氧化膜,再进行连接、施焊、包缠绝缘。

2)剥削绝缘使用工具及方法:

①使用工具:由于各种导线截面、绝缘层薄厚程度、分层多少都不同,因此使用剥削的工具也不同,常用工具有电工刀和剥削钳,可进行削、勒及剥削绝缘层。

②剥削绝缘方法:

a. 单层剥法:一般 $4mm^2$ 以下的单层导线使用剥削钳,使用电工刀时,不允许用刀在导线周围转圈切割绝缘层的方法(图 7-7)。

b. 分段剥法:一般适用于多层绝缘导线剥削,如编织橡皮绝缘导线,用电工刀先剥去外层编织层,并留有约 12mm 的绝缘台,线芯长度随接线方法和要求的机械强度而定(图 7-8)。

c. 斜削法:用电工刀以 45°角倾斜切绝缘层,当切近线芯时就应止用力,接着应使刀面的倾斜角度改为 15°左右,沿着线芯表面向前头端部推出,然后把残存的绝缘层剥离线芯,用刀口插入背部以 45°角削断(图 7-9)。

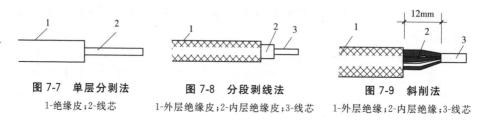

图 7-7 单层分剥法
1-绝缘皮;2-线芯

图 7-8 分段剥线法
1-外层绝缘皮;2-内层绝缘皮;3-线芯

图 7-9 斜削法
1-外层绝缘;2-内层绝缘;3-线芯

3)铜导线在接线盒内的连接:

①单芯线并接头:导线绝缘台并齐合拢。在距绝缘台约 12~15mm 处用其中一根线芯在其连接端缠绕 5~7 圈后剪断,把余头并齐折回压在缠绕线上进行涮锡处理(图 7-10)。

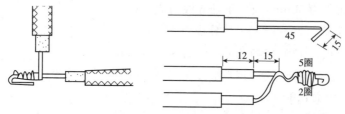

图 7-10 单芯导线并接(单芯与单芯、单芯与多股软线)(mm)

②不同直径导线接头:如果是独根(导线截面小于 $2.5mm^2$)或多芯软线时,则应先进行涮锡处理。再将细线在粗线上距离绝缘层 15mm 处交叉,并将线端部向粗导线(独根)端缠绕 5~7 圈,将粗导线端折回压在细线上(图 7-11),最后再做涮锡处理。

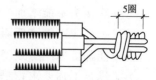

图 7-11 多股不等径导线并接

4)安全型压线帽:铜导线压线帽分为黄、白、红三种颜色,分别适用于 $1.0mm^2$、$1.5mm^2$、$2.5mm^2$、$4mm^2$ 的 2~4 条导线的连接。操作方法是:将导线绝缘层剥去10~13mm(按帽的型号决定),清除氧化物,按规格选用合适的压线帽,将线芯插入压线帽的压接管内,若填不实,可将线芯折回头(剥长加倍),填满为止。线芯插到底,导线绝缘应和压接管口平齐,并包在帽壳内,用专用压接钳压实即可。

5)套管压接:套管压接法是运用机械冷态压接的简单原理,用相应的模具在一定压力下将套在导线两端的连接套管压在两端导线上,使导线与连接管间形成金属互相渗透,两者成为一体构成导电通路。要保证冷压接头的可靠性,主要取决于影响质量的三个要点:即连接管形状、尺寸和材料;压模的形状、尺寸;导线表面氧化膜处理。具体做法如下:先把绝缘层剥掉,清除导线氧化膜并涂以电力复合脂(使导线表面与空气隔绝,防止氧化)。当采用圆形套管时,将要连接的铝芯线分别在铝套管的两端插入,各插到套管一半处;当采用椭圆形套管时,应使两线对插后,线头分别露出套管两端4mm;然后用压接钳和压模压接,压接模数的深度应与套管尺寸相对应(见图 7-12)。

6)接线端子压接:多股导线可采用与导线同材质且规格相应的接线端子。削去导线的绝缘层,不伤线芯,将线芯紧紧地绞在一起、涮锡清除、接线端子孔内的氧化膜,将线芯插入,用压接钳压紧。导线外露部分应小于 1~2mm(图 7-13)。

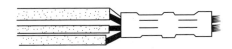 

图 7-12　套管压接法　　　　图 7-13　接线端子压接法

7)导线与螺丝平压式接线柱连接:

压接后外露线芯的长度不宜超过 1~2mm。

①多股铜芯软线用螺丝压接时,先将软线芯做成单眼圈状,涮锡后,将其压平再用螺丝加垫紧牢固(图 7-14a)。

②小于 $2.5mm^2$ 的单芯导线,盘圈后直接压接,盘圈方向应与压紧螺丝旋入方向一致(图 7-14b)。

8)导线与针孔式接线桩压接:把要连接的导线的线芯入接线桩头孔内,导线裸露出针孔 1~2mm,针孔大于导线直径 2 倍时需要折回头插入压接(图 7-15)。

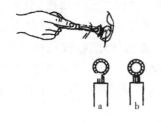
图 7-14　导线螺丝平压式接线

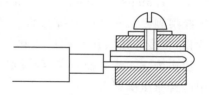
图 7-15　导线针孔式压接

(8)铜导线焊接

由于导线的线径及敷设场所不同,因此,焊接的方法有如下几种:

1)电烙铁加焊:适用于线径较小的导线连接及用其他工具焊接困难的场所。导线连接处加焊剂,用电烙铁进行锡焊。

2)喷灯加热(或用电炉加热):将焊锡放在锡勺或锡锅内,用喷灯或电炉加热,焊锡熔化后即可进行焊接。加热时要握好温度;温度过高涮锡不饱满;温度过低涮锡不均匀。因此要根据焊锡的成分、质量及外界环境温度等诸多因素,随时掌握好适宜的温度进行焊接。焊接完后必须用布将焊接处的焊剂及其他污物擦净。

3)电阻加热焊:适用于接头较大、使用锡锅不方便的场所。将接头处理好加上焊剂,用电阻焊机的两电阻极夹住焊接点,开启电源,待焊接点温度达到后,将焊锡丝熔于焊接点(图 7-16)。

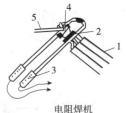
电阻焊机

图 7-16　电阻加热焊
1-导线;2-碳阻;3-焊把;
4-焊接点;5-焊锡丝

(9)导线包扎

首先用橡胶(或粘塑料)绝缘带从导线接头处始端的完好绝缘层开始,缠绕 1~2 个绝缘带幅宽度,再以半幅宽度重叠进行缠绕。在包扎过程中应尽可能地拉紧绝缘带。最后,在绝缘层上缠绕 1~2 圈后,再进行回缠。采用橡胶绝缘带包扎时,应将其拉长 2 倍后再进行缠绕,然后再用黑胶布包扎,包扎时衔接好,以半幅宽度边压边进行缠绕,同时在包扎过程中拉紧胶布,导线接头处两端应用黑胶布封严密。

(10)线路检查及绝缘摇测

1)线路检查:接、焊、包全部完成后,应进行自检和互检。检查导线接、焊、包是否符合施工验收规范及质量评定标准的规定。不符合规定时应立即纠正,检查无误后再进行绝缘摇测。

2)绝缘摇测:电线、电缆的绝缘摇测应选用 1000v 兆欧表。

测量线路绝缘电阻时:兆欧表上有三个分别标有"接地"(E)、"线路"(L)、

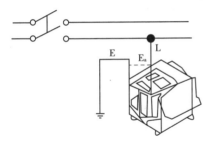

图 7-17　用兆欧表摇测线路示意图

"保护环"(G)的端钮。可将被测两端分别接于 E 和 L 两个端钮上(图 7-17)。

一般线路绝缘摇测有以下两种情况：

1)电气器具未安装前进行线路绝缘摇测时,首先将灯头盒内导线分开,开关盒内导线连通。摇测应将干线和支线分开,一人摇测,一人应及时读数并记录。摇动速度应保持在 120r/min 左右,读数应采用 1min 后的读数为宜。

2)电气器具全部安装完在送电前进行摇测,应先将线路上的开关、刀闸、仪表、设备等用电开关全部置于断开位置,摇测方法同上所述,确认绝缘摇测无误后再送电试运行。

二、灯具、吊扇安装

灯具、吊扇安装工艺流程为：检查灯具、吊扇→组装灯具、吊扇→安装灯具、吊扇→通电试运行。

1. 灯具安装

(1)灯具检查

1)灯具的选用应符合设计要求,设计无要求时,应符合有关规范的规定,安装场所检查灯具是否符合要求：

①在易燃和易爆场所应采用防爆式灯具；

②有腐蚀性气体及特别潮湿的场所应采用封闭式灯具,灯具的各部件应做好防腐处理；

③潮湿的厂房内和户外的灯具应采用有泄水孔的封闭式灯具；

④多尘的场所应根据粉尘的浓度及性质,采用封闭式或密闭式灯具；

⑤灼热多尘场所(如出钢、出铁、轧钢等场所)应采用投光灯；

⑥可能受机械损伤的厂房内,应采用有保护网的灯具；

⑦震动场所(如有锻锤、空压机、桥式起重机等),灯具应有防震措施；

⑧除开敞式外,其他各类灯具的灯泡容量在 100W 及以上者均应采用瓷灯口。

2)灯内配线检查：

①灯内配线应符合设计要求及有关规定；

②穿入灯箱的导线在分支连接处不得承受额外应力和磨损,多股软线的端头需盘圈、涮锡；

③灯箱内的导线不应过于靠近热光源,并应采取隔热措施；

④使用螺灯口时相线必须压在灯芯柱上。

3) 特种灯具检查：

①各种标志灯的指示方向正确无误；

②应急灯必须灵敏可靠；

③事故照明灯具应有特殊标志；

④局部照明灯必须是双圈变压器，初次级均应装有熔断器；

⑤携带式局部照明灯具用的导线，宜采用橡套导线，接地或接零线应在同一护套内。

(2) 灯具组装

1) 组合式吸顶花灯的组装：

①首先将灯具的托板放平，如果托板为多块拼装而成，就要将所有的边框对齐，并用螺丝固定，将其连成一体，按照说明书及示意图把各个灯口装好。

②确定出线和走线的位置，将端子板（瓷接头）用机螺丝固定在托板上。

③根据已固定好的端子板（瓷接头）至各灯口的距离掐线，把掐好的导线削出线芯，盘好圈后，进行涮锡。然后压入各个灯口，理顺各灯头的相线和零线，用线卡子分别固定，并且按供电要求分别压入端子板。

2) 吊式花灯组装：

首先将导线从各个灯口穿到灯具本身的接线盒里。一端盘圈、涮锡后压入各个灯口。理顺各个灯头的相线和零线，另一端涮锡后根据相序分别连接、包扎并甩出电源引入线，最后将电源引入线从吊杆中穿出。

(3) 灯具安装

1) 吸顶或白炽灯安装：

①塑料绝缘台的安装。将接灯线从绝缘台的出线孔中穿出，塑料绝缘台紧贴住建筑物表面，安装孔对准灯头盒螺孔，用机螺丝（或木螺丝）将绝缘台固定牢固，绝缘台直径大于75mm时，应使用2个以上胀管固定。

②把从绝缘台甩出的导线留出适当维修长度，削出线芯，用平压法与平灯口压线点接牢，若是螺丝灯口，注意火线应接于芯线压接点。将多余线推入灯头盒内，平灯口应与绝缘台的中心找正，用长度小于20mm的木螺丝固定。

2) 日光灯安装：

①吸顶日光灯安装：根据设计图确定出日光灯的位置，将日光灯贴紧建筑物表面，日光灯的灯箱应完全遮盖住灯头盒，正对灯头盒的位置打好进线孔，将电源线甩入灯箱，在进线孔处应套上塑料管以保护导线。找好灯头盒螺孔的位置，在灯箱的底板上用电钻打好孔，用机螺丝拧牢固。在灯箱的另一端，应使用胀管螺栓加以固定。如果日光灯是安装在吊顶上，应该用自攻螺丝将灯箱固定在

龙骨上。灯箱固定好后,将电源线压入灯箱内的端子板上。把灯具的反光板固定在灯箱上,并将灯箱调整顺直,最后把日光灯管装好。

②吊链式日光灯安装:根据灯具的安装高度,将全部吊链编好,把吊链挂在灯箱挂钩上,并且在建筑物顶棚上安装的塑料圆台,将导线依顺序编叉在吊链内,并引入灯箱,在灯箱的进线孔处应套上软塑料管以保护导线,压入灯箱内的端子板内。将灯具导线和灯头盒中甩出的电源线连接,并用粘塑料带和黑胶布分层包扎紧密。理顺接头扣于吊盒内,吊盒的中心应与塑料(木)台的中心对正,用木螺丝将其拧牢。将灯具的反光板用机螺丝固定在灯箱上,调整好灯脚,最后将灯管装好。

3)各型花灯安装:

①组合式吸顶花灯安装:根据预埋的螺栓和灯头盒的位置,在灯具的托板上用电钻开好安装孔和出线孔,安装时将托板托起,将电源线和从灯具甩出的导线连接并包扎严密,塞入灯头盒内;然后把托板的安装孔对准预埋螺栓,使托板四周和顶棚贴紧,用螺母将其拧紧,调整好各个灯口,悬挂好灯具的各种饰物;并上好灯管或灯泡。

②吊式花灯安装:将灯具托起,并把预埋好的吊杆插入灯具内,把吊挂销钉插入后再将其尾部掰开成燕尾状。接好导线接头,包扎严密,理顺后向上推起扣碗,将接头扣于其内,扣碗应紧贴顶棚,拧紧固定螺丝。调整好各个灯口。拧上灯泡,配好灯罩。

4)光带的安装:根据灯具的外形尺寸确定其支架的支撑点,再根据灯具的具体重量经过认真核算,用支架的型材制作支架,做好后,根据灯具的安装位置,用预埋件或用胀管螺栓把支架固定牢固。轻型光带的支架可以直接固定在主龙骨上;大型光带必须先下好预埋件,将光带的支架用螺丝固定在预埋件上,固定好支架,将光带的灯箱用机螺丝固定在支架上,再将电源线引入灯箱与灯具的导线连接并包扎紧密。调整各个灯口和灯脚,装上灯泡或灯管上好灯罩,最后调整灯具的边框应与顶棚面的装修直线平行。如果灯具对称安装,其纵向中心轴线应在同一直线上,偏斜不应大于 5mm。

5)壁灯的安装:光根据灯具的外形选择合适的绝缘台或灯具底托,把灯具设置于中心。然后用电钻在绝缘台和灯具底板上开好出线孔和安装孔,将灯具的灯头线从绝缘台的出线孔中甩出,与墙壁上灯头盒内的电源线接头,并包扎严密,将接头塞入盒内。绝缘台与灯头盒对正,贴紧墙面,用机螺丝将绝缘台直接固定在盒子耳朵上,如果圆台直径超过 75mm 以上,应采用 2 个以上胀管固定。调整绝缘台,使其平正不歪斜,再用螺丝将灯具固定在绝缘台上,最后配好灯泡、灯伞或灯罩。灯罩与灯泡不得相碰,绝缘台与灯泡距离小于 5mm 时,应加隔热措施。安装在室外的壁灯应做好防水和泄水,绝缘台与墙面之间应加胶垫,有可能积水之处应打泄水孔。

(4)专用灯具安装的注意事项

1)行灯安装:

①电压不得超过36V;

②灯体及手柄应绝缘良好,坚固耐热,耐潮湿;

③灯头与灯体结合紧固,灯头应无开关;

④灯泡外部应有金属保护网;

⑤金属网、反光罩及悬吊挂钩,均应固定在灯具的绝缘部分上。

在特殊潮湿场所或导电良好的地面上,或工作地点狭窄、行动不便的场所(如在锅炉内、金属容器内工作),行灯电压不得超过12V。

2)携带式局部照明灯具所用的导线宜采用橡套软线。

3)固定在移动结构(如活动托架等)上的局部照明灯具的敷线要求:

①导线的最小截面应符合表7-4的要求;

表7-4 线芯最小允许截面

灯具安装场所	线芯最小截面(mm²)	
	铜芯软线	铜线
民用建筑室内	0.5	0.5
工业建筑室内	0.5	1.0
室外	1.0	1.0

②导线应敷于托架的内部;

③导线不应在托架的活动连接处受到拉力和磨损,应加套塑料套予以保护。

4)手术室工作照明回路要求:

①照明配电箱内应装有专用的总开关及分路开关;

②室内灯具应分别接在两条专用的回路上。

5)手术台无影灯安装:

①固定螺丝的数量,不得少于灯具法兰盘上的固定孔数,且螺栓直径应与孔径配套;

②在混凝土结构上,预埋螺栓应与主筋相焊接,或将挂钩末端弯曲与主筋绑扎锚固;

③固定无影灯底座时,均须采用双螺母。

6)安装在重要场所的大型灯具的玻璃罩,应有防止其碎裂后向下溅落的措施,一般可用透明尼龙丝编织的保护网,网孔的规格应根据实际情况定制。

7)金属卤化物灯(钠铊铟灯、镝灯等)安装:

①灯具安装高度宜在 5m 以上,电源线应经接线柱连接,不得使电源线靠近灯具的表面;

②灯管必须与触发器和限流器配套使用。

8)投光灯的底座及支架应固定牢固,按光轴需要的方向将枢轴拧紧固定。

9)事故照明的线路和白炽灯泡容量在 100W 以上密封安装时,均应使用耐温线。

10)36V 及以下行灯变压器安装:

①变压器应采用双圈型,不允许采用自耦变压器。初级与次级应分别在两盒内接线;

②电源侧应有短路保护,其熔丝的额定电流不应大于变压器的额定电流;

③外壳、铁芯和低压侧的一端或中心点均应接保护地线或接零线。

11)公共场所的安全灯应装有双灯。

12)游泳池及类似场所的灯具(水下灯、防水灯具)应为 12V 以下灯具,等电位联接应可靠,有专用漏电保护装置;自电源引入灯具的导管必须是绝缘导管。

13)应急照明灯具安装:

①除正常供电电源外,应另有备用电源供电。

②两路电源的转换时间:疏散照明、备用照明≤15s;金融商店交易所备用照明≤1.5s;安全照明≤0.5s。

③安全出口标志灯距地高度不低于 2m,且安装在疏散出口和楼梯口里侧的上方。

④疏散标志灯安装在安全出口的顶部,楼梯间、疏散走道及其转弯处应安装在 1m 以下的墙面上。不易安装的部位可安装在上部。疏散通道上的标志灯间距不大于 20m,人防工程内不大于 10m。

⑤疏散标志灯的设置,应不影响正常通行,且周围不应有容易混同疏散标志灯的其他标志装置。

⑥应急照明灯具的运行温度大于 60℃时,不应直接安装在可燃装修材料或可燃物体上;靠近可燃物时,应采取隔热、散热等措施。

⑦应急照明线路在每个防火分区应有独立的应急照明回路,穿越不同防火分区的线路有隔堵措施。

⑧疏散照明线路采用耐火电线、电缆,穿管明敷或在非燃烧体内穿刚性导管暗敷;暗敷保护层厚度不小于 30mm。电线采用额定电压不低于 750V 的铜芯绝缘线。

14)防爆灯具安装:

①灯具的防爆标志、外壳防护等级、温度组别应与爆炸危险环境相适配,严格按设计要求选型。当设计无要求时,应符合国家规范的规定。

②灯具配套齐全,不得用非防爆零件代替灯具配件。

③安装位置应离开释放源,且不得在各种管道的泄压口及排放口上下方安装防爆灯具。

④安装牢固,吊管、开关与接线盒螺纹啮合扣数不少于 5 扣,螺纹加工光滑、完整、无锈蚀,并在螺纹上涂以电力复合酯或导电性防锈酯。

(5)建筑物彩灯安装

1)建筑物顶部彩灯采用具有防雨性能专用的灯具,安装时应将灯罩拧紧。

2)管路应按照明管敷设工艺安装,并应具有防雨水功能。管路间、管路与灯头盒间应螺纹连接丝头应缠防水胶带或缠麻抹铅油。

3)垂直彩灯悬挂挑臂应采用不小于 10 号槽钢,开口吊钩螺栓直径≥10mm,上、下均附平垫圈,弹簧垫圈、螺母安装紧固。

4)钢丝绳直径应≥4.5mm,底盘可参照拉线底盘安装,底把采用直径≥16mm圆钢,地锚采用架空外线用拉线盘,埋深大于 1.5m。

5)布线可参照钢索室外明配线工艺,垂直彩灯应采取防水吊线灯头,下端灯头距离地面高于 3m(图 7-18)。

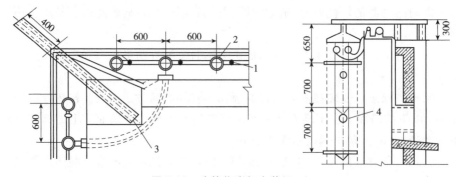

图 7-18 建筑物彩灯安装(mm)

1-避雷带;2-水平彩灯;3-垂直彩灯挑臂;4-垂直彩灯

6)金属导管、彩灯金属架构及钢索场应做保护接地。

(6)霓虹灯安装

1)灯管完好无破裂;绝缘支架专用的固定牢固可靠;

2)固定后,灯管与建筑物表面的距离不小于 20mm;

3)专用变压器采用双圈式,所供灯管长度不大于允许负载长度;安装位置方便检修,不装在吊顶内,且隐蔽在不易被常人触及的场所;露天安装的应有防雨措施,高度不低于3m,低于3m时应采取防护措施。

4)专用变压器的二次电线和灯管间的连接线采用额定电压大于15kV的高压绝缘电线。二次电线与建筑物表面距离不小于20mm;二次侧导线采用玻璃制品作为支持物时,固定点间距水平段0.5m,垂直段0.75m。

(7)航空障碍标志灯安装

1)灯具装设在建筑物的最高部位。当最高部位平面面积较大或为建筑群时,还应在其外侧转角的顶端分别装设,灯具之间的水平、垂直距离不大于45m。

2)灯具的选型应按设计规定。设计无规定时,应根据安装高度决定:距地面60m以下为红色光,有效发光强度大于1600cd;距地面150m以上为白色光,有效发光强度随背景亮度而定。

3)供电电源按主体、建筑中最高负荷等级要求供电;灯具的自动通、断电源控制装置动作准确。

4)灯具安装牢固可靠,且设置维修和更换光源措施。

(8)庭院灯安装

1)各种类型的庭院灯灯具与基础固定可靠,地脚螺栓备帽齐全;接线盒、熔断器盒防水密封垫完整。

2)金属立柱及灯具的外露可导电部分接地可靠;接地线应单设干线,干线沿庭院灯布置位置联成环网,且不少于2处与接地装置引出线连接。支线与金属灯柱及灯具的接地端子连接,且有标识。

3)灯具的自动通、断电源控制装置工作可靠;每套灯具有熔断器保护;导电部分对地绝缘电阻值大于2MΩ。

(9)建筑物景观照明安装

1)每套灯具的导电部分对地绝缘电阻值大于2MΩ。

2)在人行道等人员来往密集场所安装的落地式灯具,无围栏防护,安装高度距地面2.5m以上。

3)金属构架和灯具的可接近裸露导体及金属软管的接地或接零可靠,且有标识。

2. 吊扇安装

(1)吊扇检查

1)吊扇的各种零配件是否齐全。

2)扇叶有无变形和受损。

3)吊杆上的悬挂销钉必须装设防震橡皮垫及防松装置。

(2)吊扇的组装要求

1)严禁改变扇叶角度。

2)扇叶的固定螺钉应有防松装置。

3)吊杆之间、吊杆与电机之间,螺纹连接的啮合长度不得小于20mm,并且必须有防松装置。

(3)吊扇安装

将吊扇托起,并把预埋的吊钩将吊扇的耳环挂牢,然后接好电源接头,包扎严密,向上推起吊杆上的扣碗,将接头扣于其内,紧贴建筑物表面,拧紧固定螺丝。

通电试运行:灯具、吊扇、配电箱(盘)安装完毕,且各条支路的绝缘电阻摇测合格后,方允许通电试运行。通电后应仔细检查和巡视,检查灯具的控制是否灵活、准确;开关与灯具控制顺序相对应;吊扇的转向及调速开关是否正常,如果发现问题必须先断电,查找原因进行修复。

三、开关、插座安装

1. 开关安装要求

①拉线开关距地面的高度一般为2～3m;层高小于3m时,距顶板不小于100mm;距门口为150～200mm;拉线的出口应垂直;

②翘把开关距地面的高度为1.3m,距门口为150～200mm;开关不得置于单扇门后;

③暗装开关的面板应紧贴墙面,四周无缝隙,安装牢固,表面光滑整洁,无碎裂、划伤,装饰帽齐全;

④开关位置应与控制灯位相对应,同场所内开关方向应一致;

⑤相同型号成排安装的开关高度应一致,且控制有序不错位,拉线开关相邻间距不小于20mm;

⑥多尘、潮湿场所和户外应选用密封防水开关;

⑦在易燃、易爆和特别潮湿的场所,开关应分别采用防爆型、密闭型,或设计安装在其他处所控制;

⑧民用住宅严禁装设床头开关;

⑨明线敷设开关应安装在不少于15mm厚的绝缘台上。

2. 插座安装规定

①暗装和工业用插座距地面不应低于300mm;特殊场所暗装插座不低于150mm;

②在儿童活动场所和民用住宅中应采用安全插座。采用普通插座时,其安装高度不应低于1.8m;

③同一室内安装的插座高低差不应大于5mm;成排安装的插座安装高度一致;

④暗装的插座应有专用盒,面板应端正严密、与墙面平整;

⑤地插座面板与地面齐平或紧贴地面,盖板牢固,密封良好;

⑥在特别潮湿和有易燃、易爆气体及粉尘的场所应采用密封型并带保护地线触头的保护型插座,安装高度不低于1.5m;

⑦带开关插座,开关应断相线。

3. 开关、插座安装

(1)暗装开关、插座:按接线要求,将盒内甩出的导线与开关、插座的面板连接好,将开关或插座推入盒内(如果盒子较深,大于25mm时,应加装套盒),对正盒眼,用螺丝固定牢固。固定时要使面板端正,与墙面平齐。

(2)明装开关、插座:先将从盒内甩出的导线由绝缘台的出线孔中穿出,再将绝缘台紧贴于墙面,用螺丝固定在盒子或木砖上,如果是明配线,绝缘台上的隐线槽应先顺对导线方向,再用螺丝固定牢固。绝缘台固定后,将甩出的相线、地(零)线按各自的位置从开关、插座的线孔中穿出,按接线要求将导线压牢。然后,将开关或插座贴于绝缘台上,对正找中,用木螺丝固定牢。最后,再把开关、插座的面板上好。

第二节 变配电设备安装

一、变压器、箱式变电站安装

变压器是利用电磁感应的原理来改变交流电压的装置,主要构件是初级线圈、次级线圈和铁心(磁芯)。在电器设备和无线电路中,常用作升降电压、匹配阻抗、安全隔离等。

箱式变电站是一种高压开关设备、配电变压器和低压配电装置,按一定接线方案排成一体的工厂预制户内、户外紧凑式配电设备,即将高压受电、变压器降压、低压配电等功能有机地组合在一起,安装在一个防潮、防锈、防尘、防鼠、防火、防盗、隔热、全封闭、可移动的钢结构箱体内,机电一体化,全封闭运行,特别适用于城网建设与改造,是继土建变电站之后崛起的一种崭新的变电站。

1. 设备要求

带有防护罩的干式变压器,防护罩与变压器的距离应符合标准的规定,不小于表7-5的尺寸。

2. 施工要点

施工工艺流程为:设备点件检查→变压器二次搬运→变压器稳装→附件安装→变压器吊芯检查及交接试验→送电前的检查→送电运行验收。

表 7-5 干式变压器防护类型、容量、规格及质量图表

型号	外形示意	规格外形尺寸(mm)	干式变压器容器 (kVA)									
			200	250	315	400	500	630	800	1000	1250	1600
网型		长 l	1450		1650				1970			2300
		宽 B	1120		1180				1300			1430
		高 H	1550		1800				2020			2400
		参考质量(kg)	1080	1275	1390	1740	1795	2090	2640	3075	3580	4890
箱型		长 l	1400	1470	1600		1820	2200	2280	2280	2120	2181
		宽 B	960	820	1100		1100	1240	1341	1240	1400	1420
		高 H	1460	1550	1740		1980	1950	2110	2424	2300	2860
		参考质量(kg)	1080	1275	1600		2850	3400	3170	4140	4842	5794
箱型(有机械通风)		长 l							2460	2550	2600	2710
		宽 B							1930	1970	1992	1980
		高 H							2565	2570	2820	2870
		参考质量(kg)							3680	4270	4940	5905

(1)设备点件检查

1)设备点件检查应由安装单位、供货单位、会同建设单位代表共同进行,并做好记录。

2)按照设备清单,施工图纸及设备技术文件核对变压器本体及附件备件的规格型号是否符合设计图纸要求。是否齐全,有无丢失及损坏。

3)变压器本体外观检查无损伤及变形,油漆完好无损伤。

4)油箱封闭是否良好,有无漏油、渗油现象,油标处油面是否正常,发现问题应立即处理。

5)绝缘瓷件及环氧树脂铸件有无损伤、缺陷及裂纹。

(2)变压器二次搬运

1)变压器二次搬运应由起重工作业,电工配合。最好采用汽车吊吊装,也可采用吊链吊装,距离较长最好用汽车运输,运输时必须用钢丝绳固定牢固,并应行车平稳,尽量减少震动;距离较短且道路良好时,可用卷扬机、滚杠运输。变压器重量及吊装点高度可参照表 7-6 及表 7-7。

表 7-6 树脂浇铸干式变压器重量

序号	容量(kVA)	重量(t)	序号	容量(kVA)	重量(t)
1	100~200	0.71~0.92	4	1250~1600	3.39~4.22
2	250~500	1.16~1.90	5	2000~2500	5.14~6.30
3	630~1000	2.08~2.73			

表 7-7 油浸式电力变压器重量

序号	容量(kVA)	总量(t)	吊点高(m)
1	100~180	0.6~1.0	3.0~3.2
2	200~420	1.0~1.8	3.2~3.5
3	500~630	2.0~2.8	3.8~4.0
4	750~800	3.0~3.8	5.0
5	1000~1250	3.5~4.6	5.2
6	1600~1800	5.2~6.1	5.2~5.8

2)变压器吊装时,索具必须检查合格,钢丝绳必须挂在油箱的吊钩上,上盘的吊环仅作吊芯用,不得用此吊环吊装整台变压器(图 7-19)。

3)变压器搬运时,应注意保护瓷瓶,最好用木箱或纸箱将高低压瓷瓶罩住,使其不受损伤。

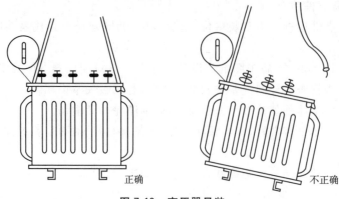

图 7-19 变压器吊装

4)变压器搬运过程中,不应有冲击或严重震动情况,利用机械牵引时,牵引的着力点应在变压器重心以下,以防倾斜,运输斜角不得超过15°,防止内部结构变形。

5)用千斤顶顶升大型变压器时,应将千斤顶放置在油箱专门部位。

6)大型变压器在搬运或装卸前,应核对高低压侧方向,以免安装时调换方向发生困难。

(3)变压器稳装

1)变压器就位可用汽车吊直接甩进变压器室内,或用道木搭设临时轨道,用三步搭、吊链吊至临时轨道上,然后用吊练拉入室内合适位置。

2)变压器就位时,应注意其方位和距墙尺寸应与图纸相符,允许误差为±25mm,图纸无标注时,纵向按轨道定位,横向距离不得小于800mm,距门不得小于1000mm,并适当照顾屋内吊环的垂线位于变压器中心,以便于吊芯,干式变压器安装图纸无注明时,安装、维修最小环境距离应符合图 7-20 要求。

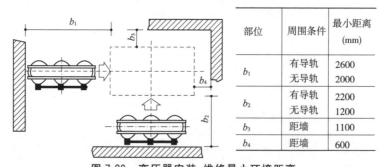

部位	周围条件	最小距离(mm)
b_1	有导轨	2600
	无导轨	2000
b_2	有导轨	2200
	无导轨	1200
b_3	距墙	1100
b_4	距墙	600

图 7-20 变压器安装、维修最小环境距离

3)变压器基础的轨道应水平,轨距与轮距应配合,装有气体继电器的变压器,应使其顶盖沿气体继电器气流方向有1‰~1.5‰的升高坡度(制造厂规定不需安装坡度者除外)。

4)变压器宽面推进时,低压侧应向外;窄面推进时,油枕侧一般应向外。在装有开关的情况下,操作方向应留有1200mm以上的宽度。

5)油浸变压器的安装,应考虑能在带电的情况下,便于检查油枕和套管中的油位、上层油温、瓦斯继电器等。

6)装有滚轮的变压器,滚轮应能转动灵活,在变压器就位后,应将滚轮用能折卸的制动装置加以固定。

7)变压器的安装应采取抗地震措施。稳装在混凝土地坪上的变压器安装见图7-21(a),有混凝土轨梁宽面推进的变压器安装见图7-21(b)。

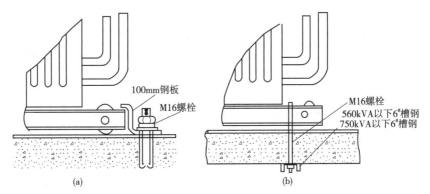

图7-21 变压器抗地震措施

(4)附件安装

1)气体继电器安装:

①气体继电器安装前应经检验鉴定。

②气体继电器应水平安装,观察窗应装在便于检查的一侧,箭头方向应指向油枕,与连通管的连接应密封良好。截油阀应位于油枕和气体继电器之间。

③打开放气嘴,放出空气,直到有油溢出时将放气嘴关上,以免有空气使继电保护器误动作。

④当操作电源为直流时,必须将电源正极接到水银侧的接点上,以免接点断开时产生飞弧。

⑤事故喷油管的安装方位,应注意到事故排油时不致危及其他电器设备;喷油管口应换为割划有"十"字线的玻璃,以便发生故障时气流能顺利冲破玻璃。

2)防潮呼吸器的安装:

①防潮呼吸器安装前,应检查硅胶是否失效,如已失效,应在115~120℃温度烘烤8h,使其复原或更新。浅蓝色硅胶变为浅红色,即已失效;白色硅胶,不加鉴定一律烘烤。

②防潮呼吸器安装时,必须将呼吸器盖子上橡皮垫去掉,使其通畅,并在下

方隔离器具中装适量变压器油,起滤尘作用。

3) 温度计的安装:

①套管温度计安装,应直接安装在变压器上盖的预留孔内,并在孔内加以适当变压器油。刻度方向应便于检查。

②电接点温度计安装前应进行校验,油浸变压器一次元件应安装在变压器顶盖上的温度计套筒内,并加适当变压器油;二次仪表挂在变压器一侧的预留板上。干式变压器一次元件应按厂家说明书位置安装,二次仪表安装在便于观侧的变压器护网栏上。软管不得有压扁或死弯,弯曲半径不得小于50mm,富余部分应盘圈并固定在温度计附近。

③干式变压器的电阻温度计,一次元件应预埋在变压器内,二次仪表应安装值班室或操作台上,导线应符合仪表要求,并加以适当的附加电阻校验调试后方可使用。

4) 电压切换装置的安装:

①变压器电压切换装置各分接点与线圈的联线应紧固正确,且接触紧密良好。转动点应正确停留在各个位置上,并与指示位置一致。

②电压切换装置的拉杆、分接头的凸轮、小轴销子等应完整无损;转动盘应动作灵活,密封良好。

③电压切换装置的传动机构(包括有载调压装置)的固定应牢靠,传动机构的摩擦部分应有足够的润滑油。

④有载调压切换装置的调换开关的触头及铜辫子软线应完整无损,触头间应有足够的压力(一般为8~10kg)。

⑤有载调压切换装置转动到极限位置时,应装有机械联锁与带有限位开关的电气联锁。

⑥有载调压切换装置的控制箱一般应安装在值班室或操作台上,联线应正确无误,并应调整好,手动、自动工作正常,档位指示正确。

⑦电压切换装置吊出检查调整时,暴露在空气中的时间应符合表7-8的规定。

表7-8 调压切换装置露空时间

环境温度(℃)	>0	>0	>0	<0
空气相对湿度(%)	65以下	65~75	75~85	不控制
持续时间不大于(h)	24	16	10	8

5) 变压器联线:

①变压器的一、二次联线、地线、控制管线均应符合相应各章的规定。

②变压器一、二次引线的施工,不应使变压器的套管直接承受应力(图7-22)。

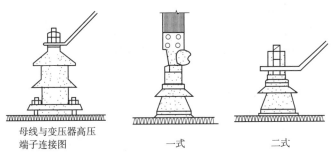

图 7-22 母线与变压器低压端子连接图

③变压器工作零线与中性点接地线,应分别敷设。工作零线宜用绝缘导线。

④变压器中性点的接地回路中,靠近变压器处,宜做一个可拆卸的连接点。

⑤油浸变压器附件的控制导线,应采用具有耐油性能的绝缘导线。靠近箱壁的导线,应用金属软管保护,并排列整齐,接线盒应密封良好。

(5)变压器吊芯检查及交接试验

1)变压器吊芯检查:

①变压器安装前应作吊芯检查。制造厂有特殊规定者,1000kVA 以下,运输过程中无异常情况者,短途运输,事先参与了厂家的检查并符合规定,运输过程中确认无损伤者,可不做吊芯。

②吊芯检查应在气温不低于 0℃,芯子温度不低于周围空气温度、空气相对湿度不大于 75% 的条件下进行(器身暴露在空气中的时间不得超过 16h)。

③所有螺栓应紧固,并应有防松措施。铁芯无变形,表面漆层良好,铁芯应接地良好。

④线圈的绝缘层应完整,表面无变色、脆裂、击穿等缺陷。高低压线圈无移动变位情况。

⑤线圈间、线圈与铁芯、铁芯与轭铁间的绝缘层应完整无松动。

⑥引出线绝缘良好,包扎紧固无破裂情况,引出线固定应牢固可靠,其固定支架应紧固,引出线与套管连接牢靠,接触良好紧密,引出线接线正确。

⑦所有能触及的穿心螺栓应联接坚固。用摇表测量穿心螺栓与铁芯及轭铁、以及铁芯与轭铁之间的绝缘电阻,并做 1000V 的耐压试验。

⑧油路应畅通,油箱底部清洁无油垢杂物,油箱内壁无锈蚀。

⑨芯子检查完毕后,应用合格的变压器油冲洗,并从箱底油堵将油放净。吊芯过程中,芯子与箱壁不应碰撞。

⑩吊芯检查后如无异常,应立即将芯子复位并注油至正常油位。吊芯、复位、注油必须在 16h 内完成。

吊芯检查完成后,要对油系统密封进行全面检查,不得有漏油渗油现象。

2)变压器的交接试验:

①变压器的交接试验应由当地供电部门许可的试验室进行。试验标准应符合规范要求、当地供电部门规定及产品技术资料的要求。

②变压器交接试验的内容:

a. 测量绕组连同套管的直流电阻;

b. 检查所有分接头的变压比;

c. 检查变压器的三相结线组别和单相变压器引出线的极性;

d. 测量绕组连同套管的绝缘电阻、吸收比或极化指数;

e. 测量绕组连同套管的介质损耗角正切值 tgδ;

f. 测量绕组连同套管的直流泄漏电流;

g. 绕组连同套管的交流耐压试验;

h. 绕组连同套管的局部放电试验;

i. 测量与铁芯绝缘的各紧固件及铁芯接地线引出套管对外壳的绝缘电阻;

j. 绝缘油试验;

k. 有载调压切换装置的检查和试验;

l. 额定电压下的冲击合闸试验;

m. 检查相位;

n. 测量噪音。

(6)变压器送电前的检查

1)变压器试运行前应做全面检查,确认符合试运行条件时方可投入运行。

2)变压器试运行前,必须由质量监督部门检查合格。

3)变压器试运行前的检查内容:

①各种交接试验单据齐全,数据符合要求。

②变压器应清理、擦拭干净,顶盖上无遗留杂物,本体及附件无缺损,且不渗油。

③变压器一、二次引线相位正确,绝缘良好。

④接地线良好。

⑤通风设施安装完毕,工作正常,事故排油设施完好;消防设施齐备。

⑥油浸变压器油系统油门应打开,油门指示正确,油位正常。

⑦油浸变压器的电压切换装置及干式变压器的分接头位置放置正常电压档位。

⑧保护装置整定值符合规定要求;操作及联动试验正常。

⑨干式变压器护栏安装完毕。各种标志牌挂好,门装锁。

(7)变压器送电试运行

1)变压器第一次投入时,可全压冲击合闸,冲击合闸时一般可由高压侧投入。

2)变压器第一次受电后,持续时间不应少于10min,无异常情况。

3)变压器应进行 3～5 次全压冲击合闸,并无异常情况,励磁涌流不应引起保护装置误动作。

4)油浸变压器带电后,检查油系统不应有渗油现象。

5)变压器试运行要注意冲击电流、空载电流、一、二次电压、温度。并做好详细记录。

6)变压器并列运行前,应核对好相位。

7)变压器空载运行 24h,无异常情况,方可投入负荷运行。

二、配电箱、柜安装

配电箱按安装方法可分为明装和安装两种,如图 7-23 所示。

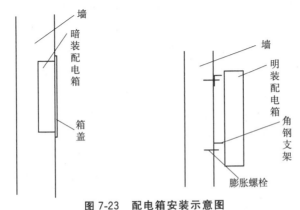

图 7-23　配电箱安装示意图
(a)暗装配电箱;(b)明装配电箱

配电箱安装工艺流程为:

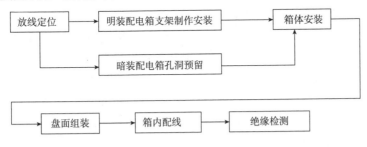

配电柜安装工艺流程为:

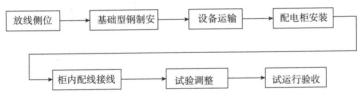

1. 设备开箱点件

设备点件应有建设单位、供货单位和施工单位派员共同参加,并对点件结果签字确认。按设计图纸、设备清单认真核对设备件数、规格型号,是否符合,产品合格证及使用说明书等技术资料是否齐全。

配电柜、箱外观检查应无变形及损伤,油漆不脱落,色泽应一致。配电柜、箱内电器装置及元件齐全,安装牢固,无损伤及缺件。

开箱时间与开箱数量应根据施工进度同步进行,应防止开箱过多,不能及时安装,造成丢失和损坏或者投入大量人力来进行保护。

2. 配电柜、箱搬运

配电柜、箱搬运应由专业起重工来进行作业,电工进行配合。

设备吊点应拴在配电柜的专用吊环上。如上部无吊装环时,应将吊索挂在柜底包装板上,防止吊绳直接使柜体受外力作用而变形和损坏。

室内搬运一般使用地牛车或移动式门架,采用人力撬动等方法时,应防止损坏设备外壳箱体,影响美观。

配电柜在搬运的过程中应采取必要的措施,防止配电柜因形体细高而发生倾倒,造成设备损坏或人身伤害。

运输当中应防止配电柜、箱上的电气元件掉落而损坏,因此,应采取适当的措施(如用胶带粘牢或拆卸保管好,待配电柜、箱、盘就位后再安装上)。

3. 配电柜、箱就位固定

配电柜、箱就位前,应仔细核对柜、箱编号与设计安装位置必须相符,防止放错位置再倒换,造成人员浪费和工期的拖延。

配电柜就位应从最里面的柜子开始,由里往外按顺序排列在基础型钢上。

配电柜找平找正应从两侧的柜子拉线进行调整并固定。对于单独安装的配电柜、箱的调整,应在柜、箱的正面和侧面挂线坠配合直尺进行调整。

配电柜、箱与基础型钢固定螺栓应与柜箱的安装孔相配套,所用的螺栓及垫圈必须是镀锌的。每台配电柜、箱均应单独与接地母线相连接,装有电器的可开启的柜门,应用裸铜软导线与接地母线相接,接地螺栓应配有防松弹簧垫圈。

对于暗装配电箱,应在土建工程施工当中进行预留预埋,即先预留孔洞,再将配电箱按标高位置调整至符合规范要求精度,然后由土建单位予以砌牢。以配电箱面板四周紧贴建筑物墙面,不得有缝隙为合格。

如明装配电箱安装,则应先按配电箱体尺寸及安装孔距来进行加工支架,并提前刷好防腐底漆与面漆后,再进行安装固定。固定支架可用膨胀螺栓将支架固定,然后用螺栓将配电箱与支架固定,要求配电箱横平竖直,偏差不得大于 1.5mm。

配电箱金属外壳用接地保护线与接地母线进行紧密连接,牢固可靠不松动。

4. 铜母线连接

铜母线及连接螺栓应由配电柜供货厂家配套提供,并应编号清楚,以利现场安装速度加快。铜母线连接前应检查接触面处是否平整、镀锌层是否完好。所用连接螺栓是否与铜母线安装孔相适配,长短是否一致。

螺栓穿入方向应按规范要求:母线立放时,螺栓应从两侧向内穿入;母线平放时,螺栓应从下往上穿入。

螺栓紧固应使用力矩扳手,紧固力应符合规范要求。螺栓紧固后,螺杆应露出螺母 2~3 扣为宜,所有螺栓均为镀锌产品且应有防松弹簧垫圈。

5. 二次接线

施工前应仔细审图,熟悉原理,确定所需各种规格电缆和导线数量。

根据设计接线图和原理图进行柜间电缆和导线敷设,电缆及导线应排列整齐,成束线缆应进行绑扎固定。

所有接线端子应有明显标号。为防止接错,应对敷设的电缆和导线进行校验,正确后套以线号管,然后再与端子连接。

接线端子板每侧只允许接一根导线,最多不得超过两根,并且应在两根导线间加放平光垫圈。截面大于 2.5mm^2 多芯软导线应进行涮锡处理,小于 2.5mm^2 多芯软导线宜采用专用压接端子连接,不应有断股或有毛刺。

所有进入配电柜、箱的电缆和导线,必须用专用绑扎带进行绑扎和固定,要求整齐、美观。

6. 配电柜、箱试验调整

对于高压配电柜应按规范要求进行交接试验,试验内容包括:高压柜、母线、避雷器、高压瓷瓶、套管、电压互感器、电流互感器、高压断路器等;调整内容包括:电流、电压继电器、时间继电器等的调整,综合保护装置调试以及机械连锁调整。

对于低压配电柜、箱则应进行控制回路检测、低压母线检测及各出线回路的绝缘检测。对各回路绝缘电阻检查时,应防止对柜内的低压电子元件造成损坏,应将此部分断开,不允许使用摇表测试,而使用万用表测试回路是否接通。

配电柜、箱通电调试前,应断开引往外部的断路器,防止发生意外。将控制回路送临时电(应将控制回路换上小容量的保险丝或断路器)分别检测控制、联锁、操作、继电保护和信号系统,试验各部动作应正确无误,灵敏可靠。

拆除临时电源,恢复配电柜内所用元器件及接线。

7. 送电试运行

（1）送电前的准备工作

安装作业已全部完毕，经质量部门检验全部符合设计和验收规范要求。

对柜内母线、开关及接线端子经过仔细检查没有任何遗留工具和杂物，柜内经过清扫擦拭干净。

试验报告已报告给有关部门，项目和数据符合要求，各继电保护动作灵敏可靠，控制联锁及信号动作准确。

送电运行所用操作及维护工具准备齐全（绝缘手套、绝缘靴、高压验电器、接地器具、绝缘胶皮、粉末气体灭火器和有关电气警告牌等已由建设单位准备齐全）。

由建设单位负责组织，监理单位、施工单位、设计单位和当地电力部门共同参加的送电领导小组，明确分工、统一指挥，各负其责。

（2）送电运行

送电前应先断开所有往外送电的断路器，外部配电箱进线开关也应处于断开位置，并应挂"不得合闸"标牌以示警告。

由电力部门负责送高压电源给变压器供电，经过核对相位正确后，可投上低压总进线开关给低压柜供电，检查电压数值是否正常。

对有两路供电和有联络柜的送电前，除保证电压数值正确，还应进行核实相位正确，应保证开关动作顺序符合要求。防止误动作造成事故。

待配电柜带电正常后，再逐个回路往外部送电。

第三节　自备电源安装

一、柴油发电机组安装

1. 作业条件

（1）土建工程基本完工，柴油发电机房的房门应满足机组运输与就位要求。

（2）在室外安装的柴油发电机组应有防雨措施。

（3）柴油发电机组的安装基础、地脚螺栓孔及电缆管线的位置应符合设计及相关要求。

（4）柴油发电机组的安装场地清理干净、道路畅通。

2. 机组基础

（1）柴油发电机组安装前，应根据设计图纸和机组本身的技术文件资料，对设备基础进行全面检查。

(2)混凝土基础应符合柴油发电机组制造厂家的要求,基础上安装机组地脚螺栓孔,采用二次灌浆,其孔距尺寸应按机组外形安装图确定。基座的混凝土强度等级必须符合设计要求。

3. 机组就位、调校机组水平位置

(1)机组就位

1)柴油发电机组就位之前,首先应对机组进行复查、调整和准备工作。

2)发电机组各联轴节的连接螺栓应紧固。机座地脚螺栓应紧固。安装时应检查主轴承盖、连杆、气缸体、贯穿螺栓、气缸盖等的螺栓与螺母的紧固情况,不应松动。

(2)调校机组水平位置

机组就位后,首先调整机组的水平度,找正找平,紧固地脚螺栓牢固、可靠,并应设有防松动措施。

4. 安装接地线路

(1)发电机中性线(工作零线)应与接地母线用专用地线及螺母连接,螺栓防松动装置齐全,有接地标识。

(2)发电机本体和机械部分的可接近导体均应与保护接地(PE)或接地线(PEN)进行可靠连接,且有标识。

5. 燃料系统、冷却水系统和排烟系统的安装

(1)燃油系统的安装

供油系统一般由储油罐、日用油箱、油泵和电磁阀、连接管路构成,当储油罐位置低于机组油泵吸程或高于油门所承受的压力时,必须采用日用油箱,日用油箱上有液位显示及浮子开关(自动供油箱装备),油泵系统的安装要求参照水系统设备的安装要求。

(2)冷却水系统的安装

冷却系统分为随机安装散热水箱和热交换器,应符合下列要求:

1)水冷柴油发电机组的热交换器的进、出水口与冷却水源的压力方向应一致,散热水箱加水口和放水口处应留有足够空间;

2)冷却水进、出水管与发电机组本体的连接应使用软管隔离;

(3)排烟系统的安装

排烟系统一般由排烟管道、排烟消声器及各种连接件组成,安装时应符合下列要求:

1)将导风罩按设计要求固定在墙壁上;

2)将随机法兰与排烟管焊接(排烟管长度及数量根据机房大小及烟管走向),焊接时应注意法兰之间的配对,焊接应满足相关要求;

3)根据消声器及排烟管的大小和安装高度,配置相应的套箍;

4)用螺栓将消声器、弯头、垂直方向排烟管、波纹管按设计要求连接好保证各处密封良好;

5)将水平方向排烟管与消声器出口用螺栓连接好,保证结合面的密封性;

6)排烟管外围包裹一层保温材料;

7)柴油发电机组与排烟管之间的连接,常规使用波纹管,所有排烟管的重量不允许压在波纹管上,波纹管应保持自由状态。

6. 安装机组附属设备、机组接线

(1)安装机组附属设备

1)发电机控制箱(屏)是同步发电机组的配套设备,主要是控制发电机送电及调压。小容量发电机的控制箱一般(经减震器)直接安装在机组上,大容量发电机的控制屏,则固定在机房的地面上,或安装在与机组隔离的控制室内。

2)开关箱(屏)或励磁箱,各生产厂家的开关箱(屏)种类较多,型号不一,一般500kW以下的机组有柴油发电机组相应的配套控制箱(屏),500kW以上机组,可向机组厂家提出控制屏的特殊订货要求。

(2)机组接线

1)发电机及控制箱接线应正确可靠。馈电出线两端的相序必须与电源原供电系统的相序一致。

2)发电机随机的配电柜和控制柜接线应正确无误,所有紧固件应紧固牢固,无遗漏脱落。开关、保护装置的型号、规格必须符合设计要求。

二、不间断电源安装

1. 作业条件

(1)施工图纸及技术资料齐全。

(2)土建施工全部结束,门窗齐全。

(3)施工现场预埋件牢固,预留孔符合设计要求。

(4)有可能损坏已安装设备或设备安装后不能再进行施工的装饰工作应已全部结束。

(5)大型机柜的基础槽钢设置完成,所处位置正确,具有利于设备散热及维修保养的工作间距。

(6)施工设备材料齐全并运至现场。

2. 母线、电缆及机架安装

(1)母线、电缆安装

1)配电室内的母线支架应符合设计要求。支架(吊架)以及绝缘子铁脚均应

做防腐处理涂刷耐酸涂料。

2)引出电缆敷设应符合设计要求。宜采用塑料护套电缆带标明正、负极性。正极为赭色,负极为蓝色。

3)所采用的套管和预留洞处,均应用耐酸、碱材料密封。

4)母线安装除应符合相关规定外,还应在连接处涂电力复合脂和防腐处理。

(2)机架安装

1)机架的型号、规格和材质应符合设计要求。其数量间距应符合设计要求。

2)高压蓄电池架,应用绝缘子或绝缘垫与地面绝缘。

3)安放不间断电源的机架组装应平整、不得歪斜,水平度、垂直度允许偏差不应大于1.5‰,紧固件齐全。

4)机架安装应做好接地线的连接。

5)机架有单层架和双层架,每层上安装又有单列、双列之分,在施工过程中可根据不间断电源的容量及外形尺寸进行调整。

6)不间断电源采用铅酸蓄电池时,其角钢与电源接触部分衬垫2mm厚耐酸软橡皮,钢材必须刷防酸漆;埋在机架内的桩柱定位后用沥青浇灌预留孔。

7)不间断电源采用镉镍蓄电池和全密封铝酸电池时,机架不需作防酸处理。

3. 不间断电源安装

(1)不间断电源安装应按设计图纸及有关技术文件进行施工。

(2)不间断电源安装应平稳,间距均匀,同一排列的不间断电源应高低一致、排列整齐。

(3)引入或引出备用和不间断电源装置的主回路电线、电缆和控制电线、电缆应分别穿保护管敷设,在电缆支架上平行敷设应保持150mm的距离。电线、电缆的屏蔽护套接地连接可靠,与接地午线就近连接,紧固件齐全。

(4)不间断电源接线时严禁将金属线短接,极性正确,以免不慎将电池短路,造成因大电流放电报废。

(5)不间断电源输出端的中性线(N极),必须与由接地装置直接引来的接地干线相连接,做重复接地。不间断电源装置的可接近裸露导体接地(PE)或接零(PEN)可靠,且有标识。

(6)应有防震技术措施,并应牢固可靠。温度计、液面线应放在易于检查一侧。

(7)由于不间断电源运行时,其输入输出线路的中线电流约为相线电流的1.8倍以上,安装时应检查中线截面,如发现中线截面小于相线截面时,应并联一条中线,防止因中线大电流引起事故。

(8)不间断电源本机电源应采用专用插座,插座必须使用说明书中指定的保险丝。

4. 蓄电池组的安装一般要求

(1)蓄电池组的安装应按已批准的设计图纸及产品技术文件的要求进行施工。

(2)蓄电池施工应制定安全技术措施。

(3)蓄电池室的建筑工程应符合下列规定：

1)与蓄电池安装有关的建筑物的建筑工程质量应符合现行国家标准《建筑工程施工质量验收统一标准》GB 50300 的有关规定。当设备及设计有特殊要求时，尚应符合其要求。

2)蓄电池安装前，建筑工程及其辅助设施应按设计要求全部完成，并应验收合格。

(4)蓄电池室应采用防爆型灯具、通风电机，室内照明线应采用穿管暗敷，室内不得装设开关和插座。

5. 阀控式密封铅酸蓄电池组

(1)安装

1)蓄电池安装前，应按以下规定进行外观检查：

①蓄电池外观应无裂纹、无损伤；密封应良好，应无渗漏；安全排气阀应处于关闭状态。

②应开箱检查清点，型号、规格应符合设计要求，附件应齐全，元件应无损坏。

③应装有铭牌，注明制造厂名、设备名称、规格、型号等技术数据。

④蓄电池的正、负端接线柱应极性正确，应无变形、无损伤。

⑤透明的蓄电池槽，应检查极板无严重变形；槽内部件应齐全，无损伤。

⑥连接条、螺栓及螺母应齐全。

2)清除蓄电池表面污垢时，对塑料制作的外壳应用清水或弱碱性溶液擦拭，不得用有机溶剂清洗。

3)蓄电池组的安装应符合下列规定：

①蓄电池放置的基架及间距应符合设计要求；蓄电池放置在基架后，基架不应有变形；基架宜接地。

②蓄电池在搬运过程中不应触动极柱和安全排气阀。

③蓄电池安装应平稳，间距应均匀，单体蓄电池之间的间距不应小于5mm；同一排、列的蓄电池槽应高低一致，排列应整齐。便于散热和维护。

④连接蓄电池连接条时应佩戴绝缘手套，并使用绝缘工具。如使用扳手时，除扳头外其余金属部分要包上绝缘带，杜绝扳手与蓄电池的正、负极同时相碰，形成正、负极短路故障。

⑤连接条的接线应正确，连接部分应涂以电力复合脂。螺栓紧固时，应用力矩扳手，力矩值应符合产品技术文件的要求。

⑥有抗震要求时，其抗震设施应符合设计要求，并应牢固可靠。

4)蓄电池组的引出电缆的敷设应符合现行国家标准《电气装置安装工程电缆线路施工及验收规范》GB 50168 的有关规定。电缆引出线正、负极的极性及标识应正确,且正极应为赭色,负极应为蓝色。蓄电池组电源引出电缆不应直接连接到极柱上,应采用过渡板连接。电缆接线端子处应有绝缘防护罩。

5)蓄电池组的每个蓄电池应在外表面用耐酸材料标明编号。

(2)充、放电

1)蓄电池组安装完毕后,应按产品技术文件的要求进行充电,并应符合下列规定:

①充电前应检查蓄电池组及其连接条的连接情况。

②充电前应检查并记录单体蓄电池的初始端电压和整组电压。

③充电期间,充电电源应可靠,不得断电。

④充电期间,环境温度应为5~35℃,蓄电池表面温度不应高于45℃。

⑤充电过程中,室内不得有明火;通风应良好。

2)蓄电池组安装完毕投运前,应进行完全充电,并应进行开路电压测试和容量测试。

3)达到下列条件之一时,可视为完全充电:

①蓄电池在环境温度5~35℃条件下,以(2.40±0.01V)/单体的恒定电压、充电电流不大于$2.5I_{10}$(A)充电至电流值5h稳定不变时。

②充电后期充电电流小于$0.005C_{10}$(A)时。

③符合产品技术文件完全充电要求时。

4)完全充电的蓄电池组开路静置24h后,应分别测量和记录每只蓄电池的开路电压,测量点应在端子处,开路电压最高值和最低值的差值不得超过表7-9的规定。

表7-9 开路电压最高值和最低值的差值

标称电压(V)	开路电压最高值和最低值的差值(mV)
2	20
6	50
12	100

5)在整个充、放电期间,应按规定时间记录每个蓄电池的电压、表面温度和环境温度及整组蓄电池的电压、电流,并应绘制整组充、放电特性曲线。

6)蓄电池充好电后,应按产品技术文件的要求进行使用与维护。

6. 镉镍碱性蓄电池组

(1)安装

1)在整个充、放电期间,应按规定时间记录每个蓄电池的电压、表面温度和环境温度及整组蓄电池的电压、电流,并应绘制整组充、放电特性曲线。

①蓄电池外壳应无裂纹、损伤、漏液等现象。

②蓄电池正、负端接线柱应极性正确,壳内部件应齐全无损伤;有孔气塞通气性能应良好。

③连接条、螺栓及螺母应齐全,应无锈蚀。

④带电解液的蓄电池,其液面高度应在两液面线之间;防漏运输螺塞应无松动、脱落。

2)清除蓄电池表面污垢时,对塑料制作的外壳应用清水或弱碱性溶液擦拭,不得用有机溶剂清洗。

3)蓄电池组的安装应符合下列规定:

①蓄电池放置的平台、基架及间距应符合设计或产品技术文件的要求;蓄电池放置在基架后,基架不应有变形;基架宜接地。

②蓄电池安装应平稳,间距应均匀,单体蓄电池之间的间距不应小于5mm;同一排、列的蓄电池应高低一致,排列应整齐。

③连接蓄电池连接条时应使用绝缘工具,并应佩戴绝缘手套。

④连接条的接线应正确,连接部分应涂以电力复合脂。螺栓紧固时,应用力矩扳手,力矩值应符合产品技术文件的要求。

⑤有抗震要求时,其抗震设施应符合设计规定,并应牢固可靠。

4)蓄电池组引线电缆的敷设应符合现行国家标准《电气装置安装工程 电缆线路施工及验收规范》GB 50168的有关规定。电缆引出线正、负极的极性及标识应正确,且正极应为赭色,负极应为蓝色。蓄电池组电源引出电缆不应直接连接到极柱上,应采用过渡板连接。电缆接线端子处应有绝缘防护罩。

5)蓄电池组的每个蓄电池应在外表面用耐碱材料标明编号。

(2)配液与注液

1)配制电解液应采用化学纯氢氧化钾,其技术条件应符合表7-10的规定。配制电解液应用蒸馏水或去离子水。

表 7-10 氢氧化钾技术条件

指标名称	化学纯	指标名称	化学纯
氢氧化钾(KOH)(%)	≥80	硅酸盐(SiO_3)(%)	≤0.1
碳酸盐(以 K_2CO_3 计)(%)	≤3	钠(Na)(%)	≤2
氯化物(Cl)(%)	≤0.025	钙(Ca)(%)	≤0.02
硫酸盐(SO_4)(%)	≤0.01	铁(Fe)(%)	≤0.002
总氮量(%)	≤0.005	重金属(以 Pb 计)(%)	≤0.003
磷酸盐(PO_4)(%)	≤0.01	澄清度试验	合格

2) 电解液的密度应符合产品技术文件的要求。

3) 配制和存放电解液应用铁、钢、陶瓷或珐琅制成的耐碱器具,不得使用配制过酸性电解液的容器。

4) 配液时,应将碱慢慢倾入水中,不得将水倒入碱中。配制的电解液应加盖存放并沉淀 6h 以上,应取其澄清液或过滤液使用。对电解液有怀疑时应化验,其标准应符合表 7-11 的规定。

表 7-11 碱性蓄电池用电解液标准

项目	技术要求	
	新配电解液	使用过程极限值
外观	无色透明,无悬浮物	—
密度(15℃,g/cm^3)	1.20±0.01	1.20±0.01
含量(g/L)	KOH:240~270 NaOH:215~240	KOH:240~270 NaOH:215~240
Cl^-(g/L)	<0.1	0.2
K_2CO_3(g/L)	<20	60
Ca^{2+}·Mg^{2+}(g/L)	<0.19	0.3
Fe/KOH(NaOH)(%)	<0.05	0.05

5) 注入蓄电池的电解液温度不宜高于 30℃;当室温高于 30℃时,应采取降温措施。其液面高度应在两液面线之间。注入电解液后宜静置 2~4h 后再初充电。

6) 配液工作应由具有施工经验的技工操作,操作人员应戴专用保护用品,并应设专人监护。

7) 工作场地应备有含量 3‰~5‰ 的硼酸溶液,用来冲洗不慎溅到电解液的皮肤。若不慎将电解液溅到眼睛内时,应立即用大量清水冲洗,必要时到医院请医生诊视。

(3) 充、放电

1) 蓄电池的初充电应按产品技术文件的要求进行,并应符合下列规定:

①初充电期间,其充电电源应可靠,不得断电。

②初充电期间,室内不得有明火;通风应良好。

③装有催化栓的蓄电池应将催化栓旋下,待初充电完成后再重新装上。

④带有电解液并配有专用防漏运输螺塞的蓄电池,初充电前应取下运输螺塞换上有孔气塞,并检查液面不应低于下液面线。

⑤充电期间电解液的温度范围宜为 20±10℃;当电解液的温度低于 5℃或高于 35℃时,不宜进行充电。

2)蓄电池初充电应达到产品技术文件所规定的时间,同时单体蓄电池的电压应符合产品技术文件的要求。

3)蓄电池初充电结束后,应按产品技术文件的规定做容量测试,其容量应达到产品使用说明书的要求,高倍率蓄电池还应进行倍率试验,并应符合下列规定:

①在 3 次充、放电循环内,放电容量在 20 ± 5℃ 时不应低于额定容量。

②用于有冲击负荷的高倍率蓄电池倍率放电,在电解液温度为 20 ± 5℃ 条件下,应以 $0.5C_5$。电流值先放电 1h 情况下继以 $6C_5$ 电流值放电 0.5s,其单体蓄电池的平均电压,超高倍率蓄电池不得低于 1.1V;高倍率蓄电池不得低于 1.05V。

③按 $0.2C_5$ 电流值放电终结时,单体蓄电池的电压应符合产品技术文件的要求,电压不足 1.0V 的电池数不应超过电池总数的 5%,且最低不得低于 0.9V。

4)充电结束后,应用蒸馏水或去离子水调整液面至上液面线。

5)放电结束后,蓄电池应尽快进行完全充电。

6)在整个充、放电期间,应按规定时间记录每个蓄电池的电压、电解液温度和环境温度及整组蓄电池的电压、电流,并应绘制整组充、放电特性曲线。

7)蓄电池充好电后,应按产品技术文件的要求进行使用和维护。

7. 调试和检测

(1)根据 GB 7260、GB 50303、GB 50172—2012 的有关规定对不间断电源系统等进行检测验收。

(2)对不间断电源的各功能单元进行试验测试,全部合格后方可进行不间断电源的试验和检测。

(3)对不间断电源进行稳态测试和动态测试。稳态测试时主要应检测 UPS 的输入、输出、各级保护系统,测量输出电压的稳定性、波形畸变系统、频率、相位、效率、静态开关的动作是否符合技术文件和设计要求;动态测试应测试系统接上或断开负载时的瞬间工作状态,包括突加或突减负载、转移特性测试;其他的常规测试还应包括过载测试、输入电压的过压和欠压保护测试、蓄电池放电测试等。

(4)检测不间断电源的功能

1)按接口规范检测接口的通信功能;

2)检查连锁控制,确保因故障引起的断路器跳闸不会导致备用断路器闭合(对断路器手动恢复除外),反之亦然;

3)采用试验用开关模拟电网故障,测验转换顺序;

4)用辅助继电器设置故障,检测系统的自动转换动作的转移特性;

5)正常电源与备用电源的转换测试:

当正常电源故障或其电压降到额定值的 70% 以下,计时器开始计时时,如超过设定的延时时间(0~15s)故障仍存在,且 UPS 电源电压已经达到其额定值的 90%的前提下,自动转换开关开始动作,由 UPS 电源供电;一旦正常电源恢复,经延时后确认电压已经稳定,自动转换开关必须能够自动切换到正常电源供电,同时通过手动切换恢复正常供电的功能也必须具备。

6)检查声光报警装置的报警功能;

7)检查系统对不间断电源运行状况的监测和显示情况;

8)检测不间断电源的噪声。

不间断电源正常运行时产生的 A 声级噪声,不应大于 45dB;输出额定电流为 5A 及以下的小型不间断电源的噪声,不应大于 30dB。

(5)阀控式密封铅酸蓄电池组容量测试

1)蓄电池容量测试应符合下列规定:

①蓄电池在环境温度 5~35℃ 的条件下应完全充电,然后应静放 1~24h,当蓄电池表面温度与环境温度基本一致时,应进行 10h 率容量放电测试,应以 $0.1C_{10}(A)$ 恒定电流放电到其中一个蓄电池电压为 1.80V 时终止放电,并应记录放电期间蓄电池的表面温度 t 及放电持续时间 T。

②放电期间应每隔一个小时测量并记录单体蓄电池的端电压、表面温度及整组蓄电池的端电压。在放电末期应随时测量。

③在放电过程中,放电电流的波动允许范围为规定值的 $\pm 1\%$。

④实测容量 $C_t(A \cdot h)$ 应用放电电流 $I(A)$ 乘以放电持续时间 $T(h)$ 计算。

⑤当放电期间蓄电池的表面温度不为 25℃,可按下式将实测放电容量折算成 25℃ 基准温度时的容量:

$$C_{25} = \frac{C_t}{1+0.006(t-25)} \tag{7-1}$$

式中:t——放电开始时蓄电池的表面温度(℃);

C_t——当蓄电池的表面温度为 t℃ 时实际测得的容量(A·h);

C_{25}——换算成基准温度(25℃)时的容量(A·h);

0.006——10h 率放电的容量温度系数。

⑥放电结束后,蓄电池应尽快进行完全充电。

⑦10h 率容量测试第一次循环不应低于 $0.95C_{10}$,在第三次循环内应达到 $1.0C_{10}$,容量测试循环达到 $1.0C_{10}$。可停止容量测试。

2)蓄电池组的开路电压和 10h 率容量测试有一项数据不符合规定时,此组蓄电池应为不合格。

(6)镉镍碱性蓄电池组容量测试

在制造厂已完成初充电的密封蓄电池,充电前应检查并记录单体蓄电池的初始端电压和整组总电压,并应进行补充充电和容量测试。补充充电及其充电电压和容量测试的方法应按产品技术文件的要求进行,不得过充、过放。

第四节　母线及电缆铺设

一、封闭母线槽安装

封闭母线槽安装工艺流程为：

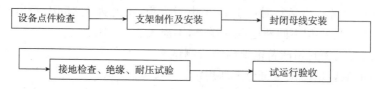

1. 封闭母线槽应有出厂合格证、有"CCC"认证标志及认证复印件，安装技术文件。技术文件应包括额定电压、额定容量、试验报告等技术数据。并应符合设计要求。

2. 母线槽的测量应在配电柜就位后进行，且应由制造厂家来人实测，以求准确。封闭母线槽安装应于外壳同心，偏差不得大于±5mm。

3. 当段与段连接时两相邻段母线及外壳应对准，连接后不应使母线及外壳受额外应力。每当安装完一段后，应及时进行绝缘电阻值检查，应不低于10MΩ，最后，对封闭母线进行全面整理，清扫干净，要求接头连接紧密，相序正确，外壳接地良好。经绝缘测试和交流工频耐压试验合格后才能通电。低压母线的交流耐压试验电压为1kV，当绝缘电阻值大于10MΩ时，可用2500V兆欧表摇测替代，试验持续时间1min，无击穿闪络现象；

4. 对封闭母线槽通电空载运行24h加以观察，无异常方可交建设单位使用。母线吊架采用圆钢时，其最小直径不应小于12mm；直托架角钢宜选用50mm×5mm。

二、电缆桥架、线槽架安装

1. 桥架及支架安装

桥架应平整，无扭曲变形，内壁无毛刺，各种附件及连接螺丝应齐全配套。桥架接口应平滑过度，接缝紧密平直，宽度尺寸应一致。在无法上人的吊顶内敷设桥架时，应预留检修口。

不允许把桥架在穿过建筑物处将桥架与建筑物一块抹死。电缆桥架在每个支架上的固定应牢固，桥架连接板的螺栓应紧固，螺母应位于桥架的外侧。

桥架通过建筑物的伸缩缝、沉降缝时，桥架本身应断开，槽内用内联接板搭接，但不允许固定，保护地线应留有补偿裕量。

当直线段超过30m时，应设伸缩装置，采用伸缩连接板。铝合金或玻璃钢制电缆桥架超过15米时,应加伸缩连接板。

敷设在竖井、吊顶、夹层及设备层的电缆桥架应具备防火要求。桥架应使用标准的各种连接件,桥架不允许使用电气焊进行加工。

桥架弯头及垂直引上引下时的弯曲半径不应小于所敷设的电缆的最小允许弯曲半径。桥架在托臂上敷设时,应加以固定。

在室外敷设的桥架应选用耐腐蚀型热镀锌的,在进入建筑物时,应使室外标高比室内底,避免雨水流进室内。

电缆支架形式根据现场具体情况确定:电缆沟内支架间距,不应大于0.8m;最上层支架距沟盖底距离不应小于0.25m;最下层支架距沟底距离,不应小于0.1m;

电缆支架用40mm×4mm角钢制作,不允许动用气焊切断与割孔,安装前应先除锈、刷防锈底漆,安装后再刷两遍面漆。

所有电缆支架必须用热镀锌扁钢或热镀锌圆钢焊接后,再与接地母线相连接,不应少于两点(距离长时应增加连接点数)。

桥架水平和垂直敷设直线部分的平直程度和垂直度允许偏差不应超过5mm。

2. 桥架接地

对于热镀锌桥架,可不单独安装跨接地线,但应在连接件的两端必须有一条连接螺丝配齐弹簧垫圈并拧紧。

对于喷涂金属桥架,则应在桥架两端焊有专用的接地螺栓,接地螺栓直径不应小于8mm,接地跨接线应采用铜编织导线,截面不得小于$16mm^2$。

对于较长距离桥架和线槽,除两端须与接地网连接外,沿全长每30～50m应与接地母线连接一次。金属电缆支架全长均应有良好的接地。

三、电缆敷设

1. 桥架内电缆敷设

电缆敷设前,应先检查电缆的绝缘和通路情况,高压电缆还应进行耐压试验。

1kV以下电缆用1kV摇表测试电缆,各相分别对地和对零线的绝缘电阻,应不小于10MΩ;电缆测试完毕,应将电缆头用橡皮包布密封后再用黑色布包好。(最好选用专用热塑电缆封头,以保证电缆较长时间不至于受潮。

对电缆的规格、型号、截面、电压等级及长度进行复核,对外观检查应无扭曲、破皮现象。对于距离较长、电缆较多及多层建筑物内敷设时,应成立电缆施工指挥组织,统一协调,明确分工,并设有专用的指挥联络工具,并由专业起重工进行指挥作业。

电缆轴的移动:短距离的移动可直接滚动电缆轴(滚动方向与按电缆轴上标注一致,不得使电缆松圈);如长距离移动,应采用吊车与卡车或用叉车运输。需要注意的是,应防止任何安全事故发生。

桥架内、支架上的电缆及导线不应拉得太直,在桥架的转弯处,电缆及导线应靠弯曲的外部敷设。

桥架内的电缆及导线不得有接头,确需接头时,必须经接线盒分接(需经甲方认可)。当桥架敷设角度过大或垂直敷设时,应及时对电缆加以固定,避免弯曲处的缆线受力太大而损坏及发生意外事故。

桥架内的电缆及导线的总截面积不得大于桥架横断面积的40%,电缆敷设不得超过两层。控制电缆与动力电缆应分槽敷设,或在电缆桥架内加隔板分开。

电缆应在首尾两端、转弯处两侧、变高处及每隔15~20m处进行固定;垂直敷设的电缆的固定点间距应不大于1.5m;控制电缆应不大于1.0m。

电缆及导线在桥架与支架的转弯及分支处,应挂标志牌。

工程中电缆较大、较远时,应采用卷扬机牵引为主、人工辅助施放电缆,选择的卷扬机的牵引力和速度应符合国家规范的要求,机械敷设电缆的速度不宜超过15m/min。电缆施放人工牵引图如图7-24所示。

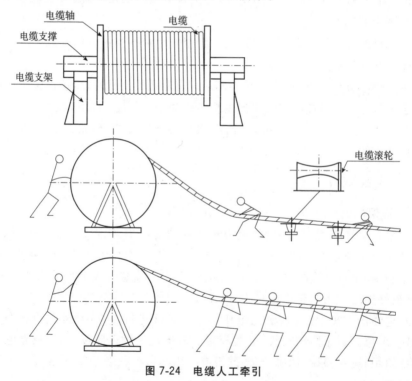

图 7-24 电缆人工牵引

2. 电缆直埋与沟槽敷设

电缆线路的施工按如下程序进行:

$$\text{测量定位} \rightarrow \begin{Bmatrix} \text{挖电缆沟} \\ \text{敷设排管} \end{Bmatrix} \rightarrow \text{电缆敷设} \rightarrow \text{连接设备}$$

(1)测量定位。根据施工图要求和实际现场环境测量确定电缆沟及排管敷设位置。

(2)开挖电缆沟。直埋式电缆沟结构较为简单,一般挖成截面为倒梯形的形状,沟底铲平,铺上100mm厚的软土或细沙,再将电缆敷设在上面,具体做法详如图7-25所示。普通电缆沟由砖砌或混凝土浇筑而成,侧壁装有电缆支架,做法如图7-26所示。

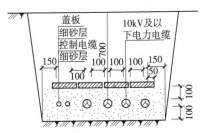

图7-25　电缆直埋地敷设(mm)

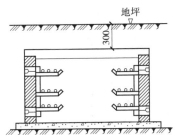

图7-26　电缆沟敷设(mm)

(3)电缆敷设。电缆一般借助放线架、滚轮等敷设,在沟内不宜拉得很直,应略成波浪形,以适应环境温度造成的热胀冷缩。多根电缆不应相互盘绕敷设,应保持至少一个电缆直径的间距,以满足散热的要求。电缆较长、中间有接头时,必须采用专用的电缆接头盒。若电缆有分支,常采用电缆分支箱分线。

(4)电缆连接设备。电缆与设备连接,其终端要做电缆终端头(简称电缆头),电缆头的制作主要有热缩法、冷缩法和干包法等,电缆头的结构如图7-27所示。

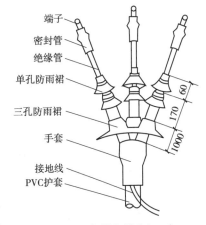

图7-27　电缆终端头(mm)

第五节　防雷接地

一、建筑防雷接地装置的组成

雷电现象是自然界大气层在特定条件下形成的。雷云对地面泄放电荷的现象,称为雷击。雷击产生的破坏力极大,它对地面上的建筑物、电气线路、电气设备和人身都可能造成直接或间接的危害。因此必须采取适当的防范措施。

防雷装置的作用是将雷云电荷或建筑物感应电荷迅速引导入地，以保护建筑物、电气设备及人身不受损害。其主要由接闪器、引下线、接地装置和避雷器等组成，如图 7-28 所示。

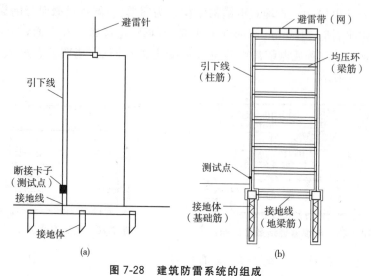

图 7-28　建筑防雷系统的组成
(a)人工设置防雷装置；(b)利用建筑钢筋设置的防雷装置

1. 接闪器

接闪器是引导雷电流的装置。接闪器的类型主要有避雷针、避雷线、避雷带（网）等。

（1）避雷针常用在屋面较小的建筑物、构筑物上，有些室外低矮的大型设备附近，一般在地面上设置独立的避雷针。避雷针一般用镀锌圆钢或镀锌钢管制成，其最小规格见表 7-12。

表 7-12　防雷装置材料的最小尺寸

名称		接闪器						引下线		接地体	
		避雷针			避雷线	避雷网带	烟囱顶上避雷环	一般处所	装在烟囱上	水平埋地	垂直埋地
		针长(mm)		烟囱上							
		1以下	1~2								
圆钢直径(mm)		12	16	20	8	12	8	12	12	10	10
钢管直径(mm)		20	25								
扁钢	截面(mm²)					48	100	48	100	100	
	厚度(mm)					4	4	4	4	4	

(续)

名称	接闪器					引下线		接地体	
	避雷针		烟囱上	避雷线	避雷网带	烟囱顶上避雷环	一般处所	装在烟囱上	水平埋地	垂直埋地
	针长(mm)									
	1以下	1~2								
角钢厚度(mm)										4
钢管壁厚(mm)										3.5
镀锌钢绞线(mm²)				35				25		

(2)避雷带(网)常设置在屋面较大的建筑物上,沿建筑物易受雷击的部位(如屋脊、屋角等)装设成闭合的环形(网格形状)导体,避雷带(网)常用镀锌圆钢制作。

(3)避雷线一般采用截面不小于 35mm² 镀锌钢绞线,架设在架空线路之上,以保护架空线路免受雷击。

2. 引下线

引下线是将雷电流引入大地的通道。引下线的材料多采用镀锌扁钢或圆钢。

高层建筑的外墙有大量的金属门窗等金属导体,这些部位也易遭受雷击,称侧雷击。为防止侧雷击,将建筑物外墙圈梁内敷设圆钢与引下线连接成环形导体,称为均压环。外墙的金属导体与附近的均压环连接,可以有效防止侧雷击。

为便于测量接地电阻,在引下线(明装)距地 1.8m 处装设断接卡子(接地电阻测试点),并在引下线上 1.7m 至地下 0.3m 的一段加装塑料管(或竹管)保护。利用建筑柱子内钢筋作为引下线时,不能设置端接卡子,一般在距地 0.5m 处用短的扁钢或镀锌钢筋从柱筋焊接引出,作为测试接地电阻的测试点。

目前新建建筑大多数利用柱子内柱筋作为引下线,比较节省金属导体。钢筋混凝土柱内的钢筋应每根柱至少使用两根,钢筋搭接时应焊接牢固以连接成电气通路,上部焊接在接闪器上,下部焊接在接地装置上。

3. 接地装置

接地装置可迅速使雷电流在大地中流散。接地装置按安装形式分为垂直接地体和水平接地体。一般垂直接地体长度为 2.5~3.0m,常用镀锌圆钢、角钢、钢管、扁钢等材料,其最小规格见表7-4。

接地电流从接地体向大地周围流散所遇到的全部电阻称为接地电阻。接地电阻越小,越容易流散雷电流,因此不同防雷要求的建筑,对接地电阻值的要求不同,具体可查阅相关防雷设计规范。

当有雷电流通过接地装置向大地流散时,在接地装置附近的地面上,将形成较高的跨步电压,危及行人安全,因此接地体应埋设在行人较少的地方,要求接地装置距建筑物或构筑物出入口及人行道不应小于3m时,应采取降低跨步电压的措施,如在接地装置上面敷设50～80mm厚的沥青层,其宽度超过接地装置2m。

现在的建筑防雷,常用钢筋混凝土基础内的钢筋或地下管道作接地体,既能满足接地电阻及埋设深度的要求,又节省金属导体,效果比较好。

4. 避雷器

避雷器用来防护雷电沿线路侵入建筑物内,以免电气设备损坏。常用避雷器的形式有阀式避雷器、管式避雷器、金属氧化物避雷器、保护间隙和击穿保险器等。

(1)对配电变压器的防雷电保护,一般采用阀型避雷器,设置在高压进线处。避雷器的接地线、变压器的外壳及低压侧的中性点接地线应连接在一起后,统一连接到接地装置上。

(2)高低压架空进户线路,在接户横担上或接户杆横担上设置避雷器,避雷器下端、横担连接引下线与建筑防雷接地装置相连接。

(3)在低压配电室配电柜内或总配电箱内一般设置金属氧化物避雷器,既可以起到防雷作用,又可以起到防止系统过电压的作用。

二、防雷接地装置安装

防雷接地装置安装工艺流程为:

接地体→接地干线→引下线暗敷(支架、引下线明敷)→避雷带或均压环→避雷针(避雷网)。

1. 接地体的安装

(1)接地体安装有关规定

接地体顶面埋设深度应符合设计要求。当无要求时,不应小于0.6m。角钢及钢管接地体应垂直配置。除接地体外,接地体引出线的垂直部分和接地装置焊接部位应防腐处理;在作防腐处理前,表面必须除锈并去掉焊接处残留的焊药;

垂直接地体的间距不应小于其长度的3～5倍。水平接地体的间距应符合设计规定。当无设计规定时不宜小于5m;

除环形接地体外,接地体埋设位置应在距建筑物3m以外。距建筑物出入口或人行道也应大于3m,如小于3m时,应采用均压带做法或在接地装置上面

敷设 50～90mm 厚度的沥青层,其宽度应超过接地装置 2m;

接地体敷设完毕,基坑回填土内不应夹有石块和建筑垃圾等;

外取的土壤不得有较强的腐蚀性;在回填土时应分层夯实;

接地装置由多个分接地装置部分组成时,应按设计要求设置便于分开的断接卡。自然接地体与人工接地体连接处应有便于分开的断接卡,断接卡应有保护措施。

(2)人工接地体安装

接地体加工:根据设计要求的数量、材料、规格进行加工,材料一般采用钢管和角钢切割,长度不应小于 2.5m。如采用钢管打入地下应根据土质加工成一定的形状,遇松软土壤时,可做成斜面形,为了避免打入时受力不均使管子歪斜,也可以加工成扁尖形;遇土质很硬时,可将尖端加工成圆锥形。如选用角钢时,应采用不小于 40mm×40mm×4mm 的角钢,切割长度不应小于 2.5m,角钢的一端应加工成尖头形状;

沟槽开挖:根据设计图要求,对接地体(网)的线路进行测量弹线,在此线路上挖掘深为 0.8～1m,宽为 0.5m 的沟槽,沟顶部稍宽,底部渐窄,沟底如有石子应清除;

安装接地体(极):沟槽开挖后应立即安装接地体和敷设接地扁钢,防止土方倒塌。先将接地体放在沟槽的中心线上,打入地下。一般采用大锤打入,一人扶着接地体,一人用大锤敲打接地体顶部。使用大锤敲打接地体时要平稳,锤击接地体正中,不得打偏,应与地面保持垂直。当接地体顶端距离地面 600mm 时停止打入;

接地体间扁钢敷设:扁钢敷设前应调直,然后将扁钢放置于沟内,依次将扁钢与接地体用电(气)焊焊接。扁钢应侧放而不可放平,侧放时散流电阻较小。扁钢与钢管连接的位置距按地体最高点约 100mm。焊接时应将扁钢拉直,焊后清除药皮,刷沥青做防腐处理,并将接地线引出至需要的位置,留有足够的连接长度,以待使用。

(3)自然基础接地体安装

利用底板钢筋或深基础作接地体:按设计图尺寸位置要求,标好位置,将底板钢筋搭接焊好,再将柱主筋(不少于 2 根)底部与底板筋搭接焊,并在室外地面以下将主筋焊接连接板,清除药皮,并将两根主筋用色漆做好标记,以便引出和检查;

利用柱形桩基及平台钢筋作接地体:按设计图尺寸位置,找好桩基组数位置。把每组桩基四角钢筋搭接封焊,再与柱主筋(不少于 2 根)焊好,并在室外地面以下,将主筋焊接预埋接地连接板,清除药皮,并将两根主筋用色漆做好标记,便于引出和检查。

(4)接地体核验

接地体安装完毕后,应及时请监理单位进行隐检核验(签署审核意见,并下审核结论),接地体材质、位置、焊接质量等均应符合施工规范要求。接地电阻应及时进行测试,当利用自然接地体作为接地装置时,应在底板钢筋绑扎完毕后进行测试;当利用人工接地体作为接地装置时,应在回填土之前进行测试;若阻值达不到设计、规范要求时应补做人工接地极。接地电阻测试须形成记录。

2. 接地干线安装

(1)接地干线安装的有关规定

接地干线在穿过墙壁、楼板和地坪处应加装钢管或其他坚固的保护套;有化学腐蚀的部位还应采取防腐措施。在跨越建筑物伸缩缝、沉降缝处,应设置补偿器,补偿器可用接地线本身弯成弧状代替;

接地干线应设有测量接地电阻而预备的断接卡子。一般采用暗盒装入,同时加装盒盖并做上接地标记;

接地干线应在不同的两点或两点以上与接地网相连接。自然接地体应在不同的两点或两点以上与接地干线或接地网相连接;

每个电气装置的接地应以单独的接地线与接地干线相连接,不得在一个接地线中串联几个需要接地的电气装置。

(2)接地干线明敷时的有关规定

应便于检查;

敷设位置不应妨碍设备的拆卸与检修;

支持件间的距离,在水平直线部分应为0.5~1.5m,垂直部分应为1.5~3m,转弯部分应为0.3~0.5m;

接地干线沿建筑物墙壁水平敷设时,离地面距离应为250~300mm,与建筑物墙壁间的间隙应为10~15mm。

接地干线应按水平或垂直敷设,亦可与建筑物倾斜结构平行敷设,在直线段上不应有高低起伏及弯曲等情况;

明敷接地线表面应涂15~100mm宽度相等的绿色和黄色相间的条纹。在每个导体的全部长度上或只在每个区间或每个可接触到的部位上应作出标志。当使用胶带时,应使用双色胶带。

(3)室外接地干线敷设

首先进行接地干线的调直、测位、打眼、煨弯,并安装断接卡子及接地端子;

敷设前按设计要求的尺寸位置先开挖沟槽,然后将扁钢侧放埋入。回填土应压实,接地干线末端露出地面应不超过0.5m,以便接引地线。

(4)室内接地干线敷设

室内接地干线多为明敷设,但部分设备连接的支线需经过地面也可以埋设在混凝土内,具体做法如下:

预留孔:按设计要求尺寸位置,预留出接地线孔,预留孔的大小应比敷设接地干线的厚度、宽度各大油 6mm 以上,其方法有三种:

第一种:施工时可按上述要求尺寸截一段扁钢预埋在墙壁内,当混凝土还未凝固时,抽动扁钢以便凝固后易于抽出;

第二种:将扁钢上包一层油毛毡或几层牛皮纸后埋设在墙壁内,预留孔距墙壁表面应为 15～20mm。

第三种:保护套可用厚 1mm 以上的铁皮做成方形或圆形,大小应使接地线穿入时,每边有 6mm 以上的空隙。

支持件的固定:支持件应采用 40mm×4mm 的扁钢,尾端应制成燕尾状,入孔深度与宽度各为 50mm、总长度为 70mm。其具体固定方法如下:砖墙、加气混凝土墙、空心砖墙上固定:根据设计要求先在墙上确定轴线位置,然后随砌墙将预制成 50mm×50mm 的方木样板放入墙内,待墙砌好后将方木样板剔除,然后将支持件放入孔内,同时洒水淋湿孔洞,再用水泥砂浆将支持件埋牢,待凝固后使用。

现浇混凝土墙上固定:先根据设计图要求弹线定位、钻孔,支架做燕尾埋入孔中,调平正,用水泥砂浆进行固定。

明敷接地线安装:当支持件埋设完毕,水泥砂浆凝固后,可敷设墙上的接地线。将接地扁钢沿墙吊起,在支持件一端用卡子将扁钢固定,经过隔墙壁时穿跨预留孔,接地干线连接处应焊接牢固。末端预留或连接应符合设计要求。

3. 支架安装

支架应有燕尾,角钢支架埋注深度不小于 100mm,扁钢和钢支架埋深不小于 90mm;

防雷装置的各种支架顶部应距建筑物表面 100mm;接地干线支架的端应距墙面 20mm;

支架水平间距不大于 1m(混凝土支座不大于 2m);垂直间距不大于 1.5m,各间距应均匀,允许偏差 30mm。转角处两边的支架距转角中心不大于 250mm;

埋设支架所用的水泥砂浆,其配合比不应低于 1:2。

4. 避雷引下线敷设

(1)避雷引下线需要装设断接卡子或测试点的部位、数量按图施工设计,无要求时按以下规定设置:

引下线扁钢截面不得小于 25mm×4mm;圆钢直径不得小于 12mm;

建、构筑物只有一组接地体时,可不做断接卡子,但要设置测试点;

建、构筑物采用多组接地体时,每组接地体均要设置断接卡子;

断接卡子或测试点设置的部位应不影响建筑物的外观且应便于测试,暗设时距地高度为 0.5m,明设时距地高度为 1.8m;1.8m 以下部位应用竹管或镀锌角钢保护。断接卡子所用螺栓直径不得小于 10mm,并需加镀锌垫圈和镀锌弹簧垫圈。

(2)避雷引下线暗敷设的有关规定

利用主筋作暗敷设引下线时,每条引下线不得少于两根主筋,每根主筋直径不能小于 $\phi12mm$。每栋建筑物至少有两根引下线(投影面积小于 $50m^2$ 的建筑物例外)。防雷引下线最好为对称位置,例如两根引下线要做成"一"字形或"乙"字形,四根引下线要做成"I"字形,引下线间距离不应大于 20m,当大于 20m 时应在中间多引一根引下线;

现浇混凝土内敷设引下线不做防腐处理;

主筋搭接处按接地线要求焊接,当主筋连接采用压力埋弧焊、对焊、冷挤压、丝接时其接头处可不焊跨接线及其他的焊接处理。

(3)避雷引下线暗敷设做法

首先将所需扁钢(或圆钢)用手锤(或钢筋扳子)进行调直或扳直。将调直的引下线运到安装地点,按设计要求随建筑物引上、挂好,及时将引下线的下端与接地体焊接,或与断接卡子连接,随着建筑物的逐步增高,将引下线敷设于建筑物内至屋顶并出屋面一定长度,以备与避雷网连接。如需接头则应进行焊接,焊接后应敲掉药皮并刷防锈漆(现浇混凝土除外)及银粉,最后请有关人员进行隐检验收,做好记录;

利用主筋作引下线时,按设计要求找出全部主筋位置,用油漆做好标记,距室外地面 0.5m 处焊接断接卡子,随钢筋逐层串联焊接至顶层,并焊接出屋面一定长度的引下线镀锌扁钢 40mm×4mm 或 $\phi12mm$ 的镀锌圆钢,以备与避雷网连接。每层各引下点焊接后,隐蔽之前,均应请有关人员进行隐检,同时应填写隐检记录。

(4)避雷引下线明敷设的有关规定

引下线应躲开建筑物的出入口和行人较易接触到的地点,以免发生危险;

引下线必须调直后方可进行敷设,弯曲处不应小于 90°并不得弯成死角;

引下线除设计有特殊要求外,镀锌扁钢截面不得小于 $48mm^2$,镀锌圆钢直径不得小于 8mm。

(5)避雷引下线明敷设做法

引下线如为扁钢,可放在平板上用手锤调直;如为圆钢可将圆钢放开,一端

固定在牢固地锚的机具上,另一端固定在绞磨(或倒链)的夹具上进行冷拉直;

将调直的引下线运到安装地点;

将引下线用大绳提升到最高点,然后由上而下逐点固定,直至安装断接卡子处。如需接头或安装断接卡子,则应进行焊接。焊接后清除药皮,局部调直,刷防锈漆(或银粉);

将引下线地面以上 2m 段套上保护管,卡固、刷红白油漆;

用镀锌螺栓将断接卡子与接地体连接牢固。

5. 避雷网安装

(1)避雷网安装的有关规定

避雷网卡固时应加镀锌弹垫、平垫;

避雷线弯曲处不得小于 90°,弯曲半径不得小于圆钢直径的 10 倍;

避雷线如用扁钢,截面不得小于 48mm²;如为圆钢直径不得小于 8mm;

遇有变形缝处应做煨弯补偿。

(2)避雷网安装做法

避雷线如为扁钢,可放在平板上用手锤调直;如为圆钢,可将圆钢放开一端固定在牢固地锚的夹具上,另一端固定在绞磨(或倒链)的夹具上,进行冷拉调直;

将调直的避雷线运到安装地点;

将避雷线用大绳提升到顶部,调直、敷设、卡固、焊接连成一体,同引下线焊接。焊接的药皮应敲掉,进行局部调直后刷防锈漆及银粉;

建筑物屋顶上有突出物,如金属旗杆、透气管、金属天沟、铁栏杆、爬梯、冷却水塔、电视天线等,这些部位的金属导体都必须与避雷网焊接成——体。顶层的烟囱应做避雷带或避雷针;

在建筑物的变形缝外应做防雷跨越处理;

避雷网分明网和暗网两种,暗网格越密,其可靠性就越好。网格的密度应视建筑物的重要程度而定。重要建筑物可使 10m×10m 的网格;一般建筑物采用 20m×20m 的网格即可。如果设计有特殊要求应按设计要求去做。

6. 避雷针制作与安装

(1)避雷针制作与安装的有关规定

独立避雷针及其接地装置与道路或建筑物的出入口等的距离应大于 3m。当小于 3m 时,应采取均压措施或铺设暖石或沥青地面;

独立避雷针应设置独立的集中接地装置。当有困难时,该接地装置可与接地网连接,但避雷针与主接地网的地下连接点至 35kV 及以下设备与主接地网的地下连接点,沿接地体的长度不得小于 15m;

独立避雷针的接地装置与接地网的地中距离不应小于3m。配电装置的架构或屋顶上的避雷针应与接地网连接,并在其附近装设集中接地装置;

建筑物上的避雷针或防雷金属网应和建筑物顶部的其他金属物体连接成一个整体;

避雷针采用镀锌钢管制作针尖,管壁厚度不得小于3mm,针尖涮锡长度不得小于70mm;

避雷针应垂直安装牢固。

(2)避雷针制作

避雷针一般采用圆钢或钢管制成,其直径不应小于下列数值:

独立避雷针一般采用 ϕ19mm 镀锌圆钢;屋面上的避雷针一般采用 ϕ25mm 镀锌钢管;水塔顶部避雷针圆钢直径为 25mm,钢管直径为 40mm;烟囱顶上圆钢直径为 25mm;避雷环圆钢直径为 12mm;扁钢截面长 100mm,厚度为 4mm;

把放电尖端打磨光滑后进行涮锡。如针尖采用钢管制作,可先将上节钢管一端锯成锯齿形,用手锤收尖后,焊缝磨平、涮锡;

按设计要求的材料所需的长度分多节进行下料,然后把各节管按粗细拼装起来,相邻两节应把细管插入粗管中一段,插入长度一般为 250mm。最后把各个接头用 ϕ12mm 铆钉铆接或采用开槽焊接,接口部分应焊牢;

焊接后把避雷针体镀锌或涂银粉;

避雷针安装先将支座钢板的底板固定在预埋地脚螺栓上,焊上一块肋板,再将避雷针立起、找直、找正后进行点焊,然后加以校正,焊上其他三块肋板。最后将引下线焊在底板上,清除药皮刷防锈漆及银粉。